Hans A. Wüthrich / Dirk Osmetz / Stefan Kaduk

Muster
Führung neu leben
brecher

Hans A. Wüthrich
Dirk Osmetz
Stefan Kaduk

Muster

Führung neu leben

brecher

3., überarbeitete und
erweiterte Auflage

Bibliografische Information Der Deutschen Bibliothek
Die Deutsche Bibliothek verzeichnet diese Publikation in der Deutschen Nationalbibliografie;
detaillierte bibliografische Daten sind im Internet über ‹http://dnb.d-nb.de› abrufbar.

Hans A. Wüthrich, Jahrgang 1956, Inhaber des Lehrstuhls für Internationales Management,
Universität der Bundeswehr München, Partner der B&RSW AG Management Consultants,
Zürich, Coach für Führungskräfte, Publikationen auf den Gebieten Strategisches Management,
Unternehmenskultur und Führung, Aufsichts- und Beiratsmandate.

Dirk Osmetz, Jahrgang 1967, Ingenieur und promovierter Wirtschaftswissenschaftler, Partner
der Musterbrecher® Managementberater Osmetz + Kaduk Partnerschaft, Lehr- und
Forschungstätigkeit am Institut für Internationales Management, Universität der Bundeswehr
München, Publikationen auf den Gebieten Führung und Veränderungsmanagement.

Stefan Kaduk, Jahrgang 1970, promovierter Betriebswirt, Partner der Musterbrecher®
Managementberater Osmetz + Kaduk Partnerschaft, Lehr- und Forschungstätigkeit am Institut für Personal- und Organisationsforschung und am Institut für Internationales Management, Universität der Bundeswehr München, Publikationen auf den Gebieten Personal- und
Veränderungsmanagement.

www.musterbrecher.de
Musterbrecher® ist eine registrierte Wortmarke. Das Musterbrecher-Logo ist eine registrierte
Wort-/Bildmarke. Markeninhaber sind Stefan Kaduk, Dirk Osmetz und Hans A. Wüthrich.

Mitglieder der SGO erhalten auf diesen Titel einen Nachlass in Höhe von 10 % auf den Ladenpreis.

1. Auflage Februar 2006
2. Auflage Dezember 2006
3. Auflage 2009

Lektorat: Rainer Kaduk, Ulrike Lörcher

Gabler ist Teil der Fachverlagsgruppe Springer Science+Business Media.
www.gabler.de

Umschlaggestaltung: Glas AG, www.glas-ag.com
Gestaltungskonzept und Satz: Glas AG
Illustrationen: Florian Mitgutsch, www.mitgutsch.de
Umschlagfoto und Foto S. 6: www.nela-dorner.de
Druck und buchbinderische Verarbeitung: LegoPrint, Lavis
Gedruckt auf säurefreiem und chlorfrei gebleichtem Papier
Printed in Italy

ISBN 978-3-8349-1031-8

Geleitwort

Welcher verantwortungsbewusste Manager oder Leader fragt sich nicht von Zeit zu Zeit, ob und wie er den kontinuierlich steigenden Anforderungen an die Führung entsprechen kann. Der Zwang zu steter Innovation, höherer Qualität, schnelleren Leistungserstellungsprozessen und billigerer Produktion führt oft zu zwiespältigen Gefühlen. Es stellt sich die Frage, ob diese kraftvoll wegzulegen sind oder ob die Zeit gekommen ist, sich den neuen Herausforderungen grundsätzlich zu stellen.

Das Autorenteam Wüthrich, Osmetz und Kaduk hat sich dieser Thematik auf außergewöhnliche Art und Weise angenommen. Nach der Infragestellung sieben gängiger Führungsmuster folgen faszinierende Berichte über Erlebnisse mit Persönlichkeiten aus Wirtschaft und Gesellschaft, welche diese Muster erfolgreich gebrochen haben. Damit legen die Autoren ein facettenreiches und farbiges Gemälde heutiger Führungspraktiken, ihrer Schwachstellen und inspirierender Lösungsalternativen vor. Die daraus abgeleitete Forderung heißt: «Führung neu leben»; dabei geht es primär um eine Haltungsfrage und nicht um eine radikal neue Methode oder gar um die triviale Umkehr der beschriebenen Muster.

Das vorliegende Buch ist im Rahmen eines Forschungsprojektes der Stiftung der Schweizerischen Gesellschaft für Organisation und Management entstanden. Den Autoren ist es gelungen, einen neuartigen, anspruchsvollen Beitrag zur Reflexion und zur Weiterentwicklung von Führung vorzulegen. Neben den fundierten betriebswirtschaftlichen Ausführungen zeugen die Erlebnisberichte von einer hohen Praxisrelevanz. Diese Berichte zeichnen sich zusätzlich dadurch aus, dass sie neue Türen öffnen, Einsichten und Ideen nachvollziehbar vermitteln, aber gleichzeitig auch betroffen machen, indem auch Emotionen Raum gegeben wird.

Mit der Gestaltung des Buches werden bewusst neue Wege beschritten, und damit wird ein Musterbruch vollzogen. Das außergewöhnliche Textlayout, die Mehrfarbigkeit und speziell die themenrelevanten Bilder erzeugen beim Leser ein individuelles Erlebnis und tragen zur beabsichtigten Inspiration und Reflexion bei.

Das Werk richtet sich an Leader und Manager, Wissenschafter und Praktiker. Es nimmt für sich in Anspruch, in einer neuartigen Weise auf Probleme und Grenzen in der heutigen Führungspraxis hinzuweisen und ihr Alternativen gegenüber-

zustellen. Ich bedanke mich bei den Autoren für die vorbildliche Arbeit und die hoch motivierende Kooperation während der Projektbearbeitung. Dem Buch wünsche ich die verdiente weite Verbreitung und Resonanz.

> Dr. Markus Sulzberger, Präsident der Stiftung
der Schweizerischen Gesellschaft für
Organisation und Management (SGO-Stiftung)
Zürich, im Januar 2006

Geleitwort zur 3. Auflage

In zwei Jahren hat sich das Werk «Musterbrecher – Führung neu leben» zu einem Bestseller entwickelt. Wüthrich, Osmetz und Kaduk legen jetzt eine überarbeitete und erweiterte 3. Auflage vor. Dies deutet klar darauf hin, dass der spannende Ansatz des Musterbrechens auf ein großes Interesse gestoßen ist. Inhalt, Fachkompetenz und Praxisbezug überzeugen speziell in einer Zeit des turbulenten Wandels. Die neuen Beispiele und die verschiedenen Aktualisierungen machen diese Auflage wiederum zur wertvollen Lektüre.

Ich freue mich auf den weiteren Erfolg dieses Werkes.

> Dr. Markus Sulzberger, Präsident der SGO-Stiftung
Zürich, im September 2008

Vorwort der Autoren

Hans A. Wüthrich   Stefan Kaduk   Dirk Osmetz

Expedition Führung – rezeptfreier Genuss

Dieses Buch richtet sich an alle, die im Rahmen ihrer Führungstätigkeit ungute Gefühle erleben und nicht länger bereit sind, als Marionetten ihrer Führungsreflexe zu funktionieren. Es plädiert für musterbrechendes Denken, für die Veränderung der inneren Haltung gegenüber Führung und Management.

Täglich erleben wir Unsicherheit, Unübersichtlichkeit, Unschärfe und Unkontrollierbares. In der Managementrhetorik betonen wir das Ende der stabilen und eindeutigen Welt. Unser tägliches Handeln in Organisationen steht in krassem Gegensatz dazu. Technokratisch geschult, versuchen wir reflexhaft, mit einer kausalen Logik immer neue Wege zur Beherrschung komplexer Systeme zu finden. «Mehr desselben» lautet das Reaktionsmuster im täglichen Wahnsinn. Bessere Konzepte und neue Tools werden verlangt. Das Muster erscheint umso reizvoller und fordernder, je mehr uns das sichere Gefühl der Beherrschbarkeit abhanden kommt.

Wir davon sind überzeugt, dass die Herausforderung nicht in der Präzisierung

Neue Haltung statt mehr desselben!

der Werkzeuge liegt. Im Kern geht es um eine Veränderung der inneren Haltung gegenüber Führung. Haltung ist keine einmal erlernte Fähigkeit, sie entsteht im Prozess immer wieder neu. Wir laden Sie zu einer besonderen Expedition ein – einer Reise der Reflexion über Management und Leadership. Bewusst führen wir Sie an Orte, die etwas abseits der bekannten Route liegen. Wir blicken hinter die Kulissen, und wie auf einer Expedition begegnen wir Unerwartetem. Wir stoßen auf infrage gestellte Selbstverständlichkeiten und auf Musterbrecher, die Führung in einer anderen Art leben.

Wir konfrontieren Sie mit Erlebniswelten aus den verschiedensten Bereichen der gesellschaftlichen Realität. Führung wird dort mit einer anderen Haltung gelebt. Diese Erlebnisse stellen keine Erfolgsstorys im klassischen Sinne dar. Manche werden Sie begeistern, andere werden Ihnen interessant erscheinen, einige werden bei Ihnen möglicherweise Unverständnis hervorrufen, weil sie auf den ersten Blick Misserfolg dokumentieren. Und wiederum andere erzählen eine Geschichte, deren Erfolg von nur kurzer Dauer war. Es mag sogar sein, dass äußere Einflüsse ein dargestelltes Unternehmen oder die persönliche Leistung einer Person zunichte gemacht haben. Wir haben uns bewusst für Momentaufnahmen entschieden, die keine «Allgemeingültigkeit» besitzen, sondern uns zum Zeitpunkt ihrer Betrachtung als «musterbrechend» erschienen.

Musterbrecher sind nicht nur konkrete Personen, die unkonventionell führen, sondern auch sämtliche Inspirationen und Irritationen, die uns helfen, uns unserer Muster bewusst zu werden und diese gegebenenfalls zu überwinden. Deshalb ist es hilfreich, bei der Lektüre von den beschriebenen Akteuren zu abstrahieren. Sie stellen für uns nicht die «neuen» Helden dar, deren Verhalten es zu kopieren gilt.

Wir fordern keinen Abschied von oder die Rückbesinnung auf irgendetwas und skizzieren auch kein einzig wahres Führungskonzept. Den Wert unserer Interpretationsangebote müssen Sie – im Abgleich mit Ihrer Wirklichkeit – selbst bestimmen. Auch wenn wir keinen Einfluss darauf haben, wie Sie dieses Buch lesen, erlauben wir uns einen kurzen Hinweis, der Ihnen realitätsfremd und anmaßend erscheinen mag: Lesen Sie es vielleicht im Urlaub

Jeder, der ein Buch liest, schreibt es gleichzeitig selbst neu!

oder am Wochenende, möglichst nicht in kleinen Portionen, sondern am

Stück. Zugegeben: Die Lektüre erfordert Aufmerksamkeit und bisweilen

Ausdauer. Aber sie bietet auch kurzweilige Unterhaltung, wenn Sie sich

unbefangen auf die Musterbrecher einlassen.

Wir danken den über 40 Persönlichkeiten für ihre Teilnahme an diesem

Forschungsprojekt und für inspirierende «Musterbrecher-Erlebnisse».

Dank gebührt auch denjenigen, die uns auf dem Weg zu dieser Publikation

begleitet haben: Rainer Kaduk für die Übernahme des Lektorats, Thomas

Glas, Eva Bartels und Gwendolin Röpke für das musterbrechende Layout,

Florian Mitgutsch für seinen Bildschmuck, Ursula Wüthrich für die traum-

haften Rahmenbedingungen, die die Arbeit am Buch fast zum Urlaub wer-

den ließen, Prof. Dr. Dres. h. c. Knut Bleicher, Emeritus der Universität

St. Gallen, für seine «Randbemerkungen» und Dr. Andreas Philipp für die

Übernahme mehrerer Interviews.

Mittlerweile sind weit über 5.000 Bücher in zwei Auflagen verkauft worden,

sodass wir uns bei den Lesern bedanken, die es möglich gemacht haben,

bereits nach zwei Jahren eine dritte Auflage zu veröffentlichen.

Die Inspirationen der Musterbrecher sind inzwischen in der Unternehmens-

praxis angekommen. In unzähligen Vorträgen und Workshops konnten wir

die hier beschriebenen Ideen einigen Tausend Menschen näher bringen.

Zudem ist es uns gelungen, Organisationen auf ihrem Weg zum eigenen

Musterbruch zu begleiten. Diese Fortführung unserer praxisorientierten

Forschung ist in die vorliegende dritte Auflage eingeflossen, ebenso wie

einige neue, spannende Beispiele von Musterbrechern, auf die wir seit 2005

gestoßen sind.

> *Hans A. Wüthrich*

> *Dirk Osmetz*

> *Stefan Kaduk*

München, im September 2008

Stationen auf dem Weg
zu einer neu gelebten Führung

«Jeder, der ein Buch liest,

schreibt es gleichzeitig selbst neu!»

Inhalt

Gefangen im Reflex

«Die Männer unseres Handwerks sind nicht alle gleich: Einige machen es, weil sie Geld haben wollen, andere lockt die Gefahr und das Abenteuer ...» (Chris)

«... oder ein Wettstreit.» (Vin)

«Wenn er schon der Beste ist, wen will er dann noch übertreffen?»

(Mexikaner)

«Sich selbst.» (Chris)

Dialog aus dem Film

«Magnificent Seven»

Irgendwann im auslaufenden 19. Jahrhundert, in einem kleinen Ort in Mexiko, gleich hinter der amerikanischen Grenze, machen sich sieben Revolverhelden auf, um sich einer zahlenmäßig um ein Vielfaches überlegenen Gruppe von Banditen zu stellen und die Bewohner des Ortes von dem Joch der Unterdrückung zu befreien. Kein einfaches Unterfangen, nicht nur auf Grund der Übermacht des Feindes, sondern auch, weil sie nur bedingt auf die Mitarbeit der Unterdrückten bauen können. Diese sind schlecht für die gute Sache ausgebildet, nicht immer loyal, und letztendlich fehlt ihnen der notwendige Mut. Sie verlassen sich lieber auf die Fähigkeiten und das Geschick der Sieben, womit sie im Endeffekt auch gut fahren. Denn dass dieses Projekt, nach anfänglichen Schwierigkeiten, doch noch ein Erfolg wird, ist dem heldenhaften Einsatz, der Opferbereitschaft und vielleicht bis zu einem gewissen Grade auch dem Glück dieser Sieben zu verdanken …

Viele kennen sie, diese kurz skizzierte Geschichte, die im Original von Akira Kurosawa im Jahre 1956 als 208-minütiges Leinwandepos «Die sieben Samurai» verfilmt und von John Sturges sechs Jahre später aus dem fernen Japan in den Wilden Westen von Amerika transferiert wurde:

«Die glorreichen Sieben», jener Western aus dem Jahr 1960, der Kultstatus besitzt und von sieben Helden handelt, die die Bewohner eines unterdrückten Dorfs retten – selbstlos, edelmütig, kühn, aber auch perfekt im Umgang mit ihrem Handwerkszeug, konsequent in ihrer Zielstrebigkeit und zu allen Opfern bereit.

Sie werden sich fragen, weshalb wir ein Buch über Führung mit einer Geschichte über diese sieben Helden beginnen. Die Antwort lautet: Tapfere,

Manager: der moderne Held!

zielorientierte Profis, die darauf trainiert sind, schnell und präzise ihr Handwerkszeug einzusetzen, haben auch heute noch – im herrschenden Hyperwettbewerb – ihre Aufgaben zu erfüllen.

Überwachtes Zähneputzen – die Motivierung heißt Kontrolle

17.30 Uhr – 35 High Potentials eines großen deutschen Finanzdienstleistungskonzerns erwarten gespannt den Auftritt. Der für das Firmenkundengeschäft verantwortliche Vorstand, Herr F., betritt die Aula, zieht sein Jackett aus und hängt es über die rechte Seite des Flipchart-Ständers. Anschließend setzt er sich betont lässig auf die Lehne des Stuhls und stellt seine Füße auf die Sitzfläche. Das Bild des coolen Revolverhelden blitzt in meinem Kopf auf. In den ersten 40 Minuten kommentiert Herr F. die volkswirtschaftliche Gesamtlage und erläutert allwissend seine Einschätzung der aktuellen Situation des Instituts. Eloquent, schon fast missionarisch wirkend, erklärt er den Führungskräften, wie die Welt funktioniert und wo Handlungsbedarf besteht. Seine bewusst eingesetzte Gestik signalisiert deutlich, dass er unter allen Umständen dazu entschlossen ist, die erforderlichen Schritte zur Stärkung der Wettbewerbsfähigkeit einzuleiten.

Anschließend geht Herr F. auf seinen Verantwortungsbereich, das Firmenkundengeschäft, ein. Dabei begründet er unter anderem, weshalb das erfolgsentscheidende Anreizsystem für Firmenkundenberater durch zusätzliche Kriterien zu ergänzen ist. Seine Begeisterung für das Incentivierungssystem ist spürbar, und mithilfe der nachfolgenden anekdotischen Geschichte verdeutlicht er die Bedeutung von Anreizen zur gezielten Motivierung. «Mitarbeitende sind wie Kinder – ohne Anreize und Kontrolle geht gar nichts! Falls Sie selbst Kinder haben, werden Sie Ähnliches bereits kennen. Am Abend verabschiedet sich Ihre Tochter oder Ihr Sohn vor dem Zu-Bett-gehen. Sie stellen die Frage: ‹Hast Du die Zähne geputzt?› Ihr Kind antwortet mit einem deutlichen ‹Ja›. Sie gehen ins Badezimmer und stellen fest, dass die Zahnbürste trocken ist und weisen Ihr Kind an, das Zähneputzen nachzuholen. Am kommenden Abend das gleiche Spiel. Klares ‹Ja› auf die Frage, ob die Zähne geputzt seien. Sie kontrollieren die Zahnbürste und erkennen, dass diese benutzt wurde. Zusätzlich aber verlangen Sie von Ihrem Kind, dass es Sie anhaucht. Nicht ganz überrascht stellen Sie fest, dass die Zähne wieder nicht geputzt wurden … Genau so verhalten sich Mitarbeitende. Ohne permanente Kontrolle und immer neue Anreize sind diese nicht in der Lage, Höchstleistungen zu bringen.»

Spontan frage ich mich, was Herr F. am dritten Abend getan hätte? Bakterientest per Abstrich? Herr F. hat sein Menschenbild metaphorisch konturiert. Es *ist eindeutig: Firmenkundenberater müssen extrinsisch motiviert werden. Dazu erforderlich sind klare, hoch ambitionierte und quantifizierbare Leistungsvereinbarungen, die permanent kontrolliert werden sowie monetäre Incentives, die bei Erreichung der Ziele ausgeschüttet werden. Ohne diese Anreize ist es unmöglich, maximale Leistungen zu erzielen und im harten Wettbewerb zu bestehen.*

Die Geschichte mit dem Zähneputzen hat bei den anwesenden Nachwuchsführungskräften Irritationen ausgelöst. Für die Kultur dieser Organisation ist es aber symptomatisch, dass sich niemand traute, dem Vorstand zu widersprechen. Erst beim anschließenden Abendessen, bei dem Herr F. auf Grund eines wichtigen Termins nicht mehr anwesend sein konnte, hörte man vereinzelt Kritik und Unverständnis.

> *Erlebnis ohne Erfolgsgarantie*

Hans A. Wüthrich, Frankfurt am Main, 2007

Unmotivierte Mitarbeitende vor dem Hintergrund eines sich verschärfenden Wettbewerbs, unerwartete Umsatz- und Ertragseinbrüche, geschäftsschädigende Presseberichte oder das Aufkommen von Substitutionsprodukten stellen Beispiele für moderne Bedrohungen dar, die ein rasches und pragmatisches Reagieren erfordern. Das Handeln unter Zeit- und Konformitätsdruck erfolgt reflexhaft und provoziert verständlicherweise den Rückgriff auf bewährte Muster. Der CEO muss ans Ruder, und die Botschaft lautet: «Zügel anziehen!», «top down eingreifen!» und «direktiv führen!» Für das Experimentieren fehlt die Zeit. Wenn es eng wird, ist das zu tun, was Shareholder und Analysten erwarten: rasch ergebniswirksame Maßnahmen einleiten. Folglich sehen sich Manager in Krisensituationen oft genötigt, die Verantwortung im Wesentlichen alleine zu tragen. Jetzt müssen die Helden ran, die die Kohlen aus dem Feuer holen und die nicht zaudern – in Übereinstimmung mit dem Lebensmotto eines ehemaligen deutschen Vorstandschefs: «Nie grau – immer schwarz oder weiß.»[1] Würde man in dieser Situation noch versuchen, die Verantwortung zu teilen oder allzu differenziert zu verfahren, so wäre dies lebensbedrohlich!

Für das Experimentieren fehlt die Zeit.

17

Sieben «glorreiche» Führungsmuster

Der Rückgriff auf bewährte Automatismen ist nicht nur in Krisensituationen erkennbar. Wiederkehrende Führungsmuster beobachten wir auch im Rahmen unserer eigenen Führungstätigkeit, in unseren Beratungsprojekten und Gesprächen mit Managern. Dabei stoßen wir – was Sie nicht überraschen wird – in Form reflexhaft angewandter Muster erneut auf die «glorreichen Sieben», die den Ausgangspunkt unserer Reise in Richtung einer neu gelebten Führung bilden:

Muster 1: Führung muss steuern!

Spätestens in Krisenzeiten gehört die Führungskraft ans Ruder, klare Marschrouten werden ausgegeben, und pragmatische Maßnahmen sollen

Der Kapitän muss auf die Brücke!

das Unternehmen wieder auf Kurs bringen. Einen Kurs, den nur die sehen können, die die relevanten Stellhebel in der Hand halten, die wissen, an welchen Rädern gedreht werden muss, die über die notwendige Information und den entscheidenden Einfluss verfügen – nicht nur in der Wirtschaft, auch in Verbänden und in der Politik. Und genau hierfür wurden wir Führungskräfte ausgebildet. Wir haben die Erfahrungen gesammelt, die es uns ermöglichen, mit sicherer und ruhiger Hand Unternehmen und Organisationen zu steuern.

Muster 2: Führung muss kontrollieren!

Vertrauen hat seine Grenzen!

Auf Grund der Vielzahl unterschiedlicher Anspruchsgruppen und nur begrenzt verfügbarer Informationen benötigen wir klare Regeln, nach denen wir unsere Systeme auslegen. Diese Regeln haben nur dann Sinn, wenn ihre Einhaltung kontrolliert wird. Ohne Kontrolle und Überwachung bleibt jeder Regelverstoß folgenlos, und dem «Systemverfall» sind Tür und Tor geöffnet. Als Führungskräfte können wir nicht blind vertrauen, sondern es wird von uns verlangt, dass wir die Einhaltung sämtlicher Regelungen, von staatlichen Vorschriften bis zum betrieblichen Arbeitszeitmodell, sicherstellen.

Muster 3: Führung muss standardisieren!

Normierung schafft Skaleneffekte!

Wie sollte Führung anders funktionieren als mittels Standards und Normen? Es werden Fixpunkte der Orientierung verlangt. Nur so ist Vergleichbarkeit möglich. Das beginnt schon beim Wirtschaften, jener Tätigkeit, die letztendlich Aufwand und Ertrag in Beziehung setzt. Ohne einen Standard der Messbarkeit und der Referenz könnten vielleicht noch Individuen interagieren, wäre jedoch die Vernetzung des Wirtschaftssystems im Gesamten funktionsuntüchtig. Erst durch die normierte und standardisierte Tätigkeit konnte die industrielle Revolution eingeleitet werden, wurden Fließproduktion und Arbeitsteilung ermöglicht. Normierung gibt Sicherheit, zeigt auf, wo Grenzen sind, und hilft, selbst unübersichtliche Organisationssysteme abzubilden.

Muster 4: Führung muss rational entscheiden!

Gefühle haben keinen Platz!

Wo stünden Unternehmen, wenn sie nicht durch bewährte rationale Entscheidungsmethoden klare Abwägungen träfen und den Nutzen messbar machten? Wie ließen sich schlüssige Antworten auf folgende Fragen finden: «Was ist die richtige Unternehmensstrategie?», «Welche Strukturen verbessern die Wettbewerbsfähigkeit?», «Wie optimieren wir unsere Prozesse?» oder «Welche Marketingmaßnahmen bringen unsere Alleinstellungsmerkmale am besten zum Tragen?» mithilfe systematischer Datensammlungen und -vergleiche gelingt die Objektivierung. Rationalität sichert Akzeptanz und führt zu besten Lösungen.

Muster 5: Führung muss den kurzfristigen Erfolg suchen!

Bei allen Forderungen nach Nachhaltigkeit: Das Problem tritt jetzt auf, die

Langfristig sind wir alle tot!

Lösung muss hier und heute gefunden werden. Es hilft wenig, wenn Unternehmer und Führungskräfte volle Auftragsbücher für die nächsten zwei Jahre vorweisen können, aber heute weder kurzfristige Forderungen zu erfüllen noch anstehende Mitarbeitergehälter zu zahlen in der Lage sind. Bedürfnisse haben meist die Eigenschaft, dass sie schnell befriedigt werden wollen. Es ist uns schwer möglich, unseren Hunger, auch nur in begrenztem Umfang, auf morgen zu verschieben. Das Problem, das uns am stärksten drückt, ist immer das aktuelle, denn dieses empfinden wir als real, und genau für dieses suchen wir zuerst eine Lösung.

Muster 6: Führung muss beschleunigen!

21

Der Zeitwettbewerb lässt uns keine Wahl, wir müssen uns in der Geschwin-

Zeit ist Geld!

digkeitsspirale mitdrehen. Spätestens seit Frederick Winslow Taylor, der mit der Stoppuhr in der Hand sein «Scientific Management» begründete, ist es unbestreitbar: Zeit ist der entscheidende Faktor im wirtschaftlichen Wettbewerb. Führungskräfte bemühen sich, durch effiziente Planung, Steuerung und Kontrolle Durchlaufzeiten zu verkürzen und Prozesse so schnell und schlank wie möglich zu gestalten. Mit Sorge blicken wir nach Asien und müssen uns eingestehen, dass sich das Rad dort viel schneller dreht. «Wer zu spät kommt, den bestraft das Leben!» und «Wer bremst, verliert!» lauten die plausiblen Maximen, die auch im Führungsalltag handlungsleitend sein sollten.

Muster 7: Führung muss sich an Rahmenbedingungen orientieren!

Ein System wie das Wirtschaftssystem ist in einen äußeren Rahmen einge-

Man kann nicht alles ändern!

bettet. Allein die in unterschiedliche Funktionen differenzierte Gesellschaft legt durch Politik, Rechtsprechung und Medien die möglichen Wege fest. Es wäre ausgesprochen naiv zu glauben, wir könnten uns mit den eigenen begrenzten Möglichkeiten diesem Druck entziehen. Sicherlich wären viele Manager bereit, sich verstärkt dem sozialen Engagement zu widmen, neueste Umweltstandards einzuhalten oder sich dem aggressiven Preiskampf zu entziehen – doch bestünde die Gefahr, dass sie dabei selbst auf der Strecke blieben. Die Umstände lassen ein abweichendes Verhalten einfach nicht zu!

Wir haben es also mit sieben reflexhaft eingesetzten Mustern zu tun, deren Anwendung sich über Jahrzehnte hinweg durchaus bewährt hat und die uns den Umgang mit dem komplexen Führungsalltag erleichtert oder sogar erst ermöglicht haben.

«Alles Schnee von gestern», wird vielleicht der eine oder die andere sagen,

Sind wir wirklich schon viel weiter?

«wir sind doch schon viel weiter.» Man verweist auf teamorientierte, partizipative Führung, Empowerment oder das «Schildkrötenprinzip», das Entschleunigung fordert. Ja, das alles gibt es, aber haben sich die Systeme tatsächlich im Kern gewandelt? Wir glauben das nicht. Erleben Sie nicht auch, dass Sie oft unbewusst in den reflexhaft angewandten Mustern gefangen sind, spätestens dann, wenn es wirklich ernst wird?

Was ist auch schon dabei? Nehmen wir nicht erleichtert wahr, dass der Torwart am Samstagnachmittag reflexhaft den Ball von der Linie holt, dass wir instinktiv reagieren, wenn wir im Straßenverkehr auf eine Gefahrensituation stoßen? Solche und ähnliche Reiz-Reaktions-Muster helfen uns täglich, uns in unserer komplexen Welt zurechtzufinden. Wohl am bemerkenswertesten lässt sich die Existenz von Reflexen bei Kindern unmittelbar nach der Geburt beobachten. Such-, Saug-, Greif-, Kriech-, Steh- oder Schreitreflexe stellen faszinierende Antworten auf bestimmte Reizmuster dar.

In der Physiologie versteht man unter «Reflex» die über das zentrale Nervensystem ablaufende, unwillkürlich-automatische Antwort eines Organismus auf innere oder äußere Reize. Für Pflanzen, Tiere und Menschen sind diese Automatismen überlebenswichtig. Sie befähigen den Organismus, sich

22

rasch auf Umweltveränderungen einzustellen und ermöglichen ein wohl-
koordiniertes Zusammenspiel aller Körperteile – mit dem Vorteil einer Entlastung der höheren Funktion des zentralen Nervensystems. Man unterscheidet zwischen angeborenen und erworbenen Reflexen. Letztere treten
mit zunehmender Reifung auf oder werden erlernt. In äußerst effektiver
Weise hilft uns reflexhaftes Verhalten, im Alltag zu bestehen und insbesondere unter Zeitdruck situationsgerecht zu handeln.

Die von uns identifizierten Führungsmuster lassen sich als erworbene
Reflexe begreifen. Sie werden in der frühen und sekundären Ausbildung, in

Reflexe: Antrainierte Reflexionsblockaden!

Kindergarten, Schule, Lehre und Universität angelegt, von Beeinflussern
verschiedenster Art geprägt und durch geltende Anreizmechanismen ver-
festigt. Kennzeichnend für die betriebswirtschaftliche Ausbildung an den
Universitäten, Fachhochschulen und Business Schools ist die Dominanz
einer sehr spezifischen Denklogik sowie des geforderten praxisnahen Fach-
wissens. Studierende werden auf der Basis einer meist engen betriebswirtschaftlichen, kaum multidisziplinär angereicherten «Theoriebrille» sozialisiert. Dadurch wird nur selten ein Hinterfragen der Prämissen dieses
Blickwinkels ermöglicht, da hierfür das Einnehmen einer anderen Perspektive notwendig wäre. Vielmehr werden konsequent Methoden und Techniken trainiert, die helfen sollen, Probleme der betrieblichen Praxis situationsgerecht zu lösen. Diese Methoden sind sehr ausgereift und bestechen
teilweise durch hohe mathematische und formallogische Präzision. Allerdings verhindert diese Exaktheitssuggestion eine Auseinandersetzung mit
den Grundlagen des eigenen Fachs. Im Berufsleben sind Manager dann
den Erwartungen diverser, ähnlich sozialisierter Anspruchsgruppen ausgesetzt – ein gleichförmiges Führungsverhalten prägt sich aus. Die durch
die Beratungsindustrie mit großem Marketingdruck proklamierten Moden
tragen dazu bei, dass sich innerhalb der Community Standards entwickeln
und dass sich Muster verfestigen. Diese Verhaltensreflexe unserer Manage-
mentelite sind deshalb verständlich. Der Rückgriff auf Bewährtes gibt

schließlich Sicherheit, scheint Garant für den Erfolg zu sein, zumindest für das Vermeiden von Misserfolg. Doch geben die Reflexe tatsächlich die notwendige Sicherheit, sind sie wirklich Bausteine des Erfolgs?

Wohl kaum! So mussten die Helden im erwähnten Western noch drei Mal gerufen werden. In «Die Rückkehr der glorreichen Sieben», «Die Rache der glorreichen Sieben» und in «Der Todesritt der glorreichen Sieben» griffen sie auf dieselben bewährten Muster zurück – leider aber mit abnehmender Qualität!

Ähnliche Abnutzungseffekte beobachten wir in Organisationen. Darauf deuten die unguten Gefühle hin, die eine Vielzahl der Führungsverantwortlichen plagen. Das belegen persönliche Erfahrungen, aber auch exemplarisch die folgenden Studien:

>>> 82 Prozent der Manager halten einen radikalen Wechsel im Managementdenken für unbedingt erforderlich.[2]

>>> Nur noch 12 Prozent der Arbeitnehmer in Deutschland zeigen eine hohe Bindung an ihr Unternehmen und engagieren sich über das reine Pflichtprogramm hinaus.[3]

>>> Über 40 Prozent von 400 HR-Verantwortlichen verschiedenster Unternehmensbranchen aus 40 Ländern halten mangelnde Führungskompetenzen für die größte Herausforderung für ihre Organisation.[4]

>>> Nur 10 Prozent der Mitarbeitenden sind davon überzeugt, dass sie von ihren Führungskräften als das wichtigste Element der Organisation angesehen werden; 15 Prozent gehen davon aus, dass sie ihren Führungskräften gleichgültig sind; für 38 Prozent steht fest, dass sie von ihren Führungskräften lediglich als ein weiteres noch «zu managendes Ding» betrachtet werden.[5]

>>> Nur knapp 12 Prozent der Führungskräfte sehen es als erwiesen an, dass das wirtschaftliche Handeln in Deutschland von Verantwortung bestimmt ist, dagegen steht für über 60 Prozent fest, dass der Shareholder-Value das einzige Handlungskriterium ist.[6]

>>> Rund 25 Prozent der Manager und Freiberufler gelten als krankhaft arbeitssüchtig.[7]

>>> Jeder vierte Beschäftigte innerhalb der Europäischen Union leidet unter job-
bedingtem Stress, bis zu 60 Prozent aller versäumten Arbeitstage sind auf
Stress zurückzuführen.[8]

Unzufriedenheit, fehlendes Engagement, mangelndes Vertrauen, Angst,
Ziellosigkeit, Krankheit, Desillusionierung – Negativphänomene, von denen
problemlos weitere gefunden werden könnten. Sind diese die Ergebnisse der
(Erfolgs-)Muster, auf denen das heutige Management- und Führungsverständnis aufbaut? Sind diese Muster in Zeiten einer immer komplexer wer-
denden Wirtschaftswelt vielleicht wirkungsloser, als wir glauben, vielleicht
einfach nicht länger zeitgemäß? Lohnt es, die antrainierten Reflexe einmal
in Ruhe auf den Prüfstand zu stellen?

Das Infragestellen dessen, was bisher so gut funktionierte, kann kaum sinnvoll erörtert werden, solange nicht der Hintergrund, vor dem dies alles
geschieht, mit in Betracht gezogen wird. Wir glauben, dass es darum zwingend notwendig ist, sich näher mit der steigenden und sich in aller Munde
befindenden Komplexität zu befassen. Was steckt hinter diesem Begriff,
der inzwischen unserer Überzeugung nach zu Unrecht unter seiner inflatio-
nären Nutzung leidet?

Mit dem Autopiloten ins Unwetter!

25

Schicksal der glorreichen Sieben

Das Leben, speziell das einer Führungskraft, ist geprägt davon, dass alles

auch anders sein, alles auch anders entschieden werden könnte. Die Wis-

Komplexität ist Ambivalenz,

senschaft sagt uns, dass wir es dabei mit Kontingenz zu tun haben,[9] mit Situa-

Unschärfe, Vielfalt, Optionalität,

tionen, die uns ambivalent erscheinen und von uns eine Selektion verlangen.

Dynamik, ist der Stoff, aus dem

Solche Situationen nennt man im Allgemeinen auch komplex. Es bleibt abs-

unser Leben ist.

trakt, und das «Komplexitätsmanagement», das bereits in die höchste Liga

der «Managementmoden» aufgestiegen ist, bringt nicht die erhoffte Erleich-

terung. Norbert Bolz sagt uns: «Ein System ist komplex, wenn man mehrere

Beschreibungen dafür braucht.»[10]

Wenn die Wirkung die Ursache überholt – von der Logik der Komplexität

Bamberg liegt doch weiter hinter Nürnberg, als wir dachten. Wir sind gerade

auf die A 73 aus Richtung München gefahren und trotz aller navigationstech-

nischen Hilfsmittel werden wir es vermutlich nicht mehr rechtzeitig zum ver-

einbarten Termin mit Psychologie-Professor Dietrich Dörner schaffen –

schlicht und einfach zu viel Verkehr oder zu spät losgefahren oder doch das falsche Verkehrsmittel gewählt. Die Situation erinnert uns an das Thema, das wir für heute auch mit unserem Interviewpartner besprechen wollen: «Komplexität und Entscheidungsfindung». Aufmerksam wurden wir auf Professor Dörner durch seinen Weltbestseller «Die Logik des Misslingens» und durch die darin beschriebenen computerunterstützten Entscheidungssimulationen. Nach einigen Telefonaten und E-Mails ist es uns endlich gelungen, mit ihm ein Gespräch zu vereinbaren. Ich rufe an und teile ihm mit, dass wir wohl eine halbe Stunde später kommen. Er sieht das ganz gelassen.

Tatsächlich mit nur 20 Minuten Verspätung bei einigen missachteten Verkehrsregeln treffen wir bei ihm ein. Sein Büro passt zu einem kurz vor der Emeritierung stehenden Professor: übervolle Bücherregale, dicke Teppiche, ein sehr großer Schreibtisch mit einem Besprechungstisch, auf dem sich neben Bücher- und Zeitschriftenstapeln noch eine Kanne mit Tee befindet, von der wir gleich eine Tasse angeboten bekommen werden.

Nach dem ersten Schluck steigen wir gleich ein und fragen: «Was ist Komplexität?» Dietrich Dörner antwortet: «Komplexität ist zunächst einmal kein objektiver Begriff, sondern rein subjektiv. Also eine Situation, die für Person A sehr komplex ist, stellt sich für Person B so überhaupt nicht dar. Für einen Bewohner Neuguineas wäre der Stachus in München eine absolut komplexe und verwirrende Angelegenheit. Er würde vermutlich fast wahnsinnig werden aufgrund der vielen Reize. Würde nicht verstehen, warum da manchmal Lichter rot sind und bald darauf wieder grün und dann Autos fahren und Fußgänger stehen bleiben. Für uns wäre der Urwald Neuguineas nicht weniger komplex, müssten wir dort überleben.

Aber nun zurück zum individuellen Empfinden von Komplexität. Eine Situation empfindet man meist dann als komplex, wenn sehr viele Faktoren wirksam sind, wenn sich die gesamte Situation auch ohne das eigene Zutun verändert. Wenn die vielen Faktoren nicht nur wirken, sondern auch interagieren und somit der eine Faktor bewirkt, dass der andere Faktor sich ganz anders verhält, als er das gemeinhin tut. Mit anderen Worten: Die Wirkung verstärkt ihre eigene Gegenwirkung. Es gibt zum Beispiel Antidepressiva – und das ist wissenschaftlich belegt –, die im Körper eine Erstverschlimmerung hervorrufen, die jene Depression verstärken, die eigentlich abgemildert werden sollte.

Von Komplexität spricht man weiterhin dann, wenn Zirkularitäten vorherrschen, wenn Ursache und Wirkung nicht mehr trennbar sind, wenn Katalysatorwirkungen, Speicherfunktionen und lange Totzeiten auftreten: Man versucht beispielsweise, durch eine Handlung eine Wirkung zu erzeugen. Aber nichts passiert. Nun verstärkt man die Handlung – es passiert immer noch nichts. Und plötzlich bricht das System zusammen. Die Wirkung begibt sich in einen Zeittunnel und entfaltet sich erst viel später. Dummerweise sind die Menschen so sozialisiert, dass sie gewohnt sind, einen Knopf zu drücken und die Wirkung sofort folgt. Auf die Wirkung warten – darauf können sich die meisten nicht einstellen.

Ein weiterer sehr wichtiger und charakterisierender Punkt ist die Unsichtbarkeit von Variablen, also die Unkenntnis über alle Einflussgrößen …»

29

Als Dietrich Dörner so über die Komplexität berichtet, wächst in uns mehr und mehr die Gewissheit, dass wir es in Unternehmen und Führungssituationen immer mit komplexen Systemen zu tun haben müssen.

Was also tun, so unsere Frage, wenn wir es mit Komplexität zu tun haben?

Dietrich Dörner antwortet sehr klar und schnell. Wir müssten immer wieder versuchen, die Komplexität zu reduzieren, doch wir sollten uns darüber im Klaren sein, dass uns das nicht gelingen werde.

Um sich dessen wieder stärker bewusst zu sein, plädiert Dörner dafür, Studenten, aber auch Führungsnachwuchs, verstärkt in generellem Problemlösen zu schulen, durchaus auf Kosten von quantitativen Methoden der Betriebswirtschaftslehre oder generalisiertem Checklistenwissen. Nur so gelinge es wieder, sich Fragen zu stellen, sich zu wundern, wieso etwas so ist, wie es ist, als vielmehr immer gleich die richtige Antwort parat haben zu wollen.

Exzellente Führungskräfte können sich wundern und sind generelle Problemlöser!

Auf der Rückfahrt, die deutlich besser verläuft als die Hinfahrt – dabei könnten wir einen Stau jetzt viel besser verkraften –, sprechen wir noch lange über die Eindrücke. Dietrich Dörner beschreibt diejenigen Systeme als komplex, in denen viele Variablen auf starke Weise miteinander vernetzt sind und sich mehr oder minder stark gegenseitig beeinflussen.[11] *Dann aber wäre alles komplex, und was ist dann komplexer?*

> Erlebnis ohne Erfolgsgarantie

Dirk Osmetz, Stefan Kaduk, Dominik Hammer, Bamberg, 2007

Kevin Kelly stellte zur Komplexität folgende Überlegungen an:

«How do we know one thing or process is more complex than another? Is a cucumber more complex than a Cadillac? Is a meadow more complex than a mammal brain? Is a zebra more complex than a national economy? I am aware of three or four mathematical definitions for complexity, none of them broadly useful in answering the type of questions I just asked. We are so ignorant of complexity that we haven't yet asked the right question about what it is.»[12]

Vermutlich kann man die Frage nach der absoluten Komplexität nicht beantworten, aber vielleicht brauchen wir das auch gar nicht zu versuchen. Sicher scheint, dass sie relativ gesehen zunimmt. Das sagen nicht nur Managementdenker wie Peter Drucker[13] oder Henry Mintzberg,[14] sondern das wurde auch wissenschaftlich von Theodore Modis[15] mithilfe des «Punkeek» (punctuated equilibrium)-Konzeptes gezeigt, das in der Evolutionsforschung entwickelt wurde. Im Kern steckt Folgendes dahinter: Die biologische Evolution ist kein gleichförmig-linearer Prozess, sondern erfolgt in Sprüngen mit sich anschließenden Phasen der Stabilität. Modis' Forschungen haben gezeigt, dass mit jedem Sprung in der Evolution die Komplexität zunimmt und dass sich die Höhe des Sprungs proportional zur Menge an Komplexität verhält. Modis hat nun alle Meilensteine «geclustert», unter Berücksichtigung von Listen aus «National Geographic», «Scientific America», «Encyclopedia Britannica», «American Museum of Natural History» sowie anhand von Interviews mit renommierten Wissenschaftlern. Berücksichtigt man sämtliche Meilensteine der Weltgeschichte, etwa vom Urknall

«Schon bald könnten wir Abfolgen von Wendepunkten erleben, die vergleichbare Veränderungen nach sich ziehen wie alle Wendepunkte des 20. Jahrhunderts zusammen – nur werden sie innerhalb von Sekunden ablaufen (wenn wir sie überhaupt noch wahrnehmen).» Theodore Modis

über die Entwicklung des Homo sapiens bis hin zur Erfindung des Internet, so deutet alles auf ein exponentielles Wachstum von Komplexität hin.

Exponentielles Wachstum bedeutet, dass die Geschwindigkeit, mit der etwas vonstatten geht, irgendwann für uns nicht mehr greifbar, nicht mehr nachvollziehbar und denkbar wird. Dass wir uns mit dem Erfassen von exponentiellen Verläufen so schwer tun, macht das folgende Beispiel klar: Die Entfernung von der Erde zum Mond beträgt ca. 384.000 Kilometer. Stel-

Komplexität wächst exponentiell.

len Sie sich nun ein einfaches DIN A4-Papier in 80-Gramm-Qualität vor, das ca. 0,1 Millimeter dick ist. Wenn Sie das Blatt auf A5-Größe falten, erhalten Sie eine Dicke von 0,2 Millimetern. Falten Sie dieses gefaltete Blatt erneut, wird es 0,4 Millimeter dick. Jetzt die scheinbar banale Frage: Wie oft müssten Sie das Papier falten, damit dessen Dicke der Entfernung von der Erde bis zum Mond entspricht? Mit gerade einmal 42 Faltvorgängen wird eine Dicke von 439.804 Kilometern erreicht, und Sie haben die Distanz zwischen Erde und Mond bereits deutlich überschritten.

Ebenso wie wir keine Vorstellungskraft für solch einfache exponentielle Zusammenhänge besitzen, genauso wenig sind wir in der Lage, den viel vernetzteren und unüberblickbaren exponentiellen Anstieg der Komplexität in einer in jeder Hinsicht entgrenzten High-Speed-Wirtschaft zu durchdringen. Beängstigend, oder?

Begleiten Sie uns auf einen Exkurs in die Medizin. Wir stellen uns zwei Diagramme unterschiedlicher Langzeit-EKGs vor. Das eine deutet auf Stabilität hin, es weist eine konstante Frequenz bei gleicher Amplitude über einen langen Zeitraum auf, das andere wirkt sehr «chaotisch», mit unterschiedlichen Frequenzen und wechselnden Amplituden, wodurch nicht vorhersehbar ist, in welche Richtung sich der Gesundheitszustand ändern wird. Interessanterweise bildet das stabile EKG den Zustand eines Patienten ab, der acht Tage später verstarb, während das instabile bei einer durchweg gesunden Person durchgeführt wurde. Eine Beobachtung, die nicht neu und seit Jahren aus der Chaosforschung bekannt ist. Christoph Meyer und Stan

31

Davis nahmen diese Beobachtung zum Anlass, eine Parallele zur Wirtschaftswelt zu ziehen.[16] Die beiden Forscher untersuchten die 3.000 größten börsennotierten Unternehmen und fanden heraus, dass die 250 stabilsten in einer Dekade 13,1 Prozent Gewinn erwirtschafteten, die 250 instabilsten dagegen 30,5 Prozent.

Wer heute gestaltet und entscheidet, sieht sich permanent mit dem Problem der Komplexität konfrontiert. Wir sehnen uns jedoch in den westlichen Wohlstandsgesellschaften nach einer stabilen Welt ohne Veränderung. Danach richten wir unsere Strukturen und Prozesse aus. Dementsprechend versuchen wir auch, unsere Unternehmen zu managen, mithilfe von Planung und Controlling. Steigende Komplexität begreifen wir als Aufforderung, unsere Bemühungen auf diesen Ebenen nochmals zu verstärken. Wir wollen die Dinge endlich festhalten, besser in den Griff bekommen – und erweitern die Berechnungen noch um eine zusätzliche Nachkommastelle.

Wir bezeichnen umgangssprachlich alles als komplex, was nicht mit unserem vertrauten linearen Denken eingefangen werden kann. Doch wie wir wissen, ist Komplexität nicht einfach das Gegenteil von Einfachheit. Das zentrale Problem im Umgang mit Komplexität liegt darin, dass wir versuchen, ein monokausales Bild zu zeichnen, das uns hilft, mit der Realität umzugehen, ein klar konturiertes Bild, in dem Missstände evident sind und das ein sofortiges «Loslegen» erlaubt.[17] Dirk Baecker, Professor an der Universität Witten-Herdecke, schrieb dazu:

«Aber angesichts des Umstandes, daß sowohl Wirtschaft insgesamt wie die Unternehmensstrukturen, mit denen wir es heute zu tun haben, immer komplexer werden, kann man nur entweder folgern, daß Management und Managementberatung, die auf Einfachheit hinaus wollen, ein vergebliches Tun sind, oder, [...] daß Vereinfachung zwar immer möglich ist, aber früher oder später (meist jedoch sofort) ihrerseits zur Steigerung der Komplexität beiträgt.»[18]

Im Umgang mit der zunehmenden Komplexität in Organisationen setzt das heutige Management einseitig auf Reduktionsstrategien. Nicht nur öffentliche Verwaltungen befassen sich mittlerweile mehr mit sich selbst als mit den eigentlichen Aufgaben. Dies hat niemand gewollt; jeder hat es gut gemeint. Die Denkmuster, mit denen wir unseren Alltag und dessen Realitäten zu meistern versuchen, heißen: «Linearität, starke Kausalität und verzögerungsfreie Rückkopplung».[19] Das funktioniert auch problemlos, solange wir es mit einfachen Situationen zu tun haben. Hier greifen unsere vertrauten Lösungsroutinen vielleicht noch. Zum Problem werden sie aber in dem Moment, in dem wir mit ihnen komplexe Fragestellungen bewälti-

Komplexität ist wie Wasser, sie lässt sich nicht komprimieren.

gen wollen. Die Erkenntnis, zu der wir gelangen müssen, heißt: In komple-xen Systemen wie Unternehmen erzeugt der Versuch der Komplexitätsre-duktion mittels Planung, Organisation und Administration eben das zu Vermeidende – nämlich (Eigen-)Komplexität.

Es sind die uns vertrauten, glorreichen sieben, im Führungsalltag identi-fizierten Muster des Managements, mit deren Hilfe wir Komplexität ver-meintlich reduzieren. In Wahrheit denken wir über diese Muster gar nicht mehr nach, so sehr haben wir sie unbewusst verinnerlicht. Wir wenden sie schlicht und einfach immer wieder an, ohne es zu merken.

«Zwischen Reiz und Reaktion haben wir die Freiheit zu wählen»,[20] formu-lierte Viktor Frankl, d. h. wir haben die Möglichkeit, über Triebe und Neigungen sowie das reflexhafte Verhalten zu reflektieren. Entspre-chendes sagte der Begründer der Verhaltensforschung, Irenäus Eibl-Eibesfeld, in Beantwortung der Frage, inwieweit Mitarbeiter geformt werden könnten:

«Alle Gefühlsregungen, die unser soziales Verhalten maßgeblich beeinflus-sen, wie Liebe, Hass, Angst und Eifersucht sind uns angeboren, ebenso wie das Bedürfnis, sich als Gruppe von einer anderen abzugrenzen oder inner-halb einer Gruppe nach Führungspositionen zu streben. […] Das soll aber nicht heißen, wir seien Marionetten unserer Instinkte. Der Mensch ist eben auch ein Kulturwesen. Wir können uns von den im Laufe der

33

Evolution entstandenen Instinkten durch kritische Reflexion distanzieren und bewusst handeln.»[21]

Bei den zu Beginn des Kapitels beschriebenen Mustern handelt es sich um erworbene Reflexe, deren Tauglichkeit für die Wirtschaftspraxis zu ergründen ist. Wir wollen deshalb fragen, inwieweit diese Automatismen uns überhaupt noch helfen, mit der erhöhten Komplexität in Wirtschaft und Gesellschaft umzugehen. Es wurde zumindest zwischen den Zeilen deutlich, dass wir die «Problemlösungsmächtigkeit» der bisher vorgestellten Muster anzweifeln. Was bleibt, ist die Frage, ob es nicht eine andere Logik gibt, die auf alternativen Prämissen basiert?

Knut Bleichers

Randbemerkung:[22]

«Dem verblassenden

technokratischen Paradigma

der Organisation und

Führung wächst ein huma-

nistisches Paradigma

substituierend entgegen.»

Rache der glorreichen Sieben

Wenn das antrainierte Muster unseres klassischen Führungsverständnisses ungute Gefühle erzeugt und der Komplexität nicht gerecht wird, ist es naheliegend, einen **radikalen Musterbruch** zu fordern. Dies suggeriert ja auch der von uns gewählte Buchtitel. Man könnte es sich also einfach machen und die Lösung im jeweiligen Gegenmuster suchen:

>>> Gegenmuster 1: **Führung steuert nicht!**

>>> Gegenmuster 2: **Führung vertraut blind!**

>>> Gegenmuster 3: **Führung verzichtet auf Synergien!**

>>> Gegenmuster 4: **Führung entscheidet nur nach Gefühl!**

>>> Gegenmuster 5: **Führung ist in der Zukunft gefangen!**

>>> Gegenmuster 6: **Führung verharrt im Stillstand!**

>>> Gegenmuster 7: **Führung ignoriert Sachzwänge!**

Der radikale Bruch könnte Institutionen zwar aufrütteln, als Gestaltungsempfehlung würde er zu kurz greifen. Deshalb kann er kein ernst gemeinter Ansatz und sicherlich auch keine tragfähige Lösung für den Umgang mit steigender Komplexität sein. Wie bereits dargelegt, ist das Steuernde, Misstrauende, Normierende, Beschleunigende usw. in den Führungsmustern bis zu einem bestimmten Grad sinnvoll, sogar zwingend notwendig.

Würden wir beispielsweise glauben, dass wir **nicht** – weder im Großen noch im Kleinen – **steuern** könnten, würde der Tag ohne jeglichen gestalterischen Spielraum über uns hereinbrechen, ohne jegliche Chance für uns, den nächsten Schritt bestimmen zu können. Vermutlich würde man sich nicht trauen, den Fuß aus dem Bett zu stellen, da man nicht wüsste, ob der Boden noch an der Stelle wäre, wo er sich am Abend zuvor befand. Man würde sich ausgeliefert, ohnmächtig und antriebslos fühlen.

Blindes Vertrauen wäre eine naive «Strategie», weil es uns ganz offensichtlich allen Angriffen wehrlos ausliefern würde. Schließlich hilft uns ein gewisses Misstrauen – etwa in Form von Kontrollsystemen – genau dort, wo limitierende und damit auch vereinfachende Grenzen positive Auswirkungen haben. In diesem Sinne beschreibt Niklas Luhmann das Verhältnis von Vertrauen und Misstrauen nicht als Gegensatz, sondern als funktional äquivalent. «Wenn es auch widersprüchlich erscheinen mag: Vertrauen ist auf Misstrauen angewiesen, da durch letzteres die Risikoneigung unter Kontrolle gehalten wird und die Enttäuschungsquote nicht zu groß wird.»[23]

Bei der vollkommenen Abkehr von Regeln, Normen und Werten müsste das Rad täglich neu erfunden werden. Mit dem **Verzicht auf Synergien** würden nicht nur die Chancen von Arbeitsteilung und Größenvorteilen ignoriert, sondern es würden auch jedweder industrielle Fortschritt sowie die Existenz unserer funktional differenzierten Gesellschaft negiert. Jegliches Lernen wäre letztlich unmöglich, weil die Übertragung von bereits bekannten Situationen nicht gewollt wäre.

Die reine **Entscheidung nach Gefühl** wäre unsinnig, denn sie würde bedeuten, dass wir die Ratio verneinten und somit den analytischen Bereich unseres Gehirns ausschalteten. Und sie wäre auch gar nicht möglich, weil biologische Mechanismen ein bewusstes Ausblenden der Ratio verhinderten.

Nachhaltigkeit bedarf immer des Kontexts im Hier und Jetzt, in dem die Ausgangsinformationen bestimmt werden, die dann einen Blick in die Zukunft eröffnen sollen. Jede Führungsentscheidung benötigt die Verbindung zum Heute, denn dieses ist Bezugspunkt für alle Relationen und Referenzen. Ein **Gefangensein in der Zukunft** wäre bezugs- und sinnlos.

Bei aller Kritik der Beschleunigung wäre das Gegenteil ebenso wenig zielführend. Man würde krampfhaft versuchen, auf die Bremse zu treten – und dennoch könnte man sich einem Fortschreiten der Zeit nicht entziehen. Jeder Versuch, **Stillstand** zu erreichen, ist gleichbedeutend mit Tod, der allein völlige Bewegungslosigkeit verkörpert.

Das vollständige **Ignorieren von Sachzwängen** wäre fahrlässig und lebensfremd, denn wir bewegen uns in einer Welt, in der wir in die unterschiedlichsten Systemrealitäten mit je verbindlichen Ansprüchen und Forderungen eingebunden sind.

Wir kämen also mit den Gegenmustern nur vom Regen in die Traufe. Gleichwohl können wir auch aus ihnen einige wertvolle Impulse gewinnen.

Sie werden jetzt wahrscheinlich fragen: «Was ist denn nun die Botschaft, was sollen wir denn tun?»

Wir befürworten eine kritische Auseinandersetzung mit den Grundannahmen, auf denen unsere Führungsmuster basieren. Erst dann sind wir in der Lage, diese Muster auch zu brechen. Wir plädieren für einen besonderen Musterbruch.

Der Musterbruch nach unserem Verständnis meint das Erkennen der Begrenztheit klassisch-reflexhaften Handelns, wobei das Gleiche auch für den Anti-Reflex gilt. Wir sind uns bewusst, dass wir uns im Bereich einer Paradoxie bewegen, doch sehen wir in ihr die Chance, ein «**Drittes**» entstehen zu lassen.

Oder um es plastischer auszudrücken: Wir wollen kein «Entweder-oder», kein neues Muster auf gleicher Ebene entwickeln, kein lärmendes Plädoyer für das Fallenlassen veralteter Ideologien, Ideen und Tools halten. Wir wollen

Führung im Gegenmuster würde rein zufällig auf Menschen treffen, die utopisch versuchen, den eigenen Illusionen unkontrolliert freien Lauf zu lassen. Jeder würde tagtäglich in einem emotionalen Hochgefühl, entkoppelt von der Umwelt und ihren Zwängen, von der ungelenkten Selbsterfindung des Rades überrascht werden. Natürlich ergebnislos, denn alles müsste erst in der Zukunft fertig sein, die stets morgen begänne.

39

keinen Abschied von oder die Rückbesinnung auf irgendetwas postulieren, kein einzig wahres Konzept für die Zukunft skizzieren, umsetzbar in drei Schritten und mittels Checklisten, keinen Beitrag in den Lebenszyklus der Management-Neologismen einspeisen.

Irgendwie anders ist noch längst kein Musterbruch!

Ein weiterer Punkt, den wir an dieser Stelle erwähnen müssen, wurde uns erst in den letzten beiden Jahren bewusst, da wir hier nicht selten missverstanden wurden: Musterbrechen heißt nicht, einfach alles (irgendwie) anders zu machen, um es anders zu machen! Mittlerweile ist es zur Mode geworden, ein(e) Querdenker(in) zu sein. Andersartigkeit wird – zumindest ihrem Anspruch nach – zum Normalfall. Alle wollen nun die Dinge anders tun, sei es in der Politik, im Management und ganz besonders in Branchen, in denen Kreativität und Innovation zum guten Ton gehören. Es soll gegen den Strom geschwommen und kräftig gegen den Strich gebürstet werden. Natürlich stehen auch unsere Musterbrecher-Beispiele und -Ideen dafür, eingefahrene Bahnen zu verlassen, Routinen zu hinterfragen und neue Muster zu erproben. Doch es geht uns, im Gegensatz zum bloßen «Anders-Sein» und zur oft substanzlosen Selbstinszenierung im Gestus von Popstars um einen «qualifizierten Musterbruch». Musterbrecher sind keine Gurus, die damit kokettieren, jegliche Anschlussfähigkeit ignorieren zu können. Vor diesem Hintergrund ist für uns die Frage nach der Qualität des Musterbruchs interessant, und nicht das bloße Faktum des Bruchs mit dem Üblichen. Wir wollen vielmehr neue Möglichkeiten im «Sowohl-als-auch» skizzieren und laden Sie dazu ein, unsere bunten Erfahrungen mit Musterbrechern nachzuerleben.

Paradoxie willkommen

>>> Nicht-Steuerbarkeit steuern

>>> Vertrauter Kontrolle misstrauen

>>> Vielfalt standardisieren

>>> Rational(e) Gefühle zulassen

>>> Kurzsichtig weit blicken

>>> Im Beschleunigen innehalten

>>> Sachzwänge frei wählen

Ilya Prigogine, Nobelpreisträger für Chemie im Jahr 1977, hat es uns gezeigt: Es gibt eine Ordnung, eine stabile Struktur fern vom thermodynamischen Gleichgewicht, dort, wo eigentlich Unordnung herrschen sollte, wo man alles andere als eine Struktur erwarten würde. Er hatte erkannt, dass sich die klassische, vornehmlich mechanistisch denkende Physik mit geschlossenen Systemen befasst. Doch die Natur ist nicht «geschlossen», sie ist offen. Für die Natur sind stabile Zustände «uninteressant», denn diese Zustände sind pathologisch. Es gäbe keinen Potenzialunterschied mehr, der ein Fließen der Elemente erlaubte. Die einzig biologisch wirklich stabilen Systeme sind tot.

Stabile Systeme sind tot.

Wem das zu abstrakt ist, der kann beim nächsten Spielplatz- oder Jahrmarktbesuch mit Kindern den Ausgangspunkt zu den Ideen von Prigogine an einer «Hüpfburg» beobachten. Damit dieses aufgeblasene Gebilde sich des ständigen Ansturms der Kinder erwehren und in Form bleiben kann, wird ihm ständig Energie zugeführt. Genauer: Unter Aufwendung von Energie wird in die Hüpfburg kontinuierlich Luft hineingepumpt, die dann die herumtollenden Kinder wieder aus ihr herauspressen. Die Herdplatte, die dem Öl in der Pfanne Energie zuführt und dieses Öl damit auf einer bestimmten Temperatur hält, ist ein anderes Beispiel für ein Gleichgewicht, das nur durch Zu- und Abfluss von Energie möglich ist; oder die Kerzenflamme, die ihre Energie aus dem verbrennenden Wachs zieht und in Form von Wärme und Licht an die Umwelt wieder abgibt; der Motor, der die Energie aus der Verbrennung gewinnt und damit das Auto auf der gewünschten Geschwindigkeit hält. All diese «Nichtgleichgewichtszustände» sind für uns sehr einfach nachvollziehbar und funktionieren immer nach demselben Prinzip: Dem System wird die Energie zugeführt, die zur Aufrechterhaltung seines Zustands an anderer Stelle wieder abfließt.

Das beste Beispiel sind wir Menschen selbst. Wir befinden uns in einem perfekten Zustand des «Nichtgleichgewichts». Im Laufe unseres Lebens führen wir uns Tonnen verschiedenster Stoffe zu, die uns als Energielieferanten dienen und von deren Abfallprodukten wir uns auf unterschiedlichste Art wieder trennen. Wir haben eine Historie, einen Lebenslauf, auf den wir zurückblicken können. Wir besitzen noch denselben Vornamen wie zu unserer Geburt; alles in allem haben wir den Eindruck, wir seien äußerst stabile Wesen. Sollte dies nicht der Fall sein, dann müssen wir zu einem Arzt, Psychotherapeuten oder einer anderen Art von «Stabilisator».

Die physikalischen, chemischen und biologischen Phänomene, die wir bisher kurz angesprochen haben, befinden sich aus thermodynamischer Sicht immer noch in der Nähe eines Gleichgewichts. Das klingt alles einleuchtend und ist allenthalben beobachtbar.

Die große Leistung von Ilya Prigogine war es zu zeigen, dass es Systeme gibt, die eine stabile Struktur einnehmen, obwohl sie sich jenseits eines Gleichgewichts befinden. Betrachten wir die Pfanne mit Öl auf der Herdplatte: Übersteigt die Energie, die der Herd dem System zuführt, einen gewissen Punkt, setzt sich das Öl in Bewegung. Es bilden sich so genannte Bénard-Zellen, in denen es zur Konvektion kommt. Betrachtet man das Öl im Querschnitt, dann steigt die erhitzte Flüssigkeit in einer rollenden Bewegung auf, kühlt an der Oberfläche ab und sinkt wieder Richtung Pfannenboden, wo es erneut durch die Wärmezufuhr nach oben getrieben wird. Schaut man von oben auf die Pfanne, dann sind kleine, wabenartige Zellen zu beobachten, in deren Mitte Öl aufsteigt und nach der Abkühlung zu deren Rändern absinkt. Das System nimmt einen stabilen Zustand fernab vom Gleichgewicht ein.[24] Etwas Neues, **Paradoxes**, ein unauflösbarer Widerspruch, ein logisches Rätsel hat sich gebildet: Ordnung hat sich in einem Bereich formiert, der eigentlich Unordnung erwarten ließ.

Paradoxe Phänomene kennt die Physik schon lange. Licht, das sich mal als Strahl, dann wieder als Welle oder sogar als Teilchen beobachten lässt; Zerfallsprozesse von Atomen, die nur über die statistische Betrachtung der großen Zahlen Vorhersagen erlauben, nicht jedoch zum einzelnen Atom; oder die berühmte Heisenbergsche Unschärferelation, nach der es unmöglich ist,

Eine Paradoxie lässt sich als Widerspruch, als eine scheinbar falsche Aussage definieren, der (die) sich durch folgerichtige Deduktion aus widerspruchsfreien Prämissen ergibt und bei genauerer Analyse auf eine höhere Wahrheit hinweist.[25]

44

Ort oder Geschwindigkeit kleiner Teilchen beliebig genau zu messen, ohne die andere Größe mit einer immensen Ungenauigkeit zu belegen.

Ilya Prigogine formulierte diese Paradoxie wie folgt: «Heute wissen wir, dass Systeme, die allzu weit von den Gleichgewichtsbedingungen entfernt sind, nur mithilfe einer eigenartigen Mischung von Determinismus und Wahrscheinlichkeiten beschrieben werden können.»[26]

Um es noch einmal auf den Punkt zu bringen: Prigogine hat das alte Muster über Bord geworfen, nach dem sich Stabilität dann einstellt, wenn beispielsweise ein Pendel reibungslos bis in die Unendlichkeit schwingt, wenn die Kerze unangezündet im Wohnzimmer steht oder eine Pfanne Öl sich auf der kalten Herdplatte befindet. Vielmehr begann er genau dort nach Stabilität zu suchen, wo man sie nicht vermuten würde: weit entfernt vom Punkt der bisher bekannten Ordnung.[27]

Übertragen wir diese Erkenntnisse auf uns Menschen, dann müssen wir uns eingestehen, dass wir bei genauem Hinsehen unsere Stabilität eigentlich auch fernab jeglichen Gleichgewichts finden. Nicht nur strukturell waren und sind wir alles andere als stabil. Unsere Gedanken, unser Wissen, unsere Emotionen – alles ändert sich von Augenblick zu Augenblick. Glaubt man der Gehirnforschung, dann strukturiert sich das Gehirn im Millisekunden-Takt immer wieder um. Nennen wir den Namen einer Person, die wir zu kennen glauben, dann ist dies in sich paradox. Der Name, die Anschrift, das Alter und der Familienstand dienen uns dazu, etwas absolut Instabiles, sich ständig Änderndes mit einer Struktur zu versehen, die den Anschein von Stabilität vermittelt.

Im letzten Kapitel haben wir aufgezeigt, dass die Führungsmuster immer weniger «komplexitätstauglich» sind und wir neue und bessere «Gesetzmäßigkeiten» finden müssen, wobei der Begriff «Gesetzmäßigkeiten» selbst vermutlich nur noch wenig damit zu tun haben wird, was wir bisher darunter verstanden. Auf keinen Fall wird das Ergebnis deterministisch sein. Wenn wir nicht in pathologischen Zuständen enden wollen, dann müssen auch wir

Knut Bleichers

Randbemerkung:

«Paradoxien stehen umgangssprachlich eher für die Realität des Unerwarteten, für uns aber als Widerstreit zweier gleichbegründeter Sinngehalte. Sie stehen im Gegensatz zur kausalen Logik, denn die Vereinigung von Gegensätzen verlangt den Verzicht auf Kausalität. Eine Paradoxie basiert auf einer Spannungsreihe zweier extremer Ausprägungen, die Anschlussmöglichkeiten für synthetische Kombinationen bieten.»

45

Wenn wir nicht in pathologischen Zuständen enden wollen, dann müssen auch wir einen Schritt in die Paradoxie wagen.

uns in unserem Denken in Richtung Unordnung bewegen, einen Schritt in die Paradoxie wagen. Denn Paradoxien sind nicht nur Gedanken- und Wortspielereien oder auf naturwissenschaftliche Phänomene beschränkt. Wir sind täglich mit Paradoxien konfrontiert, auch und insbesondere im Arbeitsalltag:

>>> Wir bemühen uns um verlässliche Planung und wollen Wissen über und für die Zukunft generieren. Dies gelänge nur, wenn die Welt determiniert wäre und die Gesetze des Determinismus bekannt wären. Dann aber hätten wir keinen Spielraum zur Planung mehr, weil Vorhersage und Planung einander ausschlössen.[28]

>>> Die Fokussierung auf Kernkompetenzen kann erfolgreich sein – sie ist jedoch gleichermaßen paradox. Die andere Seite der Kernkompetenz-Medaille ist nämlich die «Kern-Rigidität», die Innovationen hemmt. Wir müssen also sowohl Kernkompetenzen pflegen als auch ersetzen.[29]

>>> Vorstände handeln paradox, wenn sie Hierarchie-Ebenen abbauen. Dies wird von einem Sachbearbeiter als begeisternd, gleichzeitig aber auch als frustrierend empfunden. Einerseits freut er sich über kürzere Entscheidungswege und Entbürokratisierung, andererseits steigt der Wettbewerb um die wenigen zur Verfügung stehenden Führungspositionen.[30]

>>> Die Datenflut angesichts unbegrenzter Zugriffe auf Datenbanken, Informationsplattformen und Intranetanwendungen führt dazu, dass der neue Mehrwert darin besteht, über weniger Information zu verfügen.[31] (Die Avantgarde besitzt keine Handys mehr; zugegeben: Sie muss ziemlich klein sein, wenn wir an das «Blackberry-Fieber» denken).

>>> Wir greifen immer öfter auf Beraterwissen zurück, von dem wir uns erhoffen, dass es «neu» ist und die Probleme des Unternehmens zu lösen vermag. Allerdings wollen Berater sich zunächst von der Praxis belehren lassen, auf welche sie dann beratend Einfluss nehmen sollen. Sie beziehen ihr Wissen von denen, die erwarten, durch die Beratung anderes Wissen zu erhalten. Der Systemtheoretiker Helmut Willke bringt diesen Zusammenhang mit folgendem Statement auf den Punkt: «Beratungswissen ist bis heute im Kern ein gehobenes ‹Benchmarking›».[32]

Aus unserer Sicht gilt es, sich der (neuen) Paradoxien in der Wirtschaft bewusst zu werden, zu reflektieren, was es heißt, die klassischen Muster von Führung und Management weiterhin als sinnvoll anzuerkennen, jedoch auch neue, andere Stabilitäten in der Utopie des Gegenmusters zu suchen. Ausdrücklich wollen wir hier nicht einem situativen Verständnis folgen. Es

kein situatives Verständnis

geht nicht darum, in Zeiten sich erhöhender Komplexität mal steuernd, mal nicht-steuernd, mal kontrollierend und dann wieder vertrauend, mal beschleunigend, mal bremsend, je nach Situation und Umweltzustand, je nach Gegenüber und nach eigener Stimmung unterschiedlich zu verfahren. Es geht nicht darum, die Paradoxie zu meistern, indem man glaubt, mit dem jeweils geeigneteren Muster die Situation beherrschen zu können.

Unsere Botschaft geht in eine andere Richtung. Denn ein situativer Ansatz würde eigentlich immer noch einem mechanistischen Verständnis von Wirtschaft folgen. Man wüsste ja dann, was für welche Situation das geeignetere Instrument wäre. Man würde praktisch steuernd «Steuern» und «Nicht-Steuern» einsetzen, würde die Kontrolle und das Vertrauen kontrollieren. Das hat nichts mit der anderen Art von Ordnung zu tun, die wir glauben im Paradoxen finden zu können.

Wir laden Sie ein, uns im Folgenden auf einer Reise zu begleiten, einer Reise durch die Paradoxien. Dabei wollen wir Sie bewusst an Orte jenseits touristischer Hot Spots führen. Wir nehmen Sie zu Aussichtspunkten mit, die uns den Blick auf paradoxe Landschaften des «Sowohl-als-auch» ermöglichen. Was Sie dort sehen werden, können wir nicht beeinflussen.

Bei der Auswahl unserer Aussichtspunkte haben wir Führung bewusst weit gefasst. Einerseits blicken wir auf Wirtschaftsunternehmen und deren Führungskräfte, andererseits auf zahlreiche beeindruckende Persönlichkeiten, die auf unterschiedlichste Art und Weise in anderen gesellschaftlichen Kontexten Führung leben und erleben. Zum Beispiel: den Abtprimas des Benediktiner-Ordens, die Initiatorin des Münchner Vereins «ghettokids», den ehemaligen Bürgermeister der Zwei-Millionen-Stadt Curitiba in

Knut Bleichers Randbemerkung: «Aus managementtheoretischer Sicht ist natürlich die Bewältigung der paradoxen Spannungen von besonderem Interesse, bildet sie doch gleichsam den Motor unternehmerischer Dynamik.»

47

Brasilien, die Chefredakteurin des Wirtschaftsmagazins «brand eins», die Gründerin der «Berliner Schule für Bühnenkunst und unternehmerische Fähigkeiten», den ersten deutschen Offizier im Kosovo-Einsatz, den Pionier der beziehungsorientierten Altenpflege der Caritas in Köln, den Miterfinder der «Sendung mit der Maus» oder den Zoologen und ehemaligen Chef des Zürcher Zoos. Diese **Paradoxievirtuosen** sind für uns Musterbrecher. Ihre Beispiele haben keinen Anspruch auf Allgemeingültigkeit, sind nicht auf jede Situation, auf jede Person und jede Organisation übertragbar. **Wir schildern unsere Wahrnehmungen und unsere Interpretationen – in der Absicht, unsere Erlebnisse für den Leser «nach-erlebbar» zu machen.**

Dazu ein Beispiel:

Beyond Budgeting – ohne «Soll» im «Ist»

«Ein Budget ist für uns ein formalzielorientierter, in wertmäßigen Größen formulierter Plan, der einer Entscheidungseinheit für eine bestimmte Zeitperiode mit einem bestimmten Verbindlichkeitsgrad vorgegeben wird. Budgets gibt es somit auf allen Planungsstufen und bei allen Planungsfristigkeiten.»[33] So die Definition von Professor Péter Horváth, einem der bekanntesten Controlling-Experten in Deutschland.

Für viele Unternehmen ist das Budget, aufgeteilt in Teilbudgets, eine sehr wichtige Steuergröße, die in der Regel – an der Vergangenheit orientiert – die zukünftige Mittelzuteilung lenkt. Dabei bestimmt das Budget Herkunft und Einsatz der zur Verfügung stehenden Ressourcen. Laut einer Studie verlassen sich 90 bis 99 Prozent aller Unternehmen in Europa und den USA auf die Steuerung durch Budgets.[34] Das jeweilige Budget gibt den Abteilungen eine hohe Sicherheit und der planenden Institution – letztlich dem (Top-)Management – eine verlässliche Kontroll- und Steuergröße. Budgets scheinen also sinnvolle Instrumente klassischen Managements zu sein.

Vor diesem Hintergrund mutet es etwas merkwürdig an, dass der 1998 in England gegründete Beyond Budgeting Round Table (BBRT) behauptet, dass «zentral geplante Systeme nicht funktionieren».

Was funktioniert denn außer zentral geplanten Systemen? Welche Größen

Welche Größen geben

geben den Rahmen vor, innerhalb dessen man sich bewegen kann, wenn nicht

den Rahmen vor, inner-

zentrale Vorgaben eines Budgets? Wie sollte das Management in den Kon-

halb dessen man sich

zernzentralen zukünftig den Überblick behalten, wenn keine Jahresplanungen

bewegen kann, wenn

existierten? Und an welchen Leitwerten sollte sich das untergeordnete

nicht zentrale Vorgaben

Management orientieren, wenn es nicht diese Planungsgrößen gäbe, die erst

eines Budgets?

den Soll-Ist-Abgleich ermöglichen?

Die Überlegungen des Beyond Budgeting Round Table scheinen der Realität zu widersprechen.

Wirklich? Niels Pfläging, Direktor des BBRT und erfolgreicher Autor zum Thema «Beyond Budgeting», beschreibt uns ein Beispiel aus dem Jahr 1970: Die «Svenska Handelsbanken» stand kurz vor ihrem hundertjährigen Gründungsjubiläum. Doch es bestand wenig Anlass zur Freude: Die schwedische Regierung kritisierte das Management öffentlich, weil es in dubiose Transaktionsgeschäfte verstrickt war. Die Rentabilität war gering, und die Medien berichteten zunehmend schlechter über die Bank. In dieser Situation wurde Jan Wallander neuer Direktor. Der ausgebildete Sozialwissenschaftler, der in staatlichem Auftrag wirtschaftliche Langzeitprognosen erstellt hat, gelangte während dieser Tätigkeit zu der Überzeugung, dass es auf Grund der Komplexität des Marktgeschehens unmöglich ist, Prognosen und fixierte Vorgaben zu machen. Realität findet in jedem Moment statt und ist nicht im Vorfeld planbar – so könnte Wallanders Überzeugung vielleicht zusammengefasst werden.

Wallander fand in der «Svenska Handelsbanken» ein in klassischer Weise zentral gesteuertes Unternehmen vor: In der Stockholmer Zentrale wurden für 560 Filialen und 9.000 Mitarbeiter Budgets festgelegt, so wie es auch heute in mehr als 90 Prozent der Unternehmen üblich ist. Doch Wallander beschritt einen anderen Weg. «Getrieben von der Überzeugung [...], seine Mitarbeiter seien kompetente, verantwortungsvolle Menschen, die von Natur aus den Wunsch verspürten, gute Arbeit zu leisten, die mit ihren Aufgaben wachsen würden, die man nicht kontrollieren müsste und die Vertrauen mit Leistung

49

belohnen würden»,[35] entschied sich der neue CEO, alle zentralen Planungs- und Steuerungsabteilungen der Bank zu zerschlagen. Die Zweigstellen wurden zu eigenständigen Profit-Centern. Wallander vertrat die Ansicht, dass die Verantwortlichen vor Ort am besten wüssten, was es zu tun gebe.

alle zentralen Planungs- und Steuerungsabteilungen der Bank zu zerschlagen

«Sein Weg war revolutionär, denn nun wurde eine bedeutende Aufgabe der Zentrale und des Managements, die Kontrolle mittels Soll-Ist-Abgleichs, über Bord geworfen. Schließlich gibt es ohne Planung kein ‹Soll›, mit dem das ‹Ist› verglichen werden könnte. Konsequent zu Ende gedacht, stellt diese Entscheidung auch die traditionelle strategische Planung in Frage, deren Zielvorgaben ja leider auch meist in Form von Haushaltsplänen, Budgets und durchweg fixierten Leistungsverträgen operationalisiert werden», so Pfläging.

Trotz des ungewöhnlichen Schritts ist die «Svenska Handelsbanken» keineswegs entkoppelt von der wirtschaftlichen Realität. Im Gegenteil! Gesteuert wird durch Empowerment und Eigenverantwortung an den Stellen, an denen Entscheidungen getroffen werden müssen: direkt beim Kunden. Also gibt es doch wieder ein «Soll», aber ein flexibles, immer dem Markt und der Situation angepasstes. Interne Vergleiche mit Kollegen und externe Vergleiche mit Wettbewerbern sind die Regel, nicht die Ausnahme. Die starre Größe des Budgets wurde durch die Messgröße «relative Eigenkapitalrendite» ersetzt, absolute Zielvorgaben der Zentrale und fixe Pläne wurden vollkommen eliminiert. Für das Tagesgeschäft der Mitarbeiter hat das vielfältige Auswirkungen: Wenn ein Filialleiter Ressourcen benötigt, kann er auf diese zugreifen. Er hat auf alle Schlüsselkennzahlen der gesamten Gruppe Zugriff: auf Eigenkapitalrendite, Cost-Income-Ratio und Profit pro Beschäftigtem. Zusätzlich können mithilfe eines unternehmensweit integrierten und für alle Mitarbeiter offenen Management-Informations-Systems Daten wie Kundenakquisitionsrate, Kundenabwanderungsrate, gewährte Rabatte oder auch die Kundenprofitabilität aller anderen Filialen abgerufen werden. Die Zweigstellen müssen sich an der Profitabilität der regionalen Konkurrenz und in einem internen Ranking messen lassen. Die Eigenverantwortung vor Ort wird durch völlige Transparenz inner-

halb der Bank erreicht. Bei Verschlechterung wird von der Regionalorganisation ein «Hilfsangebot» – es sei betont: ein Angebot – gemacht. Die Entscheidung liegt aber immer in der Filiale.

«Das wichtigste Instrument für uns, um die Konsistenz im Unternehmen und aller Aktivitäten in der Organisation sicherzustellen, ist es, eine wohl definierte und gelebte Unternehmenskultur aufrecht zu erhalten, damit alle Mitarbeiter der Bank immer wissen, was letztlich die Ziele unserer Aktivitäten sind. Wir haben diese Unternehmenskultur in einer Broschüre mit dem Titel ‹Our Way› niedergeschrieben. Sie beschreibt unsere Unternehmensziele, von denen das wichtigste ist, immer eine Eigenkapitalrendite zu erzielen, die über dem Durchschnitt der relevanten Vergleichsgruppe anderer Banken liegt. Bestandteil der Kultur ist auch die dezentrale Organisation. Dies beginnt bei den Account-Managern, die alle einer definierten Bankfiliale zugeordnet sind und die für die gesamte Geschäftsbeziehung mit dem Kunden zuständig sind. Der Filialmanager vor Ort ist für alle Marketingaktivitäten verantwortlich. Er kann diese so gestalten, wie er meint, dass es für seinen lokalen Markt und für die konkreten Kunden der Filiale am besten ist. Wir ermitteln regelmäßig die Profitabilität unserer Kunden, die Produktprofitabilität kommt erst an zweiter Stelle. Unsere Produktmanager haben nicht das Recht, Vertriebsziele für die Filialen zu definieren. Es ist immer die Sache des lokalen Filialmanagers zu entscheiden, welche Produkte seine Kunden wirklich benötigen und welche er folglich anbietet», so Lennart Francke, CFO und Executive Vice President von «Svenska Handelsbanken».[36] Grundsätzlich fungiert die Zentrale der Bank nur noch als «Unterstützerin», die man um Rat und Hilfe bitten kann, nicht jedoch muss. Das bedeutet nun auch wieder nicht, dass es zu lokalen Fürstentümern kommt, in denen ohne jedwede Kopplung an die Gesamtbank «ungestraft» Verlustgeschäfte gemacht werden können. Als Filialleiter hat man zwar das Recht, die Hilfe der Regionalorganisation oder der Zentrale nicht in Anspruch zu nehmen, muss sich dann aber an der Effektivität der eigenen Lösungswege messen lassen. Mittelfristig müssen die Filialen und Regionen erfolgreich sein,

51

Grundsätzlich fungiert die Zentrale der Bank nur noch als «Unterstützerin», die man um Rat und Hilfe bitten kann, nicht jedoch muss.

jedoch angepasst an das jeweilige Umfeld – und nicht «nach Vorgabe».

«‹Svenska Handelsbanken› hat sich von der Pathologie zentral gesteuerter Systeme gelöst. Die Bank hat das zentralistische, hierarchische und bürokratische Organisationsmodell überwunden und eine Philosophie des Vertrauens in die Eigenverantwortung der Mitarbeiter etabliert», so Pfläging. Die strikte Ablehnung von Budgets fußt auf der Überzeugung, dass sie letztlich weitaus mehr sind als aus der Vergangenheit entwickelte Zahlengerüste, mit denen man versucht, die Zukunft zu gestalten. Lennart Francke geht so weit zu behaupten, dass es sich bei Budgets um ein «der Natur des Menschen widersprechendes Machtinstrument» handelt, durch das zentralistische Kontrolle ausgeübt wird und das eine Kultur des Misstrauens zum Ausdruck bringt. [37]

Gemessen werden müssen solche Veränderungen natürlich immer am Erfolg. «Svenska Handelsbanken» gehört zu den erfolgreichsten Kreditinstituten in ganz Europa. Sie schlägt die skandinavische Konkurrenz in jeder wesentlichen

Performancegröße – und das über den Zeitraum der letzten 30 Jahre. [38]

Niels Pfläging versichert uns: «Das System funktioniert auch andernorts. Der Beyond Budgeting Round Table hat inzwischen eine ganze Reihe von Unternehmen identifiziert, die dieses alternative Steuerungsmodell bereits implementiert haben oder derzeit implementieren. Dazu gehören Aldi, Southwest Airlines, Toyota, Ikea, Rhodia, Ahlsell, Semco, Statoil, UBS, Unilever und die Weltbank.» [39]

Jürgen Daum, Chief Solution Architect und CFO Adviser bei der SAP AG, Walldorf, Initiator sowie Moderator des ersten deutschen Beyond-Budgeting-Summit im Juni 2005 und Herausgeber und Autor des Buches «Beyond-Budgeting-Impulse zur grundlegenden Neugestaltung der Unternehmensführung und -steuerung» [40], *bringt die zentrale Idee auf den Punkt:*

«Der Gründer der Controller-Akademie, Dr. Albrecht Deyhle, hat einmal gesagt, es gehe auch um die Dimension unter dem Tisch. Er meinte damit die Denke, die Kultur, das, was eben sonst nicht so offensichtlich mitläuft. So ist es auch bei Beyond Budgeting. Es geht um dezentrale Ansätze, ‹dezentrale Power›. Denn in einer Welt, die sich so schnell verändert, funktioniert Management

nicht mehr rein zentral! Im heutigen dynamischen und hochkompetitiven

Es geht um dezentrale Ansätze, «dezentrale Power».

Umfeld benötigen Unternehmen das Engagement und die Initiative jedes Mit-arbeiters, wenn sie weiter erfolgreich sein und ihre Wettbewerbsfähigkeit ver-bessern möchten. Dazu bedarf es starker dezentraler Elemente und eines gelebten Entrepreneurships – auch in einem großen Unternehmen, das sich an Kunden, am Markt und am Wettbewerb orientiert und sich immer wieder neu an diesen ausrichtet. Beim Beyond-Budgeting-Managementmodell geht es des-halb in erster Linie darum, dass die Organisation und das Führungsmodell neu ausgerichtet werden. Ich denke, dass man einen anderen Namen statt ‹Beyond Budgeting› hätte wählen sollen. Auch bei der «Svenska Handelsbanken» ging es nur vordergründig um Budgets. Wallander brauchte eine neue Organisation, die Budgets waren nur ein Mittel zum Zweck.

In der Praxis erleben wir zwei Richtungen, die die Motivation der Unternehmen, über Beyond Budgeting nachzudenken, kennzeichnen:

>>> *Man glaubt, dass das historisch gewachsene (und damit oft ‹overengineerte›) Controllingsystem einer Neugestaltung bedarf und möchte die Planungs- und Steuerungsprozesse in Richtung höherer Effizienz und Effektivität überarbeiten.*

>>> *Man will die Organisation grundlegend verändern, ihre Strukturen, die Kultur, hin zu selbstverantwortlichen Einheiten und Mitarbeitern.*

Beim ersten Ansatz läuft man Gefahr, dass man beim Re-Design der Tools stecken bleibt und die Führungs- und Managementkultur unverändert belässt. Erfahrungsgemäß ‹kippt› das dann leicht wieder zurück, und man findet sich auch bald im alten Steuerungsverhalten wieder. Der zweite Ansatz ist natür-lich der schwierigere und aufwändigere, da er eine umfassende Transforma-tion von Organisation, Führung und Steuerungssystem erfordert. Und man ist

In weiten Kreisen der Führung hat sich die Überzeugung verbreitet, man könne mit Controlling führen. Das ist ein totaler Irrglaube.

damit nie wirklich fertig. In weiten Kreisen der Führung hat sich die Überzeu-gung verbreitet, man könne mit Controlling führen. Das ist ein totaler Irrglaube. Der Manager drückt sich um seine Führungsaufgabe, wenn er sich nur auf das Controlling verlässt. Er ist nicht mehr mit den Problemen wirklich vertraut, sondern sein Bezug sind die Zahlen, ist das abstrakte Controlling. Als ich das

53

Beyond-Budgeting-Konzept noch vor zwei Jahren Controllern vorgetragen habe,
erlebte ich bei einem großen Teil der Anwesenden Zweifel und zum Teil massive
Ablehnung. Das hat sich geändert. Gerade erfahrene Controller stehen der Idee
sehr aufgeschlossen gegenüber. Die haben nämlich erkannt, dass die traditionelle Zahlenverliebtheit in Zeiten erhöhter Komplexität nicht mehr funktioniert.
Führen heißt sich auseinander setzen, selbst erfahren, heißt Kommunikation.
In einem kürzlich von mir durchgeführten Interview mit Mattias Steinke, Leiter Finanzen und Controlling bei Hermal Kurt Hermann GmbH, Reinbek,
einem Unternehmen der Boots-Gruppe,[41] antwortete er mir auf die Frage, wie
sich das Selbstverständnis des Controllers nach der Umsetzung von Beyond
Budgeting verändert habe, wie folgt: ‹Die offensichtlichste Veränderung, auch
nach außen hin, war die Veränderung des Namens. Die Abteilung Controlling
wurde gleich nach der Übernahme von Boots in ‹Business Support› umbe-
nannt. Dies war aber nicht nur einfach eine Namensänderung. Mit dem Wechsel
des Namens ging eine drastische Veränderung des Tätigkeitsfelds des Controllers und seiner gesamten täglichen Arbeit einher: weg vom bloßen Zahlenre-
porting, hin zum Business Support. Dies umfasst das Bewerten von Initiativen,
die Begleitung von Geschäftsprozessen, Gedanken und Plänen jedweder Art.
Eine wesentliche Veränderung ist, dass die Tätigkeit auf die Zukunft gerichtet ist. Es geht nicht mehr darum, beim monatlichen Soll-Ist-Vergleich nach-
träglich zu erklären, was eigentlich gestern anders war, als wir es vorgestern
geplant hatten. In der Vergangenheit kann ich nichts mehr ändern, sehr
wohl aber in der Zukunft.› Das Budget ist eines der stärksten Tools traditionellen Controllings. Das Commitment bezieht sich auf eine feste Zahl.
Budgets formulieren ein absolutes Ziel, das nach außen kommuniziert wird.
Doch in einem sich stark verändernden Wirtschaftsumfeld gilt es, die Performance relativ zu ermitteln. Ziele müssen schnell an Veränderungen
angepasst werden.»

> *Erlebnis ohne Erfolgsgarantie*

Dirk Osmetz, Stefan Kaduk, Hans A. Wüthrich, München, seit 2005

Die Gespräche bestätigten uns, dass Beyond Budgeting sich 1:1 auf die Ebene der Paradoxien übertragen lässt:

Auf den ersten Blick erkennbar ist natürlich hier der paradoxe Umgang mit **Steuerung**. Steuern ja, aber dort, wo man den Hebel am wirksamsten ansetzen kann. Klassische, zentral gesteuerte Organisationen hält der Beyond Budgeting Round Table für nicht zukunftsfähig. Die Mitgliedsorganisationen der Community glauben an die Selbststeuerungskraft flexibler, kleiner, zu großen Teilen unabhängiger Einheiten, die direkten Bezug zum Objekt haben.

Damit wird automatisch das **Kontrollverständnis** ein anderes: Man vertraut den selbstverantwortlichen Einheiten, nimmt sie aber auch für die ihnen übertragene Verantwortung in die Pflicht. Man gibt ihnen die notwendigen Freiräume, misst sie jedoch an der Performance im Vergleich zum Umfeld. Die erwähnten Unternehmen, die ohne Budgets auskommen, sind sich des Zeit- und **Beschleunigungswettbewerbs** bewusst. Man leistet sich Verfahren, die auf den ersten Blick «Zeit fressen». So ist z. B. die Involvierung der Mitarbeiter vordergründig ein sehr zeitintensiver Vorgang. Doch die so «verlorene» Zeit wird mehrfach zurückgegeben: in Form von Zeit, die man nicht in Kontrolle investieren muss; Zeit, die man nicht für vermeintliche Steuerung braucht; Zeit, die man nicht für Entscheidungen benötigt, die die direkt Betroffenen besser fällen können.

Standardisierung gibt es in der Philosophie des Beyond Budgeting vielleicht sogar in höherem Maße als in anderen Unternehmen gewöhnlicher Prägung, jedoch nur dort, wo die Kundenbeziehung nicht gestört oder geschädigt wird. Das zeigte etwa das Interview mit Lennart Francke, der sagt: «Unsere Produktmanager haben nicht das Recht, Vertriebsziele für die Filialen zu definieren. Es ist immer die Sache des lokalen Filialmanagers zu entscheiden, welche Produkte seine Kunden wirklich benötigen und welche er folglich anbietet.» Das bedeutet nicht den Verzicht auf Größenvorteile und Synergien, etwa im Einkauf und im Verbund. Sparsamkeit und

Knut Bleichers Randbemerkung:

«Das Vordringen von Vertrauensorganisationen mit Empowerment weist in die richtige Richtung, da es ein Loslösen von der Pathologie zentral gesteuerter Systeme bedeutet. Ob uns dabei allerdings die Financial Community mit ihrem kurzfristigen Erfolgsstreben unterstützen wird, darf bezweifelt werden.»

55

laufende Verbesserung der Effizienz sind wesentliche Tugenden und zentrale Werte der «Svenska Handelsbanken».

Das Beyond-Budgeting-Modell verwirft ein ausschließlich **rationales** – und damit planbares – Wirtschaften, durch das Führung von der «Realität» entkoppelt wird. Viele Probleme verstecken sich hinter den Zahlen. Aus diesem Grund muss die Führungskraft selbst erfahren und selbst erleben, wo die Probleme liegen. Das hat sehr viel mit Emotionen zu tun. Das Paradoxe daran ist der weiterhin vorhandene Einsatz von Controlling-Instrumenten. Man vertraut jedoch nicht auf deren Allmacht, sondern ist sich der Irrationalität vermeintlich rational getroffener Entscheidungen bewusst.

«Dass wir das Budget [im Bereich Wealth Management & Business Banking] abgeschafft haben, ist das logische Resultat unserer Neuausrichtung. Weil Budgetieren ein defensives Element ist. Im Budgetprozess gilt es doch, ein möglichst geringes Ambitionsniveau auszuhandeln, damit man es möglichst weit übertreffen kann. Zu diesem Zweck sucht man nach Gründen, weshalb man etwas nicht leisten kann.» Anton Stadelmann, Mitglied des Group Managing Board der UBS AG[42]

Der Beyond Budgeting Round Table hat Unternehmen wie z. B. Toyota, Southwest Airlines, Handelsbanken untersucht, die ohne Budgets auskommen und erkannte, dass der Antrieb immer das **nachhaltige** Bestehen auf dem Markt war und noch heute ist. Man hat die kleinen und flexiblen Einheiten direkt am Kunden mit Entscheidungskompetenz und Freiheit ausgestattet. Der Fokus liegt dort, wo man den wirksamsten und nachhaltigsten Hebel vermutet, und das sind in erster Linie Kunde und Mitarbeiter.

Beyond Budgeting wird zugleich dem Vorhandensein von **Sachzwängen** gerecht, denen Unternehmen sich stellen müssen, beispielsweise Marktveränderungen oder externen Anspruchsgruppen. Das Hinterfragen eingefahrener Rahmenbedingungen ist dabei der Motor von Beyond Budgeting: Zentrale Quartals- und Jahresplanungen, zentrale Steuerung, Zahlengläubigkeit und die Omnipotenz von Top-Down-Entscheidern gehören der Vergangenheit an.

In den nächsten sieben Kapiteln werden wir uns mit folgenden Paradoxien näher auseinandersetzen:

>>> Nicht-Steuerbarkeit steuern

>>> Vertrauter Kontrolle misstrauen

>>> Vielfalt standardisieren

>>> Rational(e) Gefühle zulassen

>>> Kurzsichtig weit blicken

>>> Im Beschleunigen innehalten

>>> Sachzwänge frei wählen

Dem aufmerksamen Leser wird nicht entgangen sein, dass hier sequenziell aus Muster und jeweiligem Gegenmuster Paradoxien gebildet werden. Dieses Vorgehen schien uns im limitierenden Medium «Buch» die einzig sinnvolle Möglichkeit zu sein, eine nachvollziehbare Struktur zu finden. Tatsächlich greift dieses isolierte Abarbeiten von sieben Paradoxien zu kurz. Denn wie Sie beim Lesen der folgenden sieben Kapitel erkennen werden, sind die Themen der Sache nach untereinander vernetzt. Real ist Steuerung nicht ohne Kontrolle denkbar, ebenso wie Nicht-Steuerbarkeit ohne Vertrauen keine Praxisrelevanz besitzt. Auch Standards enthalten die Absicht zu steuern und zu kontrollieren, wobei Standards durchaus als Sachzwang empfunden werden können, zumal die Versuchung groß ist, sich als Führungskraft mit dem Hinweis auf den Sachzwang der Standardisierung zu exkulpieren. Solche und ähnliche Verknüpfungen ließen sich zwischen allen Muster- und Gegenmuster-Elementen bilden. Aus diesem Grund sind die Paradoxieerlebnisse **nie** eindeutig zwischen Muster und Gegenmuster verortet.

57

Nicht-Steuerbarkeit steuern

Wir erleben eine determierte, kausale Welt. Vieles, was geschieht, stellt sich uns als unverrückbare und kontinuierlich wiederkehrende Gegebenheit dar. So wissen wir seit Hunderten von Jahren, und wir können uns darauf verlassen, dass sich die Sonne im Laufe des Tages in einer festen Bahn über den Himmel bewegt und abends dort untergeht, wo wir es schon unendliche Male zuvor beobachten konnten. Dieses und ähnliche Phänomene sind mit bestimmten Gesetzmäßigkeiten zu erklären, deren Ursache-Wirkungs-Zusammenhänge im Bereich der Naturwissenschaften zum Teil gut erforscht sind. Auch im Alltagsleben sind wir in der Lage, die Gründe für bestimmte Zustände zu erklären. Wenn wir Kopfschmerzen haben, dann erkennen wir gegebenenfalls recht bald, dass diese vom übermäßigen Alkoholkonsum am Abend zuvor herrühren, und wir wissen genau: Aspirin verschafft Linderung. Das Kausalitätsprinzip prägt unser tägliches Denken und Handeln. Es verkörpert – wie die in der Physik immer wieder auftauchende Frage nach der «Weltformel» zeigt – den Wunsch, Ursache und Wirkung eindeutig zu bestimmen. Dieser Wunsch ist verständlich, denn wer verstanden hat, auf welche Weise Dinge miteinander verbunden sind, verfügt über Gestaltungsmöglichkeiten. Besonders die Wirtschaftswelt stellt man sich am liebsten als eine perfekte Maschine vor, an der es Steuerräder und Stellhebel gibt, mit deren Hilfe man die gewünschten Ergebnisse erreicht. Und lassen sich die gewünschten Resultate einmal nicht erzielen, dann müsse nur ein neuer Steuermann her, so eine typische Einschätzung.

Besonders die Wirtschaftswelt stellt man sich am liebsten als eine perfekte Maschine vor.

Steuern bedeutet, dass es einen klaren kausalen Zusammenhang zwischen Eingabe und Ausgabe gibt. Damit wird ein trivialer Übertragungsprozess beschrieben, der dem Betrachter durchaus kompliziert erscheinen mag, in dem jedoch jeder Eingangsgröße eine klare Ausgangsgröße zugeordnet werden kann. Dieser Zusammenhang ist zwingend notwendig, wenn man ein Schiff, ein Automobil, eine Rakete oder eine Produktionsanlage steuern will. Fehlte uns der Glaube an die Gewissheit, dass auf eine bestimmte Eingabe ein im Voraus determinierbares Ergebnis folgt, so wäre ein Steuern unmöglich. Es wäre unsicher, ob das Auto die gewünschte Richtung einschlüge, wenn wir am Lenkrad drehten. Die Chance, dass die Rakete den Satelliten in die gewünschte Umlaufbahn bringt, ginge gegen null. Die Produktionsanlage würde niemals den gewünschten Output erzielen, logistische Abläufe wären nicht mehr koordinierbar, und Prozessplanung wäre kaum mehr als bloße Beschäftigungstherapie.

Wir alle – auch Manager und Führungskräfte – müssen zwangsläufig glauben, dass wir planend, steuernd und kontrollierend in die Welt eingreifen können. Es funktioniert ja auch oft genug, zumindest nach unserem subjektiven Empfinden. Denn ohne diese Überzeugung hätte sich die Menschheit nie dazu entschlossen, gestaltend in ihre Umwelt einzugreifen. Man hätte sich nie in Richtung «Fortschritt» begeben und würde weiterhin nur reflexhaft versuchen, von dem zu überleben, was die Natur bereitstellt.

Symphonie ohne Taktstock – Dirigent als «zweite Geige»

Ein Orchester vereint eine Vielzahl von Spezialisten, die unter der Leitung eines Dirigenten zu einem Ganzen zusammenwachsen. Oder wie uns ein sehr angesehener Unternehmer auf die Frage, was für ihn gute Führung sei, antwortete:

«Eine gute Führungskraft ist wie ein Dirigent eines Orchesters, der als letzte Instanz anerkannt wird und den Einsatz gibt. Er hat eine klare Vorstellung von der Interpretation und muss hören, wenn etwas nicht rund läuft. Er ist sich darüber im Klaren, dass er von hoch spezialisierten Fachkräften umgeben ist, von denen jede für sich das Instrument besser beherrscht als er selbst – und dennoch ist er als Dirigent für den Gesamterfolg verantwortlich, da er das Orchester steuert.»

Dieser plausiblen Analogie stimmen wir intuitiv zu. Doch könnte es nicht auch ganz anders funktionieren?

In einem traditionellen Orchester nehmen die einzelnen Musiker eine eher passive Rolle ein. Der Dirigent ist der eigentliche Star, nach dessen Taktstock gespielt wird. Namen wie Leonard Bernstein, Carlos Kleiber, Zubin Mehta und Lorin Maazel klingen in unseren Köpfen – und nicht die der Musiker. Der Einzelne muss das tun, was der große Lenker von ihm erwartet. Er wird nicht zum Virtuosen seines Instruments, sondern zur ausführenden «Maschine». So belegt eine Studie, dass die Arbeitszufriedenheit von Orchestermusikern einen Rang hinter derjenigen von Strafvollzugsbeamten in amerikanischen Bundesgefängnissen liegt.[43]

Zufällig sind wir auf ein außergewöhnliches Orchester gestoßen: das Orpheus Chamber Orchestra, das 1972 vom Cellisten Julian Fifer gegründet wurde und mittlerweile seit über 25 Jahren die Stammbesetzung der Carnegie Hall in New York ist. Seine Erfolgsgeschichte ist einmalig: 70 Alben, Gastauftritte in über 400 Ländern und eine Zusammenarbeit mit den besten Solomusikern. Bisheriger Höhepunkt ist die Auszeichnung mit dem Grammy-Award im Jahr 2001 für «Shadow Dances: Stravinsky Miniatures».

Gerade weil es keinen Dirigenten gibt,

Erstaunlich ist, dass Orpheus seine einmaligen Leistungen ohne Dirigenten voll-

müssen alle ihre Ideen zur musikalischen

bringt. Das war nicht immer so. Der Violinist Ronnie Bauch beschreibt in einer der

Interpretation beisteuern und

vielen öffentlichen Proben vor Managern aus der Wirtschaft die Anfänge wie folgt:

Verantwortung übernehmen.

61

«Vor über 30 Jahren glaubten nur wenige Naivlinge, dass es einem Orchester ohne Dirigent möglich sei, eine Beethoven-Symphonie aufzuführen. Nachdem wir über die Jahre besser und mutiger wurden, sagten einige, dass wir es versuchen sollten. Mittlerweile haben wir Beethovens Symphonien Nr. 1, 2, 3, 7 und nun auch Nr. 4 in der Carnegie Hall aufgeführt.» [44]

Die Philosophie des Orchesters ist inzwischen in einer Vielzahl von Publikationen beschrieben worden. Die großen Business Schools von Harvard, Columbia, Stanford und die Universitäten von Chicago, Pennsylvania oder Berkeley haben die Prozesse beim Spiel ohne Dirigenten analysiert.

Orpheus baut nicht auf eine monolithische Führung, sondern auf die Talente, das musikalische Können und das leidenschaftliche Engagement eines jeden Mitgliedes. Dabei ist das Orchester kein chaotischer, führungsloser «Haufen». Ganz im Gegenteil, denn acht Prinzipien garantieren das Funktionieren dieses einzigartigen Mikrokosmos: «Denen Macht geben, die die Arbeit erledigen; Ermutigung zu persönlicher Verantwortlichkeit; Rollen klar definieren; Führungsbefugnis aufteilen und rotierend zuordnen; die Zusammenarbeit auf einzelnen Ebenen fördern; zuhören und reden lernen; Konsens suchen sowie leidenschaftliche Hingabe an die Arbeit.» [45]

Seit mehr als 30 Jahren floriert das Orpheus-Ensemble als Gruppe mit Selbstverwaltung, basierend auf einem kooperativen Managementstil. Nach dem Prinzip der Rotation übernimmt jeder Musiker Führungsrollen. Für jedes Musikstück wählt das Ensemble eine Kerngruppe, bestehend aus fünf bis sieben Musikern. Diese setzen sich zusammen, entwickeln Interpretationen und unterbreiten dem Orchester einen Vorschlag, wie ein bestimmtes Stück zu spielen sei. Das Stück wird unter Einbeziehung weiterer Verbesserungsvorschläge der übrigen Mitglieder einstudiert und optimiert. Das Ergebnis ist eine Aufführung mit einmaligem musikalischem und emotionalem Engagement.

Dabei sind die Erfolgsfaktoren nicht in der reinen Beherrschung der Instrumente durch die Musiker zu finden. Diese Kompetenzen sind selbstverständlich und stellen «Hygienefaktoren» dar. Vielmehr sind es Elemente wie Achtung, Respekt,

Verantwortungsübernahme und Kritikfähigkeit, die es diesem Ensemble er-

lauben, so einzigartig zu sein. Diese Begriffe, man könnte fast sagen: Buzz-Words,

nimmt heutzutage zwar jede Unternehmenskultur für sich in Anspruch. Doch bei

Orpheus werden diese Begriffe mit Leben gefüllt. Die Mitglieder leben echte Be-

scheidenheit, eine Bescheidenheit, die es ihnen erlaubt, sich nicht in den Vorder-

grund spielen und andere Instrumente dominieren zu müssen. Bei Orpheus glaubt

niemand, alleine zu wissen, wohin das Orchester gesteuert werden muss. Oder wie

Ronnie Bauch es sagte: «Die Führung ändert sich von Sekunde zu Sekunde!»

> *Erlebnis ohne Erfolgsgarantie*

Hans A. Wüthrich, Dirk Osmetz, Stefan Kaduk, seit 2001

Wir glauben nicht, dass das Orpheus Chamber Orchestra auf Grund der **Wie ungewohnt ist die Vorstellung** wechselnden Führungsverantwortung so erfolgreich funktioniert. Ein **eines Lebens ohne den Taktstock** Rotationsprinzip könnte sehr mechanistisch verwirklicht werden: «Wer war **eines Dirigenten?** noch nicht dran, ein neues Stück steht an, heute dirigiert Meier.» Der

Musterbruch ist nicht die delegierte und wechselnde Führungsverantwor-

tung, die sich immer nur zeitweise auf eine Person zentriert, sondern es ist

die Bereitschaft aller, Führung kollektiv zu leben, Verantwortung zu über-

nehmen und gemeinsam um die beste Lösung zu ringen. Der musikalische

Erfolg ist nicht steuerbar, aber auch nicht zufällig oder beliebig. Jeder

Musiker kann sich in diese(r) Kultur selbststeuernd einbringen, wodurch

sehr wohl gesteuert wird.

Zum Ende des 18. Jahrhunderts prägte der Physiker Pierre Simon Laplace

den Begriff eines Dämons, heute bekannt als Laplacescher Dämon, mit

folgender Intention:

«Ein Intellekt, der zu einem gegebenen Zeitpunkt alle in der Natur wirkenden

Kräfte kennt und die Lage der Dinge, aus denen die Welt besteht – angenom-

men, der erwähnte Intellekt wäre groß genug, diese Daten zu analysieren –,

würde in derselben Formel die Bewegung der größten Körper im Universum

und die der kleinsten Atome erfassen; ihm wäre nichts ungewiß, und die

Zukunft und die Vergangenheit wären seinen Augen gegenwärtig.»[46]

63

Für das Management bedeutet dies, dass alle – wirklich alle – Einflussgrößen abgebildet werden müssten, wenn man eine Organisation wirklich steuern wollte. Vielleicht gibt es einen derartigen Dämon. Vielleicht streben wir durch unsere wissenschaftlichen, unsere informationstechnischen und -verarbeitenden Errungenschaften selbst danach, einen solchen zu kreieren. Aber egal, ob wir nun an einen Dämon glauben oder nicht, der dann natürlich auch alle ökonomischen Zusammenhänge kennen würde und immer die richtige Entscheidung treffen könnte: Wir dürften einer Meinung sein, dass kein menschliches Wesen im Moment – und vermutlich auch in absehbarer Zukunft – die notwendigen Informationen dafür besitzt; weder ein Manager oder ein Unternehmer noch ein Bürgermeister.

Hoffnung in der Hoffnungslosigkeit – durch Respekt steuern

Stellen Sie sich vor, Sie würden morgen Bürgermeister einer Zwei-Millionen-Metropole in Brasilien werden, von der folgende Fakten bekannt sind:

>>> *Ein explosionsartiges Bevölkerungswachstum – eines der rasantesten in ganz Brasilien – zwischen 1940 und 2007 von 141.000 auf 1,8 Millionen Einwohner; nimmt man das Umland dazu, dann kommt man auf ca. 3 Millionen Menschen.*

>>> *Hohe Arbeitslosigkeit und prekäre Arbeitsverhältnisse bei einem städtischen Haushalt, der nur zehn Prozent desjenigen der Stadt München ausmacht.*

>>> *«Typisch brasilianische» Zustände mit den Problemen einer anhaltenden Migration in die Ballungszentren.*

>>> *Slum-Bildung in noch nicht oder nur gering urbanisierten Gebieten.*

Sie werden vermutlich spontan an Armut und Hoffnungslosigkeit, soziales Ungleichgewicht, überforderte Städteplanung, fehlende Budgets, Schmutz, Krankheiten und Illegalität denken. Würden Sie dann nicht auch versuchen, die Probleme durch harte Eingriffe, zentral steuernd, in den Griff zu bekommen? Sie können sehr schnell die folgende Aussage des ehemaligen Bürgermeisters von Curitiba, Jaime Lerner, eines Architekten und Städteplaners, nachvollziehen, wenn er sagt: «Curitiba is not a paradise. We have slums, we have low income people, and we have street children.» Aber das werden Sie nur tun, wenn Sie Curitiba nicht kennen und noch nie etwas von dieser Stadt gehört haben. Denn trotz der ungünstigen Voraussetzungen dieser von Favelas (Elendsvierteln) umgebenen Stadt ist Curitiba ein Beispiel für vorbildliche Städteplanung und Urbanisierung. Was zeichnet diese Metropole also aus?

Curitiba kann mit einem ausgeklügelten, effizienten und sehr günstigen Mülltrennungssystem, einer flächendeckenden Kindergartenversorgung, Konzepten zur Eingliederung von arbeitslosen Jugendlichen und sozial gescheiterten Mitbürgern, 24-Stunden-Einkaufspassagen, einer gesponserten Altstadtsanierung und vielen weiteren Erfolgen aufwarten.

Hier ein konkretes Beispiel für den Ideenreichtum in Curitiba:

Man verfügt über ein deutlich leistungsfähigeres Nahverkehrssystem als vergleichbar große europäische Städte, mit dem man in kürzester Zeit mit Buslinien neu entstandene Favelas erschließt, deren Wachstum nicht unkontrolliert verläuft, sondern «anders» gesteuert wird. Die Schnelligkeit dieses Nahverkehrs wird erzielt durch die Nachbildung von U-Bahn-Konzepten, jedoch ohne «U» wie Untergrund und nicht mit Bahnen, sondern mit Bussen. Zubringerbusse bringen die Bürger flächendeckend an Knotenpunkte. Dort

65

U-Bahn ohne «U» und ohne «Bahn»

steigen die Menschen an Terminals in große Linienbusse um, die über eigene Busstrecken ihre Ziele direkt ansteuern. Alle Linien werden profitabel privat betrieben. So gelangt man in weniger als 45 Minuten von den Außenrändern der Stadt ins über 20 km entfernte Zentrum. Das sind Verhältnisse, angesichts derer europäische Großstädte neidisch werden könnten. Diese Leistungsfähigkeit führt dazu, dass man in Curitiba – trotz der hier gegebenen höchsten PKW-Dichte in Brasilien – keine Staus in der Innenstadt kennt, da die Bewohner die Effizienz der öffentlichen Verkehrsmittel zu schätzen wissen. Das hat auch zur Folge, dass sich in der Stadt kein Smog entwickeln kann, wie wir es sonst von südamerikanischen Städten kennen.

Wie kommt Curitiba zu seinen Erfolgen?

Erwarten würde man ausgeklügelte Konzepte, ein straff organisiertes Pla-

nungszentrum, eine hervorragend arbeitende Stadtverwaltung oder einfach nur fähigere Organisatoren.

Das mag alles für Curitiba zutreffen, doch es ist ein viel wichtigerer, vielleicht auf den ersten Blick profan wirkender Punkt, den Jaime Lerner dafür verantwortlich macht, dass es Curitiba besser geht als anderen Megacitys.

Angesprochen auf seine Führungsphilosophie, sagte er anlässlich eines Symposiums in Stuttgart sinngemäß: «Als Architekt verfügte ich über wenig Managementerfahrung und habe deshalb bei Antritt meines Amtes als Bürgermeister versucht, den Ratschlägen von Fachleuten zu folgen. Sie rieten mir, für die Sicherheit der Bürger den Verwaltungsapparat gezielt auszubauen, rigorose Sparprogramme umzusetzen und von Experten geleitete Projekte zur Bekämpfung der Arbeitslosigkeit zu realisieren. Relativ schnell musste ich feststellen, dass dieser Approach nicht funktionierte und wir mit den aktuellen Problemen hoffnungslos überfordert waren. Ich entschied mich für einen

66

anderen Weg. Überzeugt davon, dass sich die anstehenden Probleme nicht durch die Stadtverwaltung oder mich alleine lösen lassen würden, entschloss ich mich, das Kreativpotenzial der Bürger dieser Stadt zu nutzen.» Und an anderer Stelle sagte er: «It is the respect given to people. You can live even in a favela but your need for transport will nevertheless be respected. If you need schools or health care or day care centres you get it in a good quality and for free. So, whatever problem you have, in Curitiba you can be sure that your children won't have the same problem. Life here is not a vicious cycle, as in many other Brazilian cities. My solution is respect. And if you offer them respect they will have attachment to the city and a feeling of co-responsibility. This explains something about the difference to other cities.»

Menschen, die sich respektiert fühlen, übernehmen Verantwortung.

Und dieser den Menschen – egal welcher sozialen Herkunft – entgegengebrachte Respekt setzt eine Spirale in Gang, die Verantwortungsübernahme, Wir-Gefühl und Kreativität in Erfolgserlebnisse transformiert. Nur dadurch wird es nachvollziehbar, wie es gelingen kann, dass in Curitiba innerhalb von 72 Stunden eine Fußgänger- und Einkaufszone entstand, eine Oper in zwei

Monaten errichtet wurde und ein Freizeit- und Erholungspark in nur 28 Tagen

gebaut werden konnte. All diese Projekte ließen sich nur mithilfe von Bürger-

initiativen und unter Mitwirkung der Betroffenen realisieren, die ihren Ein-

fallsreichtum und ihre Ideen in vollem Umfang einbrachten.

> Erlebnis ohne Erfolgsgarantie

Hans A. Wüthrich, Stuttgart, seit 2000, Christiane Schloderer, Curitiba, 2004/2005

Wenn wir die exakten Ursache-Wirkungs-Zusammenhänge komplexer wirt-

schaftlicher und politischer Systeme nicht kennen, dann sollten wir offenbar

bei allen Steuerungsversuchen Vorsicht und Bescheidenheit walten lassen.

Entscheidend scheint uns, dass Jaime Lerner nicht auf die Steuerung seiner

Stadt verzichtet hat, sondern sich der Begrenztheit klassischer Steuerungs-

mechanismen bewusst wurde. Lerner hat die Expertenratschläge verworfen

und auf den Ausbau von Verwaltung, auf Kostensenkungsprogramme und

straff geführte Projekte verzichtet. Stattdessen vertraute er konsequent auf

Eigeninitiative, Selbstverantwortung und gelenkte Selbststeuerung. Wäre

67

er, wie viele seiner Kollegen, ein exponierter, den Takt angebender Dirigent

gewesen, hätte die Zwei-Millionen-Stadt ihr Selbststeuerungspotenzial nie-

mals entfalten können.

«Heute können wir Hirnaktivitäten messen –
und nirgends ist so ein Zentrum für den letztend-
lichen Auswertungsprozess zu entdecken.

Um es noch einmal zu betonen: Es ist trotz allem sinnvoll, den Versuch zu

unternehmen, diejenigen Dinge zu steuern, die wir für triviale Maschinen

halten – etwa Produktionsanlagen, Computer, Autos, U-Bahnen –, wir soll-

ten uns aber nicht wundern, wenn dieses Steuern spätestens dann scheitert,

Es gibt offensichtlich keinen einzelnen Ort, wo
alle Informationen zusammenlaufen, wo aus
verschiedenen Sinnessignalen schlüssige Bilder
der Welt gefertigt werden, wo Entscheidungen
fallen, wo das Ich ‹Ich› sagt.» Wolf Singer

wenn der Mensch ins Spiel kommt, der nicht einmal eine zentrale Steuer-

stelle in seinem Körper besitzt.

Unternehmen bestehen nun einmal primär aus Menschen und zeichnen sich

deshalb durch Nichtlinearität, Rückkoppelungs- und Kippeffekte sowie Ver-

netztheit aus. Minimale Ursachen können ein labiles Gleichgewicht in ein mas-

sives Ungleichgewicht stürzen und nicht voraussehbare Wirkungen entfalten.

Die Schlussfolgerung lautet: Steuerung ist inhärent paradox. Es ist unstrit-

tig, dass unsere Systeme der Steuerung bedürfen. Unklar ist jedoch, wer

Steuerung ist inhärent paradox. Es ist unstrittig, dass unsere Systeme der Steuerung bedürfen. Unklar ist jedoch, wer jeweils was steuert

jeweils was steuert: das Management das System, das System das Management – oder steuern sie einander?

Wir glauben, dass sowohl Jaime Lerner und seine Art der Führung als auch die Mitglieder des Orpheus Chamber Orchestra sich diese Paradoxie zu Nutze gemacht haben. Möglicherweise bewusst, vielleicht unbewusst. Beide haben mit der Selbststeuerung ein effektives Element eingeführt, das Mitdenken und Verantwortung auf die Ebene der Betroffenen verlagert und durch ein hohes Maß an Selbstbestimmung entscheidend zum Glück von Menschen beiträgt. Sie vertrauen nicht der monolithischen Omnikompetenz, sondern einer erweiterten Bandbreite an Steuerungsmöglichkeiten.

Damit ist der Erfolg nicht garantiert, denn deterministisch steuern lässt sich das Ergebnis weiterhin nicht. Dennoch scheint für uns eine Haltung erkennbar, die Nicht-Steuerbarkeit zu steuern versucht.

Jaime Lerner hat sich mittlerweile mit fast 70 Jahren aus der Politik zurückgezogen und hält als Botschafter für die «nachhaltige Stadt» weltweit Vorträge. Im Februar 2008 wurden seine städteplanerischen Konzepte in «Breakthrough Ideas 2008» der Havard Business Review ausgezeichnet.[47] Auch ohne diesen Architekten des Curitiba Masterplans geht die Erfolgsgeschichte weiter:

>>> Das Bus Rapid Transit (BRT) System wird mittlerweile in 83 Städte weltweit übertragen, u. a. nach Bogotá und Shanghai, aber auch in so hochentwickelte Städte wie Los Angeles.

>>> In Curitiba haben sich Unternehmen wie VW, Bosch, Renault und Volvo angesiedelt und zählen zu den größten Arbeitgebern.

>>> Curitiba hat weltweit mit über 70 Prozent die höchste Mülltrennungsrate.

>>> Mittlerweile entfallen auf jeden Bürger ca. 50 Quadratmeter Grünfläche (in den 70er Jahren waren es noch 0,5 Quadaratmeter) usw.

Darum wundert es nur wenig, wenn der Trendforscher Charles Leadbeater, der die britische Regierung in Fragen der kreativen Wirtschaft berät, zu dem Urteil kommt: «Einer der kreativsten Orte, die ich je gesehen habe, ist Curitiba in Brasilien …»[48]

Knut Bleichers

Randbemerkung:

«Nicht-Steuerbarkeit steuern –

engt sich diese Aussage nicht

ein auf die technokratische

Nicht-Steuerbarkeit?

Als Alternative bleibt die

Suche nach einer sozialen

Steuerbarkeit, die nicht als

Utopie ausgeschlossen

werden sollte, ohne dem

Vorwurf der Manipulation

zu verfallen.»

69

Vertrauter Kontrolle misstrauen

Normen und Regeln bestimmen unser Leben in allen sozialen Gemeinschaften. Ohne Gesetze und Bestimmungen würde unsere Gesellschaft vermutlich in Anarchie enden. Ein archaisches Kräftemessen würde den Stärkeren, vielleicht auch manchmal den «Gewiefteren» gewinnen lassen.

Diese Kontrolle basiert auf einer gesunden Portion Misstrauen, das überlebenswichtig ist. Vermutlich ist es sogar ein angeborener Reflex, der uns den
Fortbestand gesichert hat.

So ist es auch durchaus nachvollziehbar, dass Vorsicht geboten ist, wem wir
unser Vertrauen entgegenbringen. Denn in dem Moment, in dem wir einem
anderen vertrauen, gehen wir das Risiko eines Missbrauchs ein.[49] Darum
erscheint es sinnvoll, klare Regeln für die Vergabe von Vertrauen aufzu-
stellen, so wie es beispielsweise Charles Handy versucht hat. Er spricht in
diesem Zusammenhang von den «seven cardinal principles of trust», die
man seiner Überzeugung nach immer im Hinterkopf haben sollte, um einen
Missbrauch von Vertrauen zu vermeiden:[50]

>>> Vertrauen darf nicht blind gegeben werden: Interaktionspartner müssen bekannt sein und zumindest ähnliche Werte verfolgen.

>>> Vertrauen benötigt Grenzen: Es sollte nur innerhalb festgelegter Bereiche gegeben werden.

>>> Vertrauen fordert Lernen: Es benötigt gewisse zeitliche Rahmenbedingungen und die Bereitschaft des Gegenübers, sich darauf einzulassen. Dadurch werden Lern- und Anpassungsprozesse ermöglicht.

>>> Vertrauen ist kompromisslos: Vertrauensmissbrauch muss strikt bestraft werden.

>>> Vertrauen bezieht mit ein: Jeder, der betroffen ist, muss an Vertrauen glauben.

>>> Vertrauen muss vorgelebt werden: Vorgesetzte dürfen es nicht nur einfordern.

>>> Vertrauen benötigt besondere Kompetenzen: Nicht jede Führungskraft ist zur «vertrauensbasierten Führung» in der Lage.

Wenn große Werte im Spiel sind oder die eigene Existenz von Kontrollmechanismen abhängt, erscheint der Einsatz letzterer vernünftig. Derjenige, der wenig zu verlieren hat, tut sich leicht, mehr Vertrauen einzufordern.

Ohne dass man den einzelnen Anspruchsgruppen eines Unternehmens böse Absichten unterstellt: Ihre jeweiligen Ziele sind so unterschiedlich, dass Kontrollmechanismen dringend die Regeleinhaltung überwachen müssen. Spätestens wenn zum Jahresabschluss die Gewinn-und-Verlust-Rechnung vorgelegt wird, wäre es äußerst naiv zu glauben, man könne beim Finanzamt mit der Aussage bestehen: «Bei uns werden Einnahmen und Ausgaben nicht dokumentiert, weil wir Kunden, Lieferanten und Mitarbeitern vollends vertrauen.»

Zusätzlich prägen uns persönliche Erfahrungen, wie sie Roderick M. Kramer, Sozialpsychologe und Professor für Organisationslehre an der Stanford Business School, 20 Jahre lang am Beispiel von Managern aufgezeichnet hat. Er kam zu folgendem Ergebnis: «Acht von zehn Führungskräften berichten, mindestens einmal in ihrer Karriere einen großen Fehler gemacht zu haben, indem sie der falschen Person vertrauten.»[51] Kramer schließt daraus, dass eine «gesunde Paranoia» sinnvoll sei.

An dieser Stelle können wir ihm prinzipiell noch folgen. Wenn dann die Konsequenz jedoch lautete, dass wir schonungslos Daten sammeln, Interpretationen hinterfragen, unberechenbar handeln und immer die Kontrolle über die anderen behalten sollten, dann hätte das Misstrauen klar die Oberhand gewonnen.

So weit sind wir schon: In einem von der «Personalnews» der Zeitung «Die Welt» vom 19.5.2005 vorgestellten Buch zur Prävention vor kriminellen Machenschaften von Mitarbeitern wird der Arbeitsplatz bereits mit einem «Tatort» gleichgesetzt. Auf 96 Seiten suggeriert der Ratgeber, «wie der Betrieb sicherer gemacht werden kann und wie man den Tätern auf die Spur kommt» – eine eher naive Kontrollillusion!

Viele Unternehmen sind in der Tat Misstrauensorganisationen, die primär

Misstrauen verursacht Kosten.

Normen und Regeln, nicht aber den in ihnen arbeitenden Menschen vertrauen. Die notwendige Disziplinierung und Beherrschung menschlicher Unvollkommenheit erfolgen mittels organisatorischer Anweisungen, bürokratischer Regelungen und rigider Kontrollsysteme. Alles und noch mehr ist geregelt. Typisch für misstrauensorientierte Organisationen ist die Ausle-

Prophylaxe für den Worst Case!

gung der Systeme auf den schlimmsten aller denkbaren Fälle – Prophylaxe für den Worst Case!

In einer großen bayerischen Behörde sind drei ausgebildete Juristen aus-

Folgendes erzählt man sich von Wernher von Braun: Eine Redstone-

schließlich damit betraut, die eigene Behörde nach allem zu durchleuchten,

Rakete war während der Tests zur Startvorbereitung außer Kontrolle

was mit Bestechung zu tun haben könnte. Uns stellt sich hier die Frage:

geraten. Daraufhin schickte von Braun einem der Techniker eine

Erwischt man damit die Richtigen? Nach welchem Maßstab gehen diese drei

Flasche Champagner. – Warum? – Dieser hatte zugegeben, dass er

Beamten vor? Durch welche Erfolgsquote legitimieren sie sich?

möglicherweise versehentlich einen Kurzschluss in der Rakete

Was folgt daraus? Misstrauen wird zum Standard, zum Operator, der für alle

verursacht hatte. Der Techniker hatte Recht, wie die Nachforschungen

gilt. Dem Beispiel diametral entgegen steht die Aussage Jaime Lerners, des

ergaben. So konnte das Team kostspielige Änderungen an der

brasilianischen Bürgermeisters, den wir bereits im vorangegangenen Kapitel

Konstruktion vermeiden.[52]

kennen gelernt haben und der, angesprochen auf die größten Schwierigkeiten bei der Umsetzung seiner Vision, auf dem Symposium in Stuttgart sagte:

«Ich musste lernen, Leuten
zu vertrauen, die ich zuvor
nicht kannte.»

«Ich musste lernen, Leuten zu vertrauen, die ich zuvor nicht kannte.»

Instinktives, intuitives oder schöpferisches Vertrauen – eine alternative Strategie im Umgang mit Komplexität? Es scheint, dass Vertrauen sehr viel mit dem Verzicht auf Steuerung zu tun hat, zumindest gilt dies für Jaime Lerner.

Führungsverzicht – Experiment mit vollem Risiko

Im Herbst 2005 hatten wir kurz vor Beendigung der ersten Auflage dieses Buches einen Artikel im manager magazin mit dem Titel «Sturmfreie Bude»[53] gelesen. Berichtet wurde über Andreas Glemser, Inhaber der 1998 von ihm gegründeten COCOM•IN Training & Coaching mit 50 Mitarbeitern aus Leinfelden-Echterdingen bei Stuttgart. Andreas Glemser hatte sich ein Jahr zuvor dazu entschieden, mit seiner Familie noch vor Einschulung der Kinder auf eine Weltreise zu gehen. Ohne seine Mails abzufragen, ohne Handy und Fax tourte er drei Monate durch Südafrika, Australien, Tahiti, Las Vegas und San Francisco. Seine Mitarbeiter mussten ohne ihn zurechtkommen, allein entscheiden, Verantwortung übernehmen und managen. Diese Entscheidung empfanden wir als außergewöhnlich.

Mitte Juli fuhren wir nach Leinfelden-Echterdingen, um uns mit Herrn Glemser in seiner Firma zu treffen. Die heißt mittlerweile COCOMIN AG und ist als Trainingsinstitut in der Finanzdienstleistungsbranche TÜV-zertifiziert. Die Trainer sind über ganz Deutschland verteilt und schulen in fast allen deutschen Großbanken, in Sparkassen und Volksbanken.

Herr Glemser kennt unser Buch, und wir können direkt einsteigen. Wir fragen, warum er sich zu einer Weltreise entschlossen habe. «Erstens war es schon immer ein Traum von mir, eine Weltreise zu machen. Zweitens hatte ich meine Familie extrem vernachlässigt, hatte einen 16-Stunden-Tag im Unternehmen. Ich bin sogar am Wochenende um 5.00 Uhr aufgestanden, um zu arbeiten. Da hatte ich das Bedürfnis, mir mal wieder mehr Zeit für meine Frau und die beiden Söhne zu nehmen. Und drittens wollte ich mir selbst und der Welt beweisen, dass Selbstverantwortung wirklich funktioniert. Und zwar ‹hardcore›.

Man kann Bücher darüber schreiben, kann Seminare halten und Führungs-kräften mithilfe von Tools erklären, wie sie ihren Mitarbeitern mehr vertrauen können, aber es selbst zu tun, ist etwas anderes. Mir selbst zu beweisen, dass das mit dem Vertrauen und der daraus resultierenden Selbstverantwor-tung wirklich funktioniert, das war mir sehr wichtig.

Wenn Sie für sich in Anspruch nehmen, mit Vertrauen zu führen, dann wer-den Sie mit Sicherheit auch enttäuscht. Allgemein lernt man daraus: ‹Ich kann nicht mehr vertrauen!› Und man beginnt damit, Kontrollmecha-nismen einzuführen.

Genau in diese Falle wollte ich nicht tappen!

Das Vertrauen kommt vielleicht nicht immer zurück. Sagen wir mal in zehn Prozent der Fälle wird es missbraucht. Ich weiß jedoch nicht, welche zehn Pro-zent. Das kann man akzeptieren, oder man könnte – wie man es im Manage-ment gemeinhin tut – daraus lernen, dass den Menschen, den Mitarbeitern, nicht zu trauen ist.

Also gut, ich setzte auf die Botschaft an meine Mitarbeiter: ‹Ich traue Euch das zu!› und ging für fast vier Monate auf meine Weltreise. Ich machte mir keine großen Gedanken darüber, ob mein Unternehmen danach noch existieren würde, aber natürlich war das mein Einsatz. 90 bis 95 Prozent der Akquise liefen bis dato über mich, einige große Mandate sollten in Kürze gestartet wer-den. Es stand einiges auf dem Spiel. Wir bereiteten alles gut vor, und dann ging ich weg. Und ich versichere Ihnen, ich habe in der Zeit nicht einmal auf die Homepage geschaut, um zu sehen, ob das Unternehmen noch existiert.»

Glemser beschreibt seine Reise, erzählt, dass ein Australier, den er unterwegs traf, ihm die strikte Abstinenz von der Firma nicht ganz abnahm und ihn immer wieder dazu animierte, sich im Internet nach seinem Unternehmen zu erkun-digen – doch er blieb hart.

Über seine Rückkehr habe man sich gefreut, habe in der Zeit, in der er weg war, viele neue Aufträge an Land gezogen, habe ganz neue Ideen umgesetzt, so be-richtet ihm Kurt Spanjersberg, der COCOMIN in Vertretung führte. Das Unter-

nehmen hat in keiner Weise Schaden genommen. Für Glemser war es jedoch nicht leicht, sich wieder in seiner eigenen Rolle zurechtzufinden: «Ich war praktisch arbeitslos, als ich zurückkam. Das ist ein saublödes Gefühl. Keine 20 bis 30 Anrufe mehr am Tag, keine 150 E-Mails, und keiner fragte mich mehr: ‹Wie soll ich das machen?› Du sitzt über Monate alleine in deinem Büro und hast fast nichts zu tun. Das machte mich traurig, und ich brauchte doch einige Zeit zu erkennen, dass darin eine riesige Chance lag. Ich konnte Dinge tun, für die ich bisher vermeintlich keine Zeit gehabt hatte, konnte mich auf die Strategie des Unternehmens konzentrieren, mich dem Marketing widmen.» Glemser bereut keinen Tag der Weltreise. Mittlerweile ist sein dritter Sohn geboren, und er plant einen vierwöchigen Urlaub. Er hat heute mehr Zeit für seine Familie, wirkt sehr entspannt und ausgeglichen und der Organisation geht es besser denn je. Seine Abwesenheit hat der Firma sogar gut getan: Die Anzahl der Termine bei potenziellen Kunden hat sich verdreifacht, und auch der Umsatz stieg erheblich. Dies alles nur, weil Andreas Glemser hundert Tage nicht geführt und entschieden, sondern dies seinen eigenen Leuten zugetraut hatte.

> Erlebnis ohne Erfolgsgarantie

Dirk Osmetz, Stefan Kaduk, Edigna Eger, Leinfelden-Echterdingen, 2008

Vielleicht fragen Sie sich einmal selbst, ob Sie eine vertrauensunwürdige Person sind, ob Sie bewusst und mit voller Absicht Ihre Vorgesetzten oder Mitarbeitenden hinters Licht führen und sich gut fühlen, wenn Sie Versprechen brechen? Wir sind sicher, dass so gut wie niemand diese Frage mit «Ja» beantworten würde. Wieso legt man dann in Organisationen die Systeme und Verhaltensweisen nicht – wie Andreas Glemser – nach der vertrauenswürdigen Mehrheit aus?

irgendwann
Diese Einsicht ist für uns zentral, denn irgendwann müssen wir anfangen zu
müssen wir
vertrauen. Es ist die einzige Möglichkeit, mit Komplexität umzugehen.
anfangen
Warum sind wir gezwungen zu vertrauen? Ganz einfach: Wir müssen dem
zu vertrauen
Kontrollsystem vertrauen. Wir müssen darauf vertrauen, dass die Firmen-

zahlen im Safe sicher sind, die Stechuhr nicht manipulierbar ist oder die Qualitätskontrolle alle Fehler entdeckt. Tun wir das nicht, dann müssen wir den Kontrolleuren der Kontrollsysteme trauen. Haben wir immer noch Zweifel, dann vertrauen wir aber doch hoffentlich den Kontrolleuren der Kontrolleure der Kontrollsysteme? Irgendwann beginnt das Vertrauen. Wieso dann nicht viel früher?

Gelingt es uns nicht zu vertrauen, dann stehen wir einem massiven Problem gegenüber. Es geht uns dann wie ca. 1,5 Millionen Zwangserkrankten in Deutschland, so zumindest die Schätzung der Deutschen Gesellschaft Zwangs-erkrankungen e.V. in Osnabrück. In der Fernsehsendung «37 Grad» vom 22. Mai 2005 mit dem Titel «Sicher, sauber, unerträglich»[54] wurde über diese Krankheit berichtet. Alle gezeigten Beispiele hatten etwas mit fehlendem Vertrauen zu tun. Am eindrucksvollsten war die Geschichte einer jungen Frau, die zwanghaft kontrollsüchtig ist. Sie stellt den Anspruch an sich selbst, alles perfekt zu machen. Dies führt dazu, dass sie sich selbst nicht mehr über den Weg traut. Obwohl sie gerade den Herd ausgemacht hat, muss sie unzählige Male kontrollieren, ob er tatsächlich abgeschaltet ist. Sie hat immer Angst, dass etwas Schlimmes passieren könnte, etwa eine Kirche abbrennen würde, nur weil sie darin eine Kerze angezündet hat. Der Alltag dieser Zwangserkrankten wird zur Qual. Der Zwang dominiert den Tagesab-lauf, und der Kontrollwahn führt dazu, dass das Misstrauen die Verrichtung der alltäglichsten Besorgungen behindert.

«Alles, was wir kontrollieren wollen, kontrolliert uns und unser Leben.» Melody Beattie

77

Wir finden diesen Zwang zur Kontrolle nicht nur im Feld psychischer Er-krankungen. Stellen Sie sich doch einmal eine typische Kreuzung zweier Hauptverkehrsstraßen in einer europäischen Kleinstadt vor, in der pro Tag ca. 12.500 Fahrzeuge entlang der einen, knapp die Hälfte entlang der ande-ren Achse fahren. Zusätzlich laufen Fußgänger und fahren Radfahrer über diese Kreuzung und dann gibt es noch den öffentlichen Busverkehr. Wie gelingt es nun, diesen Verkehr zu regeln? Mit Ampeln? Einem baulich angehobenen Trottoir für Fußgänger? Mit Fahrbahnmarkierungen für Abbiegespuren, mit Verkehrsschildern, falls die Ampeln ausfallen, eventuell sogar mit baulichen Maßnahmen in Form von Zäunen oder Ähnlichem, sodass ein unabsichtliches Betreten der Fahrbahn unmöglich wird?

Studien haben ergeben, dass 60 bis 70 Prozent der Verkehrsunfälle auf die Nichtbeachtung der Vorfahrt zurückzuführen sind.[55] Und das, obwohl doch alles so klar und eindeutig geregelt ist. Wenn wir also bei unserem Denkbeispiel der Kleinstadt dieses Problem an unserer Kreuzung lösen müssten, was würden wir tun? Wir würden vermutlich mit Warnschildern auf eine gefährliche Kreuzung hinweisen, würden die zulässige Höchstgeschwindigkeit herabsetzen, würden mit fest installierten Radarfallen oder einer Blitz-Ampel die Kontrolldichte erhöhen. Ebenso, wie wir es alltäglich zigtausendfach in unseren Städten erleben. Die Lösung scheint auf der Hand zu liegen: «Mehr desselben!»

Gibt es nicht durchaus gewisse Parallelen zum Kontrollwahn in Unternehmen? Ist das Bestreben, alles und ständig zu kontrollieren, nicht zuletzt auch teurer als die Folgen, die bei Missbrauch entstehen würden? Wieso denken wir allzu gerne, der Mitarbeiter sei nicht vertrauenswürdig? Sind wir nicht alle Mitarbeiter von irgendjemandem? Wollen wir selbst nicht als vertrauenswürdig angesehen werden?

Der im Januar 2008 verstorbene Verkehrsplaner Hans Monderman hat in der niederländischen Stadt Drachten genau das Gegenteil von dem getan, was wir im Straßenverkehr immer wieder erleben. Er setzte bewusst auf Verwirrung und schaffte sämtliche Regelungen und Kontrollsysteme an Kreuzungen ab. Alle Schilder und Ampeln wurden abmontiert, Bürgersteig und Fahrbahn wurden zu einer durchgehenden Fläche, nicht einmal mehr durch Markierungen getrennt. Mit riesigem Erfolg: Die Anzahl der Verkehrsunfälle ging auf nahezu null zurück, und die messbare Geschwindigkeit, mit der sich die Fahrzeuge durch die Hauptstraßen von Drachten bewegten, reduzierte sich auf Schrittgeschwindigkeit. In Drachten wird der Raum nicht mehr einseitig für Fahrzeuge optimiert. Fußgänger und Radfahrer werden

«If you treat drivers like idiots, they act as idiots. Never treat anyone in the public realm as an idiot, always assume they have intelligence.» Hans Monderman

zu echten Partnern und – das ist das wirklich Überzeugende an der Idee: Lag die Zeit, die man vor der «Kontrollbereinigung» für die Durchquerung der Stadt benötigte bei zwanzig Minuten, so sank sie danach auf die Hälfte. Dieses Ergebnis war so überzeugend, dass die EU ein sogenanntes Shared-Space-Projekt[56] ins Leben rief. In mittlerweile sieben europäischen Städten wird nach dem Vorbild von Drachten auf die klassischen Kontroll- und Regelungsmechanismen verzichtet. Stattdessen vertraut man in die soziale Selbstkontrolle und Achtsamkeit der Menschen und verhindert somit ein von den Soziologen als «Zombification» bezeichnetes Phänomen, nach dem sich Menschen wie Zombies verhalten, wenn sie sich durch Überkontrolle als solche behandelt fühlen.[57]

Welche Konsequenzen hätte es, wenn wir Organisationen von ihren Schildern «befreiten» und Mündigkeit bei den Mitarbeitenden unterstellten? Interessant ist in diesem Zusammenhang die Philosophie von Klaus Kobjoll, Eigentümer des Schindlerhofs in Nürnberg-Boxdorf, eines der meistausgezeichneten Tagungshotels in Deutschland, der uns berichtete:

Vom Saulus zum Paulus – Kontrolle durch Transparenz

«Ich habe jeden Tag mindestens einen Menschen verletzt. Konnte ich mir auch leisten, denn ich war ungemein erfolgreich. Mit 22 Jahren war ich nach meiner Ausbildung in Frankreich bereits Jungunternehmer, mit 24 hatte ich dann den ersten Porsche. Meine Restaurants liefen immer super. Eines davon war ein Hawaii-Restaurant, so eine richtige ‹Schicki-Micki-Kneipe›, vor der die Leute Schlange standen, um rein zu dürfen. Freitags und samstags kontrollierte die Polizei den Eingang und ließ vier Leute rein, wenn vier Leute rausgingen. Also kann man sich denken, dass man da in der Gastronomiebranche das Gefühl bekommt, man ist der Größte und die anderen sind die Kellner, und die müssen wegtragen. Wenn ein Laden so gut läuft, dann darf man Fehler machen, und ich habe falsch gemacht, was man falsch machen kann, und eben auch Menschen verletzt. Doch Druck erzeugt Gegendruck, und je mehr ich die Zügel in die Hand nehme, um so mehr geht das Maul dagegen, so ist das

nicht nur bei Pferden. Goethe hat einmal geschrieben: ‹Behandle Menschen so, wie sie sind, und sie werden schlechter, behandle Menschen so, wie sie sein könnten, und sie werden besser.› Ich habe lange Zeit das Erstere getan und noch Schlimmeres. Ich musste erst lernen zu vertrauen, sonst wäre ich vermutlich pleite gegangen. Doch um dies zu erkennen, habe ich elf Unternehmens-gründungen benötigt. Der Mitarbeiter ist der wertvollste Erfolgsfaktor! Hier im Schindlerhof habe ich diese Erkenntnis gleich von Anfang an umgesetzt.

Ich sehe die Mitarbeiterinnen und Mitarbeiter als tatsächliche Partner im Unternehmen an. Bei uns sind Mitdenken, Mitsprache, Mitplanung und Transparenz zentrale Elemente im Umgang miteinander. Als Partner im Unternehmen hat jeder Anspruch auf Offenheit und Fairness. Jeder kennt die Bilanzzahlen und die Jahreszielplanung. Ich führe beispielsweise zweimal im Jahr mit meinen Lehrlingen eine Zahlenbesprechung durch, in der ich die aktuel-len Geschäftszahlen mit ihnen diskutiere. Auch kennt jeder im Haus mein Gehalt, weil ich davon überzeugt bin, dass ein Mitarbeiter, der sämtli-che Informationen erhält, nicht umhin kommt, die volle Verantwortung zu tragen. Und das macht es natürlich sehr einfach für mich, denn dieses Ver-trauen, diese Wertschätzung und Transparenz ersparen mir sehr viel Kraft. Nun haben die Mitarbeiterin und der Mitarbeiter die Möglichkeit zu ent-scheiden, sie müssen (mit)entscheiden.

Wir sind bekannt dafür, dass wir Erfolge etwas extremer feiern als andere Unter-nehmen, was uns am Anfang sehr viel Neid in der Branche entgegenschlagen ließ. So habe ich z. B. bei Gewinn des European Quality Award 1998 zwei Learjets gemietet und bin mit der Belegschaft nach Paris geflogen, um den Preis in Em-pfang zu nehmen. Doch wir tun das nur so lange, so lange es uns finanziell mög-lich ist. Auf Grund der Involvierung und Transparenz, die eine enorme Vertrau-ensbasis schaffen, ist allen dann klar, warum es im einen Jahr nur für eine Busfahrt nach Buxtehude reicht, im Jahr davor ein Wochenende in Paris gab.»

> *Erlebnis ohne Erfolgsgarantie*

Hans A. Wüthrich, Dirk Osmetz, Stefan Kaduk, Nürnberg, seit 2004

Ich führe beispielsweise zweimal im Jahr mit meinen Lehrlingen eine Zahlenbesprechung durch, in der ich die aktuellen Geschäftszahlen mit ihnen diskutiere.

80

Kobjoll verzichtet natürlich nicht auf Kontrolle, doch die Haltung ist eine andere. Seine Kontrolle erreicht er über Vertrauen, das sich in absoluter Transparenz äußert.

Wenn ein Unternehmer seinen Mitarbeitern gegenüber ein Höchstmaß an Transparenz walten lässt, dann begibt er sich in eine Position, die ihn verletzlich macht. Die Mitarbeiter sind auf Grund der Informationen natürlich in der Lage, diese auch missbräuchlich zu nutzen. Doch genau das Zeigen einer «offenen Flanke» ist die Basis einer Vertrauensbeziehung. Das wissen Philosophen, Soziologen und Psychologen schon länger,[58] so wie Niklas Luhmann: «Der Vertrauende muß eine Situation definieren, in der er auf seinen Partner angewiesen ist. Sonst kommt das Problem gar nicht auf. Er muß sich sodann in seinem Verhalten auf diese Situation einlassen und sich einem Vertrauensbruch aussetzen. Er muß, mit andern Worten, das einbringen, was wir [..] riskante Vorleistung genannt haben. Der Partner muß, als Rahmenbedingung, die Möglichkeit haben, das Vertrauen zu enttäuschen […]»[59] Reinhard K. Sprenger hat diese Erkenntnis für die Managementlehre in seinem Buch «Vertrauen führt» erschlossen:

«Verwundbarkeit startet Vertrauen. – Indem Sie sich aktiv verwundbar machen, bringen Sie den Vertrauensmechanismus in Gang. Verwundbarkeit ist das Instrument, mit dem Sie die Vertrauensbeziehung beginnen. Es ist Ihr ‹Einsatz›, um den Sie fürchten müssen, soll von Vertrauen die Rede sein. Und je größer der für Sie mögliche Schaden, desto größer Ihre Vertrauensleistung. Wohlgemerkt: aktiv verwundbar machen. Das tun Sie, indem Sie den impliziten Vertrag erweitern. Auf Kosten des expliziten. Indem Sie auf explizite Sicherungsmaßnahmen verzichten. Regularien abschaffen. Das Kontrollsystem abbauen. Zugangsbeschränkungen lockern. Auf zusätzliche Reportings verzichten.»[60]

Wir lernen daraus, dass Vertrauen keine einzufordernde Größe ist. Vertrauen können wir nur erreichen, indem wir uns «vertrauensfähig» machen. Und diese Vertrauensfähigkeit heißt Verwundbarkeit. Wirkliches Vertrauen

das Zeigen einer «offenen Flanke» ist die Basis einer Vertrauensbeziehung

81

kann nicht durch Abhängigkeit, durch Kontrolle oder gar Angst aufgebaut werden. Es lässt sich weder erzeugen noch verordnen. «Gestern noch Misstrauen, ab heute Transparenz und Vertrauen», so einfach ist es nicht.

Von den Affen nichts gelernt – kein Vertrauen in öffentliche Kontrolle

Dr. Robert Keller hat keine typische Karriere hinter sich. Vor mehr als 20 Jahren hat sich der promovierte Zoologe, der Leiter des Fachbereichs Tiergartenbiologie an der Universität Zürich war, entschlossen, in die Wirtschaft zu wechseln. Der Klüngel war ihm zu mächtig, die Referenzmuster, in denen man dachte, zu eingefahren. Also fing er als einer von zwei Akademikern in einem Warenhauskonzern mit 5.500 Mitarbeitern an.

In der Tiergartenbiologie hatte er das Verhalten von Wildtieren in der Gefangenschaft untersucht. Beim Blick in die Büros seines neuen Arbeitgebers zeigten sich frappierende Parallelen. Er beobachtete Verhaltensweisen, die an Tiere erinnerten, die nicht optimal gehalten werden: Stereotypenbildung, Aggressionen,

übersteigertes Fress- und Sexualverhalten. Später wechselte er in eine Großbank und auch da fand er Ähnlichkeiten mit Hierarchien in Tierpopulationen. Je nach erreichter Stufe wuchs die Bürogröße; Teppiche, Möblierung und Topfpflanzen wurden nach dem Rang ausgewählt. Andere Ähnlichkeiten erinnerten Dr. Keller immer wieder an die Mantelpaviane, die ihren Namen von den silbergrauen Schultermänteln haben. Diese geben ihnen in Situationen der Bedrohung und des Kampfs eine imposantere Statur. Dr. Keller, der heute hauptsächlich als Coach und Berater tätig ist, macht sich in Vorträgen vor meist männlichen Managern einen Spaß, indem er einen Vergleich zwischen den silbergrauen Schultermänteln der Paviane und den Schulterpolstern in den Jacketts der Maßanzüge zieht. Was können wir aber ganz konkret von den Mantelpavianen für Führung lernen? Das war die Frage, die uns interessierte.

«Die Mantelpaviane sind eine von Prof. Dr. H. Kummer und seinem Team sehr gut untersuchte Population. Es liegen über 20-jährige Langzeitbeobachtungen aus der gebirgigen Halbwüste Äthiopiens vor. Nahrung, Wasser und ein sicherer Schlafplatz sind Mangelware. Alle Aktivitäten starten die Mantelpaviane von

ihrem Schlaffelsen aus, der sie vor Leopard und Löwe schützt.

Die Organisation der ca. 200 bis 300 Tiere ist streng hierarchisch auf Alpha-männchen ausgerichtet. Dieses Patriarchat gliedert sich um so genannte Ein-Mann-Gruppen, Harems, in deren Mittelpunkt jeweils ein männlicher Mantelpavian steht. Der Aufstieg ist einerseits gemäß fester Reihenfolge geregelt, andererseits bilden die Paviane auch Allianzen, in denen sich schwächere Männchen gegen einen stärkeren Pavian verbünden. Mehrere Ein-Mann-Gruppen bilden einen Clan und mehrere Clans eine Gruppe, die sich einen Schlaffelsen teilt.

Die Aufgabe jedes Tages lautet: ‹Die geeignete Route zu einem Wasserloch finden!› Dabei gehen die Ein-Mann-Gruppen getrennte Wege, finden sich aber dennoch nach einigen Stunden alle wieder an ein und demselben Wasserloch ein. Warum? Die Affen fällen Entscheidungen vor der gesamten Gruppe. Vollständig transparent bringen junge Männchen Vorschläge ein, indem sie dem Chef ihr Hinterteil entgegen strecken und einige Schritte in die Richtung gehen, in der das von ihnen vorgeschlagene Wasserloch liegt, dann drehen sie sich zum Alpha-Affen um. Dieser beurteilt den Vorschlag; ist er einverstanden, schaut er den Vorschlagenden an und geht ihm ein paar Schritte entgegen. Schaut er weg, lehnt er den Vorschlag ab. Haben sich die beiden geeinigt, schauen die Gruppen-Leader einander an und versuchen, Allianzen zu knüpfen. Irgendwann haben sich die Chefs auf eine Richtung geeinigt. Bis zur endgültigen Entscheidung wohnen alle übrigen Gruppenmitglieder diesem Prozess bei, kennen die einzuschlagende Richtung und wissen, zu welchem Wasserloch es heute gehen soll. Je nach Erfolg des Tages gewichten die Tiere am nächsten Tag die Stimme des Vorschlagenden vom Vortag höheroder geringer.

83

Dieses System der absoluten Transparenz von Entscheidungsprozessen habe ich auch in einem Unternehmen umzusetzen versucht. Ich schlug der Geschäftsleitung vor, ihre Sitzungen wie in einem Theater oder Boxring durchzuführen: In der Mitte wird entschieden, und drum herum sitzt die Belegschaft und kann dem Prozess folgen.

Im Kleinen versuchten wir das dann auch tatsächlich. In Teams, in denen das ge-

> Ich schlug der Geschäftsleitung vor, ihre Sitzungen wie in einem Theater oder Boxring durchzuführen.

macht wurde, hatten die Chefs einen unheimlichen Akzeptanzgewinn. Also hat es

auf den ersten Blick sehr gut funktioniert. Dass wir dennoch den Versuch abbre-

chen mussten, lag daran, dass diejenigen, die den Direktreport an die jeweilige im

Zentrum der Beobachtung stehende Führungskraft in aller Transparenz und

Öffentlichkeit geben mussten, dem Druck nicht standhielten. Die zweite Führungs-

ebene war also das Problem. Nach drei oder vier Sitzungen sagten sie, sie machten

da nicht mehr mit. Sie glaubten, alles notieren zu müssen, was sie gesagt und ge-

meint hatten. Denn die Mitarbeiter hatten das ja auch gehört und hätten sich spä-

ter darauf beziehen können. Im Nachhinein etwas anderes zu machen, wie es sonst

häufig der Fall war, war nun schwieriger. Man musste sich also viel genauer über-

legen, was man sagte und vorschlug, als man es hinter verschlossenen Türen

gewohnt war.»

Dr. Keller vermutet, dass es bei den Mantelpavianen mit der öffentlichen Entschei-

84

dungsfindung deshalb besser funktioniert als in den Führungsetagen, weil es bei

den Pavianen um Leben und Tod geht, man darauf angewiesen ist, dass alle voll-

kommen informiert sind und in eine Richtung marschieren. In Unternehmen ist

der Überlebensdruck wohl nicht groß genug.

Können Affen etwa besser organisieren, einfach nur durch Transparenz?

> *Erlebnis ohne Erfolgsgarantie*

Hans A. Wüthrich, Dirk Osmetz, Duisburg, 2004

Es gehört eine enorme Anstrengung dazu, Vertrauen und Transparenz zu leben. Wie bei dem Beispiel aus der Zoologie zu sehen war, bedarf es einer speziellen Kultur der Transparenz und des Vertrauens. Dass die «Direktreporter» dem Druck nicht standhielten, zeugt von fehlendem Vertrauen in die Mitarbeiter. In einer Unternehmenskultur, in der solche Prozesse Alltag sind, in der Transparenz auf allen Hierarchiestufen vorhanden ist, dürfen Entscheidungen revidiert und Fehler gemacht werden. Wenn jedoch Manager Angst davor haben, zur eigenen Entscheidung zu stehen, kann ein solches Modell nicht greifen. Es fehlt dann hauptsächlich das Vertrauen in die eigene Entscheidung, letztlich in sich selbst.

Wir müssen, wenn wir eine Kultur des Vertrauens aufbauen wollen, in erster Linie an uns selbst arbeiten.

Wir müssen, wenn wir eine Kultur des Vertrauens aufbauen wollen, in erster Linie an uns selbst arbeiten. Das lernten wir von einer Vielzahl der von uns interviewten Musterbrecher. Am offensichtlichsten wurde es bei Frau Lembke, einer Managerin in einer großen deutschen Bank:

«Formationstanz» im Konzern – Vertrauen durch Selbstkontrolle

Frau Lembke war 2005 Gruppenleiterin mit 35 Mitarbeitern im Bereich Credit Operations Private Customers. Sie zeigte großes Interesse für unser Projekt und bezeichnete sich selbst als jemanden, der anders als seine Kollegen in einer deutschen Großbank führt und sich irgendwie auch als Musterbrecher fühlt.

Der erste Kontakt war hergestellt, doch ein genauer Termin noch nicht vereinbart. In einem persönlichen Telefonat sagte Frau Lembke, im beruflichen Alltag lebe sie gerne nach den klaren Strukturen ihres Terminkalenders. Ist diese Frau eine Musterbrecherin? Jemand, der sich dem Diktat des eigenen Terminkalenders beugt, der sich damit selbst diszipliniert?

Ich war skeptisch, trotzdem vereinbarten wir einen Termin. Und wie sollte es anders sein: Pünktlich auf die Minute traf Frau Lembke, aus Frankfurt kommend, zum Interview in München ein.

Die anfängliche Skepsis hielt sich, als im Gespräch Begriffe und Ausdrücke fielen wie «Zügel anziehen», «Härte», «Vorbild sein», «Freiräume muss man sich erarbeiten». Ich wurde Opfer einer sich selbst erfüllenden Prophezeiung, denn ich dachte: «Das, was diese Dame vom Führen erzählt, das passt in jedes bessere Führungshandbuch.»

Natürlich hörte ich ihr weiter zu, das gebot allein die Höflichkeit: «Ich war Leistungssportlerin, Formationstanz, erste Bundesliga, dort habe ich gelernt, mich zu quälen.» Da wurde es mir auf einmal klar: Frau Lembke redete mehr über das Führen ihrer eigenen Person als über das Führen ihrer Mitarbeiter. Sie hatte gelernt, dass Erfolge zuallererst bei einem selbst beginnen. Dass keine Disziplin von einem Team zu erwarten ist, in dem man sich selbst nicht unter Kontrolle hat. Das gilt für den Sport ebenso wie für Führung im wirtschaftlichen Kontext. «Wenn ich mich für eine Sache entschieden habe, dann gebe ich

85

alles. Ich bringe mich mit vollem Engagement ein. Meine ganze Zeit habe ich in meine Aufgabe gesteckt.» Das waren ihre Worte, und die nimmt man ihr ab. Wenn diese Frau davon redet, dass sie anfänglich die Zügel angezogen habe, dann hauptsächlich ihre eigenen. «Ich habe alles nachgehalten, habe alles nachgeschaut, alles mehrfach erklärt, weshalb etwas so ist und weshalb ich etwas so möchte.» Das ging sogar soweit, dass Frau Lembke für ihre Mitarbeiter Akten sortierte.

Redet man sonst von «Zügel anziehen», dann impliziert dies, dass die Mitarbeiter für unwillig oder unfähig gehalten werden. Doch das ist ganz und gar nicht die Auffassung von Frau Lembke. Ihr Credo ist: «Wertschätzung von oben nach unten erzeugt Loyalität von unten nach oben!» Diese Wertschätzung realisiert Frau Lembke in Form von Zuverlässigkeit. «Wenn ich einem meiner Mitarbeiter sage, dass ich mich um etwas kümmere, dann kann der sich zu 150 Prozent darauf verlassen, dass ich das tue!» Eine Zuverlässigkeit, die Sicherheit ausstrahlt, die den Mitarbeitern einen respektvollen Rahmen gibt, innerhalb dessen sie sich frei entfalten können. Keine Sicherheit, die Fehler nicht zulässt. Im Gegenteil: eine Sicherheit, durch die Fehler möglich sind und zugegeben werden können; eine Sicherheit, die eine Teamentwicklung ermöglicht; keine starre statische Vorgabe von Rahmenbedingungen, sondern das Vertrauen in ein entwicklungsfähiges Umfeld.

Frau Lembke ist in anderer Hinsicht selbstkontrolliert und -diszipliniert. Das zeigt sich auch darin, dass sie nicht bereit ist, eine «Das-war-schon-immer-so»-Mentalität hinzunehmen. «Wenn ich Dinge, die aus meiner Sicht nicht richtig sind, verändern möchte, sagen manche Kollegen zu mir: ‹Verschwende doch deine Energie nicht!› Denen entgegne ich: ‹Energieverschwendung wäre es, wenn ich nichts ändern würde, weil ich mit einem Zustand leben müsste, den ich so nicht ertragen kann.› Ich muss zumindest versucht haben, es zu verändern, damit ich abends in den Spiegel schauen kann. Das Gleiche erwarte ich von meinen Mitarbeitern. Nach außen macht meine Abteilung immer den Eindruck, als wäre ich sehr dominant. Doch meine Leute dürfen den Mund aufma-

Wertschätzung von oben nach unten erzeugt Loyalität von unten nach oben!

Energieverschwendung wäre es, wenn ich nichts ändern würde, weil ich mit einem Zustand leben müsste, den ich so nicht ertragen kann.

chen, und teilweise werden die sogar sehr unangenehm. Denn der Maßstab, den ich bei anderen ansetze, den muss ich natürlich auch bei mir zulassen.»

Mittlerweile erntet Frau Lembke die Früchte ihrer Selbstkontrolle. Diese Früchte heißen Vertrauen, Selbstverantwortung, Selbstorganisation. Oder ganz konkret: eine der geringsten Absenzquoten, nahezu keine Fluktuation, eine gegen alle Kritiker erfolgreich veränderte Struktur von Gebiets- auf Prozessorganisation. Und vor allem hat das Team Spaß an der Arbeit. Das zumindest merken die Kunden und Kollegen, die mit ihrem Bereich zu tun haben. «Meine Mitarbeiter arbeiten hervorragend selbstständig. Zumal ich schon immer wusste, dass sie in vielen fachlichen Detailfragen mehr drauf haben als ich. Ich spiegle ihnen nur ab und zu meine etwas distanziertere Perspektive wider. Diese Selbstständigkeit und Selbstverantwortung meiner Mitarbeiter schaffen Freiräume für mich, z. B. für die Nachwuchsförderung.»

Frau Lembke holte die Mitarbeiter dort ab, wo sie im Konzern standen. Sie erwarteten harte Führung, und die hat sie ihnen gezeigt. In erster Linie an sich selbst, immer mit einem hohen Maß an Respekt, Wertschätzung und Fürsorge gegenüber ihren Mitarbeitern oder zusammengefasst: mit einem hohen Maß an Vertrauen. Damit war sie ihnen ein Vorbild und bildete einen Pol der Sicherheit, in dessen Umfeld sich die Mitarbeiter Freiräume erarbeiten konnten. Dieses Geben und Nehmen wurde nach zwei Jahren harter Selbstarbeit zum Kulturelement, das mittlerweile ein hohes Maß an Eigenverantwortung und Selbstorganisation zulässt. In dieser Kultur arbeitet jeder erst einmal an sich selbst und zieht seine eigenen Zügel an.

> *Erlebnis ohne Erfolgsgarantie*

Dirk Osmetz, München, 2005

In den letzten beiden Jahren wurden wir das eine oder andere Mal auf das geschilderte Erlebnis mit Frau Lembke angesprochen. Mit Recht fragte man uns, ob dieses Beispiel nicht genau das wäre, wogegen wir uns sonst wandten. Ist das Bild einer Führungskraft, die sich selbst über alle Maßen in die Pflicht nimmt, ohne Rücksicht auf die eigene Work-Life-Balance, wirklich erstrebenswert? In der Nachrecherche könnte sich – oberflächlich beobachtet – diese

Ansicht noch erhärten. Frau Lembke hat in den letzten drei Jahren einen ordentlichen Karrieresprung gemacht, ist nun verantwortlich für die doppelte Anzahl von Mitarbeitenden, und der nächste Wechsel steht schon bevor. Und dennoch konnte sie im persönlichen Gespräch erneut authentisch vermitteln, dass sie es als ihre zentrale Aufgabe ansieht, Mitarbeitenden einen Rahmen zu geben, in dem Eigenständigkeit und gelebte Eigenverantwortung möglich sind. Leider scheint dieses Führungsverständnis mit der im Konzern üblicherweise geforderten Managementprofessionalität nur begrenzt kompatibel zu sein.

> Fortsetzung ohne Erfolgsgarantie

Dirk Osmetz, Taufkirchen, 2008

In modernen Managementkonzeptionen und in der Praxis spielt der eben erwähnte Komplex «Vertrauen» durchaus eine Rolle. Das wird auch durch die Bemühungen um Hierarchie- und Bürokratieabbau deutlich. Allerdings basiert der Umgang mit diesen Konzepten immer noch auf einem mechanistischen Verständnis, demzufolge Kontrolle eine entscheidende Größe darstellt, durch die ausgleichende Steuerungsimpulse ermöglicht werden. Die Dinge unter Kontrolle zu haben und zu steuern, das ist nach wie vor eine der wichtigsten Facetten des Selbstverständnisses von Führungskräften. Das Bemühen um Kontrolle und Steuerung wird auch zukünftig nicht obsolet. Wir haben eingangs bereits gesagt, dass grenzenloses Vertrauen und totaler Steuerungsverzicht utopische Handlungsmuster darstellen. Jedoch zu akzeptieren, dass vieles, vielleicht sogar das meiste, unkontrolliert geschieht und dass die gewohnten Kontrollinstrumente eine eher trügerische Gewissheit vermitteln, das ist die wirkliche Herausforderung. Um ein Gefühl des Vertrauens zu erzeugen, sollten wir paradoxerweise lernen, der von uns selbst eingeführten Kontrolle zu misstrauen.

Diese paradoxe Haltung müssen wir uns schrittweise erarbeiten. In diesem Prozess kann es hilfreich sein, die Möglichkeiten der in diesem Kapitel aufgezeigten Erlebnisse einer konsequent gelebten Transparenz zu erproben und die Auswirkungen von Offenheit und Öffentlichkeit im Führungsalltag, etwa bei der Entscheidungsfindung, zuzulassen. Das Entstehen von Vertrauen wird nicht nur dadurch begünstigt, dass man sich verletzlich macht, sondern auch dadurch, dass man mit der eisernen Kontrolle der eigenen Person beginnt.

Knut Bleichers Randbemerkung:

«Voraussetzung für das Funktionieren einer Vertrauensorganisation sind eine weitgehende Transparenz, die vielfältige aus mikropolitischen Gründen versuchte Manipulationen bereits im Ansatz verhindert, und die Stabilisierung von Vertrauen durch Selbstkontrolle.»

89

Vielfalt standardisieren

Unsere ausdifferenzierte, arbeitsteilige und international vernetzte Gesellschaft wäre ohne Standards nicht funktionsfähig. Ohne bis ins Detail festge-
legte technische Konstruktionsregeln könnten wir die ägyptischen Pyramiden
heute nicht bewundern. Ohne den Standard der TCP/IP-Protokoll-Familie wäre
die weltweite Kommunikation über das Internet undenkbar, technische Pro-
duktionsprozesse wären nicht beherrschbar. Mittlerweile gibt es eine Vielzahl von Normierungsorganisationen. Auf internationaler Ebene repräsentiert
die ISO – International Organization for Standardization – etwa 95 Prozent
der Weltproduktion und des Weltmarktes. Als wichtige europäische Normie-
rungsgremien gelten: CEN (Comité Européen de Normalisation), CENELEC
(Comité de Normalisation Electrotechnique) und ETSI (Europäisches Institut für Telekommunikationsnormen). 1917 wurde der Verwalter und Bewah-
rer der mächtigen deutschen Industrienorm (DIN), das Deutsche Institut für
Normung e. V., gegründet. Es beschäftigt heute mehr als 28.500 Experten in
4.600 Arbeitsausschüssen. In der DIN-Norm 810 wird die Zwecksetzung wie

folgt umschrieben: «Normung ist die planmäßige, durch die interessierten Kreise gemeinschaftlich durchgeführte Vereinheitlichung von materiellen und immateriellen Gegenständen zum Nutzen der Allgemeinheit.» Die Technische Universität Dresden und das Fraunhofer-Institut für Systemtechnik

Pro Jahr 15 Milliarden Euro Einsparungen durch Normen.

und Innovationsforschung beziffern den volkswirtschaftlichen Nutzen von Normen auf 15 Milliarden Euro pro Jahr.[61]

Wie bereits bei der Paradoxie der Kontrolle ausgeführt, verlangt nicht zuletzt unser persönliches Gerechtigkeitsempfinden gewisse Standards und Normen, die eine Gleichbehandlung garantieren. Nicht umsonst gilt die Gleichheit vor dem Gesetz als die zentrale Errungenschaft des Rechtsstaats.

Der Grad der Arbeitsteilung in Organisationen ist hoch, und die Orientierung an Effektivität und Effizienz deutlich ausgeprägt. Verständlicherweise zielt deshalb ein großer Teil heutiger Führungshandlungen auf Normierung, Homogenisierung und Standardisierung ab. Jede Personalauswahl und jede

Personalentwicklung gehorchen gewissen festgelegten Regeln, die dem Entscheider Orientierung geben. In einem Gespräch mit einem hauptamtlichen Gewerkschafter in gehobener Stellung war ein Wort richtungweisend: «justiziabel». Die Grundlage dieses Justiziablen ist die in Gesetzen festgeschriebene Regelung, der juristische Vergleich muss möglich sein. Die Zusammenhänge zwischen auszuführender Arbeit, Ausbildung, Betriebszugehörigkeit, formaler Verantwortung, Familienstand usw. müssen eindeutig berücksichtigt werden. Durch Standards wird beispielsweise eine klare Entgeltzuordnung möglich, die erhobene Ansprüche im Hinblick auf ihre Berechtigung überprüfbar macht. Das Prinzip ist klar: Messbare Kriterien sollen eine vereinheitlichte und eben justiziable Behandlung erlauben. Doch was bleibt dabei alles auf der Strecke?

Wie wir eingangs sehen konnten, setzt Management im Umgang mit Komplexität einseitig auf Reduktionsstrategien. So richtet sich Führung heute

Beherrschbarkeit von Menschen ist das Ziel, Gleichheit das Mittel.

großenteils auf Normierung und Standardisierung der Mitarbeitenden und der Systeme in und von Organisationen. Beherrschbarkeit von Menschen ist das Ziel, Gleichheit das Mittel. Ausfluss dieser Bemühungen sind u. a. das dreistufige Assessment-Verfahren, das einheitliche Beurteilungssystem oder die standardisierte Laufbahnplanung. Firmenchefs, die sich gegen die Balanced Scorecard oder die Prozesskostenrechnung entscheiden, geraten in einen Legitimationszwang. Aus den vielfältigen Erwartungen verschiedenster Beeinflusser entwickeln sich gültige Anreizmechanismen für das Management. Erfolg und Karriere sind denjenigen vorbehalten, die das Spiel nach den definierten Regeln zu spielen in der Lage sind und das legitimierende Vokabular beherrschen. Oder mit den Worten von Reinhard K. Sprenger: «Je ähnlicher diese Muster, desto positiver bewertet man sich gegenseitig. So ist auch eine Karriereweisheit zu erklären: Befördert wird vor allem soziale Ähnlichkeit.»

Die Systemmechanismen sind bekannt, die Wege, die gegangen werden, ausgetreten, und gesucht werden Patendlösungen, die mit größtmöglicher Sicherheit greifen. Sie lesen richtig, Patendlösung bewusst mit «d» geschrieben. Dieses Wort, das sich nach Paul Watzlawick aus den Begriffen «Patent» und «Endlösung» zusammensetzt, beschreibt folgende Mechanik:

«Eine Patendlösung wäre demnach eine Kombination der beiden Begriffe, also eine Lösung, die so patent ist, daß sie nicht nur das Problem, sondern auch alles damit Zusammenhängende aus der Welt schafft – etwas im Sinne des alten Medizinerwitzes: Operation erfolgreich, Patient tot.»[62]

Die vermeintlichen Patentlösungen (diesmal bewusst richtig geschrieben), die in Unternehmen eingeführt werden, lassen zahlreiche Fragen offen:

>>> Benötige ich tatsächlich eine vordefinierte und normierte Karriere, nach der ich meinen Weg im Unternehmen gehe?

>>> Fühle ich mich wirklich – wirklich? – wohl in der Schublade, in der ich seit dem bestandenen Assessment-Verfahren stecke? Oder bräuchte nicht auch ich dringend eine Vielfalt an Möglichkeiten?

>>> Wie hoch, glauben Sie, sind die Normierungs- und Standardisierungskosten in Ihrem Unternehmen?

Karriere ohne Laufbahnplanung – Effizienz durch Vielfalt

«Wir lehnen jegliche Art von Assessment-Verfahren ab!», so Ulrich Loth, Leader Legal Department Europa und Führungskraft bei der W. L. Gore & Associates GmbH in Putzbrunn bei München. «Mir tun unsere Bewerberinnen und Bewerber fast schon Leid, wenn ich sehe, wie viele Gespräche sie führen müssen, bevor eine Entscheidung getroffen wird. Wir haben zwar eine HR-Abteilung, diese konzentriert sich jedoch auf die administrativen und unterstützenden Aufgaben im Auswahlverfahren. Die eigentliche Personalauswahl findet durch die verantwortlichen Mitarbeitenden statt, die später auch mit den Kandidaten zusammenarbeiten werden. So kann es durchaus vorkommen, dass jemand mehrere Gespräche führt, bis das Team entscheidet.

Weil wir keine klassischen Stellenbeschreibungen kennen, könnte auch keine Personalabteilung diesen Auswahlprozess alleine durchführen. Sicherlich haben wir Stellenanzeigen, und wir benötigen auch gewisse Fachkompetenzen, die die Person mitbringen sollte, um eine Aufgabe, auszufüllen. Dafür haben wir mittlerweile auch eine externe Agentur, die – aufgrund der Vielzahl der Bewerbungen – eine Erstauswahl nach klar definierten Kriterien durchführt. Aber im Kern geht es darum, dass der Mensch auch ins Team passen muss. In solchen Einstellungsverfahren werde ich auch häufig gefragt: ‹Wie kann ich denn hier bei Gore aufsteigen, welche Karriereperspektiven können Sie mir geben?›

Dann bleibt mir nichts anderes übrig, als zu antworten: ‹Das kann und will ich Ihnen nicht sagen! Wenn Sie einen Karriereplan brauchen, dann kommen wir hier nie zusammen. Ihre Beiträge, Ihre Fähigkeiten und das, was Sie wirklich wollen, entscheiden darüber, wo Sie in zwei Jahren stehen werden. Mehr kann ich heute in diesem Gespräch noch nicht sagen. Sie werden noch viele Möglichkeiten sehen, die ich Ihnen ansonsten verbauen würde, zeigte ich Ihnen bereits heute einen konkreten Weg auf.›

Wir haben keine normierten Karrieren und standardisierten Beförderungsroutinen, nach denen klar vorher bestimmbar wäre, wo man in welcher Zeit steht.

Unsere Mitarbeitenden sollen sich in alle Richtungen entwickeln können.

Es liegt an der Persönlichkeit! Das sage ich auch von guten Führungskräften,

die haben ihre Persönlichkeit immer dabei. Denen wird vertraut, nicht, weil

sie in der Hierarchie oder auch in der flachen Hierarchie eingegliedert sind,

sondern weil sie persönlich etwas darstellen und das auch schon bewiesen

haben. Sie haben einen ‹Trackrecord›, wie wir das nennen, eine Erfolgsge-

schichte, und die Erfolge haben immer wieder auf bereits bestehenden eigenen

Erfolgen aufgesetzt, können nachverfolgt und zurückverfolgt werden. Man

weiß, woraus sie entstanden sind, und sie können auf diese Person zurückge-

führt werden. Das ist eben niemand, der nicht bewiesen hätte, dass er etwas

kann, und das Verantwortungsfeld ist nachweisbar gewachsen, weil er seine

Person mit eingebracht hat, gelernt hat – lernen, lernen, lernen, jeden Tag!»

> *Erlebnis ohne Erfolgsgarantie*

Dirk Osmetz, Stefan Kaduk, Putzbrunn, seit 2004

Bei Gore hat man generell erkannt, dass der Traum von Mitarbeitern nach

Maß zu nichts anderem führt als zu Mittelmaß. Oder glauben wir wirklich,

wenn wir zwei gleich ausgebildete Familienväter, die beide seit zwanzig

Jahren in der Funktion des Schichtleiters beschäftigt sind, einer formal

standardisierten Gleichbehandlung aussetzen, dass sich dann in irgend-

einer Form bei den beiden ein Gefühl der Zufriedenheit einstellt? Wie viel

Individualität wird mit dieser Art der Normierung «glattgebügelt» und

«zurechtgestutzt»? Wie viel Engagement und Eigeninitiative werden unter-

drückt, indem immer wieder die Vorschrift, die Stellenbeschreibung, der

Tätigkeitsnachweis hervorgeholt werden und man belehrend darauf hin-

weist, dass dieses oder jenes nicht zum Aufgabenbereich gehöre? Wie soll

ein an Normen, Regeln und Standards ausgerichtetes System, das seine Mit-

glieder über Jahrzehnte hinweg immer wieder nach diesem Muster soziali-

siert hat, auf unvorhersehbare Veränderungen reagieren?

Leider haben genau solche unvorhersehbaren Veränderungen – ein weiteres

Kennzeichen für Komplexität – den Nachteil, dass man sie eben nicht prog-

95

nostizieren kann. Und wie soll man dann dafür Regeln erlassen, einen Standard vorgeben? An welchen Normen soll man sich orientieren? Vermutlich an den bereits bestehenden, die aber für die Zeiten vor der Veränderung geschrieben wurden. Vielleicht sollten wir dies zum Anlass nehmen, mehr Unterschiedlichkeit zuzulassen. Effizienzgetrieben tun sich Manager mit der Akzeptanz von Unterschiedlichkeit und im Umgang mit dieser schwer. Vielfalt erhöht die Komplexität in Organisationen und wird eher als Bedrohung denn als Chance empfunden. Doch denken Sie nochmals zurück an das Orpheus Chamber Orchestra, in dem nicht zuletzt die Vielfalt wechselnder Führung gerade zur Arbeitszufriedenheit so enorm viel beiträgt. Immer neue Interpretationen entstehen, immer andere Musiker übernehmen Verantwortung. Dieses Orchester ist wahrscheinlich gerade deshalb so gut, weil es eben nicht in das Schema passt, demzufolge der Dirigent den «Zuarbeitern» sagt, wo es langgeht, und diese nur an der Verbesserung der Fähigkeiten am eigenen Instrument interessiert sind. Die Musiker befinden sich nicht länger in einem Umfeld der strikten Arbeitsteilung, in dem ihre Einzelleistungen von einem «Supervisor» zu einer Gesamtwertschöpfung zusammengefügt werden. Vielmehr wird – konträr zur Synergielogik – dazu aufgefordert, Standardisierung zu vermeiden und ständig neue Rollen einzunehmen. So ganz und gar nicht wirtschaftlich, oder?

Aus der Systemtheorie wissen wir jedoch, dass die Funktionsfähigkeit eines Systems maßgeblich von seinen möglichen Systemzuständen, d. h. von der eigenen Varietät abhängt. Bereits 1956 hat W. R. Ashby das Gesetz der erforderlichen Varietät formuliert: «Nur Vielfalt kann Vielfalt absorbieren.»[63] Diesem Gesetz folgend, muss das Verhaltensrepertoire einer effektiven Lenkungseinheit der Komplexität der jeweiligen Situation angepasst sein. Dies bedeutet, dass zur Bewältigung der gestiegenen Unternehmenskomplexität nicht weniger, sondern mehr Varietät erforderlich ist!

Nur Vielfalt kann Vielfalt absorbieren.

Konsequent gegen den Trend – eine Einheit der Individualisten

Dr. Pierin Vincenz, Vorsitzender der Geschäftsleitung der schweizerischen Raiffeisen Gruppe – drittgrößte Bankengruppe der Schweiz –, bringt die Philosophie seines Unternehmens auf den Punkt: «Radikale Dezentralisierung von Entscheidungen und lokale Autonomie. Es geht um die Verwirklichung eines konsequent angewendeten Subsidiaritätsprinzips, d. h. die Abwendung von zentralisierten Hierarchien hin zur Delegation von Entscheidungsmacht auf die ausführenden, marktnahen Mitarbeiter in der Organisation. Geführt wird über Kommunikation und nicht mittels Direktiven. In Verbindung mit einem starken, zentralen Verband gelingt es uns, die Sicherheit und die Rationalisierungsmöglichkeiten eines großen Unternehmens mit der Marktnähe und der Flexibilität eines Klein- und Mittelunternehmens zu verknüpfen.»

Dies liest sich wie viele andere Unternehmensphilosophien auch, doch die Raiffeisen Gruppe lebt dieses «Small within big is beautiful!» tatsächlich – und zwar konsequent gegen den Trend. Lassen Sie einmal folgende Zahlen auf sich wirken:

>>> *Mit über 1.100 Bankstellen verfügt die Raiffeisen Gruppe über das dichteste Filialnetz in der Schweiz. So wurden zwar seit 2000 auch ca. 200 kleine, wenig frequentierte Zweigstellen geschlossen, im gleichen Zeitraum aber auch 71 neue eröffnet. Die Raiffeisen Gruppe konnte sogar in den letzten Jahren konstant Stellen aus- und aufbauen. Die Konkurrenz konzentrierte während dieser Zeit ihr Distributionsnetz und baute massiv Vertriebsstellen ab.*

>>> *250.000 der 1,5 Millionen Genossenschafter nehmen jährlich an den in der gesamten Schweiz dezentral stattfindenden Versammlungen teil; in einer Zeit, in der die Aktionärsdemokratie nicht gerade Hochkonjunktur hat.*

>>> *5.000 Verwaltungs- und Aufsichtsräte stehen den Raiffeisenbanken vor – und dies trotz der nicht überhörbaren Forderung nach Vereinfachung und Verkleinerung der Aufsichtsgremien.*

97

>>> *367 weitgehend selbstständige Unternehmen mit 1.155 Bankstellen in der*

Schweiz in einer Welt der Skaleneffekte und Synergien.

Könnten Sie sich vorstellen, Führungsverantwortung in dieser Bankengruppe

mit 8.600 Mitarbeitenden zu übernehmen? Hätten Sie den Mut, diese Vielfalt

zuzulassen?

Dr. Pierin Vincenz hat diese Herausforderung angenommen und fühlt sich in

seiner Rolle wohl. Selbst aufgewachsen in einem genossenschaftlichen

Umfeld, sieht er im täglich spürbaren Spannungsfeld zwischen lokaler Vielfalt

und notwendiger Standardisierung eine große Faszination: «Im Spannungsfeld

zwischen Vielfalt und Einheit ringen die direkt Betroffenen in dauernden

Abstimmungsprozessen gemeinsam um beste Lösungen. Nur so entwickeln

sich die Identifikation der Mitarbeitenden, das überdurchschnittliche Engage-

ment und eine flächendeckend gelebte Kultur des Empowerment – letztlich das

Fundament für die wettbewerbsentscheidende emotionale Kundenbindung.»

98

Die Zahlen scheinen ihm Recht zu geben: In der Schweiz stammt beinahe jeder

vierte Hypothekarkredit von einer Raiffeisenbank, und rund 19 Prozent der

Kundengelder sind bei dieser Bankengruppe angelegt. Die jeweils aus der Re-

gion rekrutierten Mitarbeiterinnen und Mitarbeiter betreuen 3 Millionen Kun-

den, von denen etwa die Hälfte Genossenschafter(innen) sind, d. h. jeder vierte

erwachsene Schweizer ist Raiffeisen-Genossenschafter. Die im Durchschnitt

der letzten Jahre erzielten Volumenzuwächse von ungefähr zehn Prozent verdeut-

lichen, dass lokale Vielfalt und Synergienutzung oder Genossenschaftsstatus

und Management-Professionalität nicht zwingend Gegensätze darstellen.

Die Raiffeisen Gruppe lebt das synergetische Miteinander von Vielfalt einer-

seits und Standardisierung andererseits konsequent. Sie versteht sich als

Gruppe und erstellt einen Konzernabschluss. Sie nutzt die sich bietenden

Synergien konsequent aus und setzt standardisierte betriebswirtschaftliche

Instrumente ein. Auf der anderen Seite ist die Entscheidungskompetenz vor Ort

sehr hoch. Die 367 Raiffeisenbanken agieren als selbstständige Unterneh-

men, und der Bankleiter verfügt über eine ausgeprägte Eigenverantwortung,

Im Spannungsfeld zwischen Vielfalt und Einheit ringen die direkt Betroffenen in dauernden Abstimmungsprozessen gemeinsam um beste Lösungen.

die er auch auf seine Geschäftsstellenleiter und Mitarbeiter überträgt.

Im Sinne einer Professionalisierung des Geschäfts ist man auch in der Raiffeisen Gruppe bestrebt, verstärkt Normierungsanstrengungen zu unternehmen. Geprüft wurde zum Beispiel die Einführung von drei standardisierten Banktypen. Bei der Frage, ob die Initiative die Identität der Raiffeisen Gruppe unterstütze oder gefährde, entschied man sich gegen die Standardisierung.

Überzeugt von der genossenschaftlichen Idee und unterstützt durch klare Entscheidungsregeln, fällt Herrn Dr. Vincenz das Navigieren seiner Gruppe im Spannungsbogen zwischen Vielfalt und Normierung leichter. Oder in den Worten der Raiffeisen Gruppe: «Raiffeisen vereint die Leistungsfähigkeit einer modernen nationalen Bankengruppe mit der Kundennähe und der Flexibilität lokal selbstständig agierender Banken!»

Dies ist nach meinem Erleben eindeutig mehr als ein guter Marketingslogan.

> Erlebnis ohne Erfolgsgarantie

Hans A. Wüthrich, St. Gallen, seit 2005

Wir sind überzeugt, dass Vielfalt die Basis der besseren Lösung darstellt. Das sollte uns jedoch nicht davon abhalten, einfache Routineprobleme mithilfe standardisierter Verfahren zu lösen. Bei komplexen Problemen, etwa bei der Führung einer Bank in einem hochkompetitiven Umfeld, müssen standardisierte Gesamtlösungskonzepte jedoch scheitern. Es sei denn, der Standard ist die Individualität, mit der man die notwendige Vielfalt aufbauen will. Diese Maxime ist Ausdruck einer Haltung, die davon Abstand nimmt, nach dem berechenbaren Optimum zu suchen. Es gibt keine ideale Größe zwischen Standard und Vielfalt, sondern der einzige Standard ist das ständige Hinterfragen – sowohl der Vielfalt als auch des Standards selbst. Es ist alles andere als eine leichte Aufgabe, diesen – neuen – Standard zur Grundlage seines eigenen Führungshandelns zu machen. Zu stark erscheinen die Konventionen, zu hoch die Risiken.

der einzige Standard ist das ständige Hinterfragen des Standards selbst

Rational(e) Gefühle zulassen

Es heißt, der Physiker und Nobelpreisträger Niels Bohr habe über seiner Tür ein Hufeisen angebracht. Auf die Frage, ob er wirklich glaube, dass Hufeisen Glück bringen, antwortete er: «Nein, aber ich habe gehört, dass sie sogar denen Glück bringen, die nicht daran glauben.»[64]

An einem beliebigen Morgen muss eine wichtige strategische Entscheidung getroffen werden, beispielsweise soll Ihr Unternehmen eine Sparte auflösen, einen Produktionsstandort in Osteuropa aufbauen oder die Marketingmaßnahmen für ein Schlüsselprodukt nochmals verstärken. Egal, welches Szenario Ihnen vorschwebt, stellen Sie sich bitte vor, der Vorstandsvorsitzende, Geschäftsführer oder Unternehmer sagte, er tue dies oder jenes, weil seine Frau in dieser Sache ein ungutes Gefühl habe und er sich schon immer auf die weibliche Intuition seiner Partnerin habe verlassen können. Aller Voraussicht nach würden Sie diesen «Entscheidungsträger» für verrückt erklären. Entscheidungen werden nämlich anders gefällt: Daten und Informationen werden gesammelt, Probleme strukturiert und Handlungsfelder definiert.

Ziele werden vorgegeben und danach mögliche Alternativen ausgelotet. Diese Alternativen werden abgewogen und bewertet, sodass ein Entscheider damit eine fundierte Entscheidungsgrundlage erhält. Sollten dann noch Unklarheiten bestehen, gehen wir davon aus, dass die Person, die die Verantwortung trägt, auf Grund von Erfahrungen in ähnlichen Situationen, eine sinnvolle Entscheidung treffen wird.

Genau so stellt man sich einen rationalen Entscheidungsprozess vor: klar strukturiert, stringent zu Ende gedacht und sauber durchdekliniert; so wird der Strategieprozess gelehrt, nach diesem Muster wird Personal ausgewählt, so werden Lagerbestände optimiert. Keine Frage, dieses rationale Entscheiden ist und war hochgradig erfolgreich. Es ist sinnvoll, dass man mithilfe von Portfolios die strategischen Geschäftsfelder bewertet, dass mit der ABC-Analyse Produkte oder Kunden bezüglich ihres Beitrags zum Geschäftsergebnis überprüft werden. Benchmarking ist ein wichtiges Instrument, um sich mit den Branchenbesten zu messen und daraus zu lernen. Ferner ist es durchaus angebracht, die Freiheitsgrade einer Entscheidung mit ihren denkbaren Ausprägungen in einem morphologischen Kasten aufzuführen und daraus mögliche Alternativen zu generieren, die mithilfe der Nutzwertanalyse bewertet werden können. Mit der Differenzialrechnung gelingt es, Extrema zu lokalisieren, menschliches Verhalten zu modellieren und damit fundierte Entscheidungsgrundlagen zu liefern. Ohne diese entscheidungsunterstützenden Möglichkeiten der Mathematik – der Disziplin, die wie keine andere Rationalität und Logik verkörpert –, der Kybernetik, aber auch der Sozialwissenschaften, der Psychologie und anderer Forschungsgebiete wären viele Dinge unvorstellbar. Das Flughafenpersonal könnte die Flut der an- und abfliegenden Flugzeuge nicht koordinieren und keine Priorisierung vornehmen. Die Entscheidung über den Bau des Airbus A380 hätte sicherlich nicht getroffen werden können, wenn nicht im Vorfeld ein erheblicher Simulationsaufwand betrieben worden wäre.

«Unser westlicher Geist ist seiner Natur nach technisch.»

Walther Ch. Zimmerli

Und dennoch bleiben Zweifel. Was sind all diese rationalen Entscheidungshilfen wert? Während eines Vortrags erhärtete Professor Gerd Gigerenzer, Direktor am Max-Planck-Institut für Bildungsforschung in Berlin, diesen Zweifel mit einem sehr illustrativen Beispiel.[65] Er fragte das Publikum, wer seinen Ehepartner fand, indem er alle ihm oder ihr wichtigen Eigenschaften aufnotierte und gewichtete, um anschließend alle in Frage kommenden Ehepartner zu beurteilen. Natürlich hat kein Vortragsgast mithilfe der beschriebenen Nutzwertanalyse eine der wichtigsten Entscheidungen seines Lebens getroffen. Auch die kleine (halb)empirische Erhebung unter Entscheidungsexperten, von der Professor Gigerenzer berichtete, kam zu keinem anderen Ergebnis. Fast alle ließen den Bauch entscheiden, bis auf einen, der tatsächlich die Nutzwertanalyse zu Hilfe nahm, um seine ideale Ehefrau zu finden. Der sei allerdings auch schon wieder geschieden.

Ähnliche Zweifel an den rationalen Verfahren quälten auch Johann Tikart, den ehemaligen Geschäftsführer des Waagenherstellers Mettler-Toledo in Albstadt.

Gestrandet an den Grenzen der Rationalität – der «irrationale» Analytiker

«Lassen Sie mich Ihnen meinen persönlichen Wendepunkt in meiner Denkhaltung beschreiben: Als Ingenieur und Projektleiter bei Mettler Toledo galt ich in den 80-er Jahren als strenger Analytiker und scharfer Rationalist. Entsprechend war mein Problemlösungsverhalten. Ich fand bei uns im Haus eine ganze Reihe von Abläufen, die mir reichlich unvernünftig erschienen, die ich dann neu ordnete, so ganz nach meiner eigenen Rationalität.

Solange ich die Menschen zu deren Tun anleitete, funktionierte alles auch genau so, wie es meiner Rationalität entsprach. Sobald ich mich abwandte, musste ich erkennen, dass dies wieder verfiel.

Solange ich die Menschen zu deren Tun anleitete, funktionierte alles auch genau so, wie es meiner Rationalität entsprach. Doch zu meiner Überraschung musste ich erleben, dass diese Abläufe nur so abliefen, wie ich es mir ausgedacht hatte, so lange ich meine Aufmerksamkeit auf sie richtete. Sobald ich mich abwandte, musste ich erkennen, dass dies wieder verfiel, Dinge anders liefen, als ich sie mir in meinen logisch-rationalen Vorstellungen ausgedacht hatte. Interessant war auch, dass das System nicht in seinen Ausgangszustand zurückfiel, sondern meist in irgendeinen, nicht vorhersehbaren Zustand über-

ging. Das machte mich stutzig. Zuallererst dachte ich, dass dies etwas mit der Trägheit der Menschen zu tun haben müsse. Also kam ich zu dem nahe liegenden Schluss, dass ich durch längeres Ausüben von Druck die ausgedachten Abläufe etablieren könnte.

Doch das war ein Irrtum. Ich konnte noch so viel Energie aufwenden, sobald ich mich etwas anderem zuwandte, verfiel das wieder. Mit welchem Phänomen hatte ich es hier zu tun? Diese Erlebnisse machten mich nachdenklich, und ich stellte meine eigene Logik infrage.

Ich musste feststellen, dass diesen künstlich geschaffenen Organisationssystemen, die wir in unserer Rationalität konstruieren, etwas Elementares fehlt: die eigene Lebensfähigkeit!

In der Natur organisiert sich alles selbst, und alle Abläufe haben einen eigenen Lebensweg. Im Gegensatz dazu stehen künstliche Organisationen, in deren Prozesse in Form von Kontrolle, Überwachung und Motivation viel

Energie gesteckt werden muss, die den Output bei weitem übersteigt.

Man muss akzeptieren, dass ein Unternehmen, das ich als natürliches System betrachte, nicht mit der Regelmäßigkeit einer Maschine funktioniert. – Hat es im alten Verständnis ja auch noch nie getan! Aber wenn wir Abweichungen erkannten, dann glaubten wir immer, einen Regelungsbedarf erkannt zu haben. – Betrachte ich das Unternehmen als etwas Lebendiges, dann gibt es auch Abweichungen und Unregelmäßigkeiten, wie sie das Leben nun einmal hat.

Nehmen wir konkret die Kommunikation. Wenn ich Kommunikation in meinem Unternehmen will, dann muss ich sie zulassen. Kommunikation darf dann nicht selektiv sein. Das heißt eben auch, dass die Menschen über das sprechen, was sie bewegt. Auch während der Arbeitszeit. Bei uns im Haus war es gestattet, dass Menschen miteinander reden! Selbst wenn 90 Prozent nur Klatsch und Tratsch gewesen wären und nur zu 10 Prozent über betriebsnotwendige Dinge gesprochen worden wäre, die sonst unerwähnt geblieben wären, dann wäre das richtig und sinnvoll gewesen. Und vielleicht in anderer Hinsicht rational.

«Das Herz hat seine Gründe,

die der Verstand überhaupt nicht

kennt.» Pascale

Wenn ich Kommunikation aber nicht mit allen Konsequenzen und ‹ganzem Herzen› zulasse, sondern meine Absicherungsmechanismen im Hintergrund habe, dann spüren das die Menschen, und es wird scheitern. Ich wähle dazu immer das Beispiel eines Skispringers. Wenn der oben auf dem Balken sitzt und sich zu seinem Sprung entschließt, dann muss er das aus ‹ganzem Herzen› tun, oder der Sprung geht daneben, was beim Skispringen in der Regel ausgesprochen gefährlich endet.»

> Erlebnis ohne Erfolgsgarantie

Dirk Osmetz, Stefan Kaduk, Stuttgart, 2004

Die Erkenntnisse Herrn Tikarts widersprechen einem Großteil der klassischen Ansätze, die sich um rationale Entscheidungsprozesse in Unternehmen bemühen. Nach wie vor sind Führung und Management auf der Suche nach dem «Goldenen Schnitt», nach der einzig richtigen Strategie, nach dem «One best way». Wir haben die Hoffnung, dass es diesen einen objektiv-rationalen Königsweg geben muss. Es ist schon erstaunlich, dass sich in der Gesellschaft eine ziemlich unverrückbare Vorstellung davon entwickelt hat, wie ein modernes und rational geführtes Unternehmen gemeinhin auszusehen hat. Und es ist umso erstaunlicher, dass das bereits in den 70-er Jahren von den Neo-Institutionalisten analysierte Spiel der Rationalitätsmythen und Legitimationsfassaden munter weitergespielt wird. Der Preis des Ausstiegs ist offenbar zu hoch: Man würde sich dem Verdacht aussetzen, unprofessionell und ineffizient zu handeln.

Johann Tikart jedoch wagte den Ausstieg aus den Rationalitätsmythen. Er erkannte, dass die Vorstellung von einer universellen Rationalität, die gleichermaßen als Richtschnur für alle Unternehmen und bei allen dort auftretenden Fragen fungiert, sehr problematisch ist.

Der Karlsruher Philosoph Helmut F. Spinner hat den Begriff der «okkasionellen Rationalität» geprägt. Damit meint er eine Rationalität, die keinen Anspruch auf Allgemeingültigkeit erhebt, nicht von allgemeinen Regeln geleitet ist und eine normungebundene Gelegenheitsvernunft bezeichnet.[66]

105

Dieser Begriff ist unserem Paradoxieverständnis dienlicher, da wir davon ausgehen, dass es so etwas wie eine «prinzipielle Rationalität» – von der Spinner sich im Gegensatz zu uns nicht verabschiedet, sondern die er gleichberechtigt neben die okkasionelle Rationalität stellt – nicht geben kann.

Einsicht zwecklos – die Emotion bestimmt

Auf der Suche nach einer Antwort, was hinter den Begriffen «rational» bzw. «emotional» steckt, liegt es für uns auf der Hand, die Hirnforschung zu befragen. Begibt man sich auf die Suche nach den entsprechenden Experten, «stolpert» man zwangsläufig über Professor Gerhard Roth, Direktor am Institut für Hirnforschung an der Universität Bremen und bis Ende August 2008 Rektor des Hanse-Wissenschaftskollegs in Delmenhorst, nicht zuletzt deshalb, weil er immer wieder Bücher und Aufsätze veröffentlicht, die weit über die Fachkreise hinaus verstanden werden können.

Gerhard Roth erklärt uns den Aufbau des Gehirns, eines Systems, das Hierarchie und Heterarchie vereint. Er spricht mit uns über Entscheidungsfindung und das emotionale Erfahrungsgedächtnis, das einer Option zustimmen muss, damit sie von der Ratio überhaupt gewählt werden kann. Dies verdeutlicht er uns am Beispiel seiner eigenen Emotionalität beim Autokauf. Wir fragen ihn und uns, wie diese Emotionalität beeinflussbar ist, denn das ist ja genau der Punkt, der für die Betriebswirtschaft und die Managementlehre besonders spannend ist: Sind wir als Führungskräfte in der Lage, Menschen so zu verändern, dass sie emotional unsere Entscheidungen, zum Beispiel in Veränderungsprozessen, mittragen? Gerhard Roth erklärt uns, dass wir uns von der Vorstellung verabschieden müssten, dies sei eine relativ leichte Angelegenheit, wenn man nur die richtigen Argumente präsentiere: «Es gibt drei verschiedene Gebiete der Veränderbarkeit des Menschen. Erstens die motorische Veränderbarkeit. Wir lernen neue Handgriffe und neue Abläufe, bis ins hohe Alter. Das nimmt zwar mit 60, 70 Jahren ab, aber grundsätzlich stellt das für den Menschen kein Problem dar. Das zweite ist die kognitive Veränderbarkeit. Wenn Sie zum Beispiel erfahren, dass sich Ihr Flug zurück nach München verspätet,

106

Das emotionale Erfahrungsgedächtnis muss einer Option zustimmen, damit sie von der Ratio gewählt werden kann.

dann stellen Sie sich sofort darauf ein. Oder jemand sagt Ihnen – rein hypothetisch –, dass es nicht Brutus war, der Cäsar ermordete, sondern ein anderer. Dann sagen Sie: ‹Interessant, werde ich mir merken!› Alles rein informationsverarbeitende Prozesse. Doch das, was Sie interessiert, ist die dritte Art der Veränderung, die emotionale Veränderung, also die Änderung der persönlichen Lebensführung. Und diese ist nicht wesentlich von außen zu steuern, sondern kommt, wenn überhaupt, überwiegend von innen und meist unbewusst.

Erwachsene sind von außen in ihrer Persönlichkeit kaum veränderbar, sondern sie haben ein Spektrum möglicher Verhaltensweisen. Innerhalb dieses Spektrums können sie sich bewegen, aber die Bandbreiten sind auf Grund der emotionalen Konditionierung festgelegt. Wünsche zur Veränderung, die von außen kommen, können immer nur an dem ansetzen, was bereits im Innern der Persönlichkeit vorhanden ist.» Wir lesen später in Gerhard Roths Buch «Persönlichkeit, Entscheidung und Verhalten», dass diese emotionale Konditionierung bereits im pränatalen Stadium beginnt und dann hauptsächlich in den ersten Lebensjahren stattfindet, teilweise noch vor der Ausbildung unseres erinnerungsfähigen Gedächtnisses. Charakter und Persönlichkeit stabilisieren sich mit Beginn der Schulzeit und durchlaufen dann in der Pubertät nochmals eine Phase der Veränderung. Danach sind Erwachsene aber eigentlich in ihrer Persönlichkeit gefestigt.

Während unseres Gesprächs berichtet Gerhard Roth von seinen Erfahrungen mit großen Unternehmen, in die er immer wieder zu Gesprächen und Vorträgen eingeladen wird. «Der Grundirrtum, dem viele Menschen in beratender Funktion unterliegen, vor allem in Unternehmen, ist der, dass man glaubt, man müsse eine Entscheidung nur rational begründen und dann würde der Beratene schon das Richtige tun. Der reine Appell an die Einsicht ist aber vollkommen nutzlos. Jeder verändert sich nur dann, wenn sein bewusstes und insbesondere sein unbewusstes ‹Ich› erkennt, was es davon hat. Aufgrund der emotionalen Konditionierung hat jeder sein individuelles Belohnungssystem, das kann beim einen Geld sein, beim anderen Anerkennung, der nächste will seinem Chef

107

Die Veränderung der persönlichen Lebensführung ist nicht wesentlich von außen zu steuern, sondern kann immer nur an dem ansetzen, was bereits im Innern vorhanden ist.

Der reine Appell an die Einsicht ist vollkommen nutzlos.

gefallen. Darum muss eine Führungskraft sich viel stärker darum kümmern,

die emotionalen Bandbreiten und Belohnungserwartungen von Mitarbei-

tenden zu erkennen, damit Initiativen zur Veränderung überhaupt Aussicht

auf Erfolg haben.»

> Erlebnis ohne Erfolgsgarantie

Dirk Osmetz, Dominik Hammer, Delmenhorst, seit 2006

Stets treffen im Unternehmensalltag verschiedene, mehr oder weniger kompa-

Stets treffen im Unternehmensalltag verschiedene,

tible Sichtweisen, Wahrheitsansprüche und Deutungen aufeinander. Wir ha-

mehr oder weniger kompatible Sichtweisen,

ben aus dem Gespräch mit Professor Roth gelernt, dass es gefährlich ist, einem

Wahrheitsansprüche und Deutungen aufeinander.

Rationalitätsverständnis zu folgen, das sich verselbstständigt hat. Weshalb

glauben wir denn, dass es zwingend ein Zeichen rationaler Entscheidungen

sei, dem klassischen Muster von «Analyse-Konzeption-Umsetzung» zu folgen?

«Entscheidend sind Momente, in denen wir

Weil wir gelernt haben, dass bestimmte Konzepte und Verfahrensweisen ratio-

denken, ohne zu denken.» Malcolm Gladwell

nal und effizient sind, ohne dass man deren Prämissen betrachtet.

108

Sogar die Entscheidungstheorie selbst setzt einige Fragezeichen hinter

die Rationalität von Entscheidungen. So gibt es neben der klassischen «Ent-

scheidung der rationalen Wahl» durchaus noch andere Richtungen – von der

«begrenzt rationalen Wahl», für die Herbert Simon 1978 den Nobelpreis er-

hielt, bis hin zur Theorie des «Inkrementalismus». Den letztgenannten ist

eines gemeinsam: Sie stellen die Rationalität des Entscheidungsprozesses

infrage; sei es, dass sich Entscheider – wie Lindblom mit seinem «Muddling

Through» meinte – in praxi «durchwursteln» und auf Zielbestimmung und

Alternativenbewertung schlicht verzichten, dass Entscheidungen nach Janis

und Mann mit Hass, Angst, Ärger und Stress belegt sind, dass gegen persön-

liche Überzeugungen, dafür jedoch kompatibel mit politischen Verhältnis-

sen, entschieden wird oder dass der Entscheidungsprozess gar völlig zufalls-

gesteuert und anarchisch verläuft.[67]

Schauen wir auf ein anderes Beispiel, in dem rationales Entscheiden gefragt

war, den Kosovo-Einsatz der Bundeswehr, den ersten Kampfeinsatz deut-

scher Soldaten nach dem zweiten Weltkrieg.

«Rambo» mit Selbstzweifeln – Emotionen im befohlenen Schwarz/Weiß

«Negative Eigenschaften haben sich von Führungskräften im Einsatz verstärkt. Sind diese noch im Routinedienst kaum aufgefallen oder konnten noch verschleiert werden, so brachen diese Mängel im Einsatz voll durch.»

So die Aussage von Herrn S., einem ehemaligen Hauptmann und Soldaten des «Kommando Spezialkräfte» (KSK), dem ersten deutschen Soldaten, der mit seinem Team den Kosovo betrat, um dort Verbindung mit den Krieg führenden Parteien, den Serben und der albanischen UČK aufzunehmen. Im weiteren Verlauf dieses Einsatzes war Hauptmann S. auch an der Gefangennahme von serbischen Kriegsverbrechern beteiligt.

«Als Teil der Spezialkräfte waren wir direkt der höchsten militärischen Führung im Einsatzland unterstellt, deren Führungsstil ich als geprägt von Eitelkeit, Überheblichkeit, Borniertheit und Inkompetenz erlebte. Man übertrug die Standards aus dem Frieden und dem ‹Normalbetrieb› unreflektiert auf eine Situation, die nun einmal komplett anders war. Gleichzeitig war das Führungsverhalten gepaart mit einem hohen Grad an Ignoranz uns, den Geführten, gegenüber.

Z. B. erhielten wir per Funk den Befehl, sofort zu einer bestimmten Koordinate zu fahren, um die dortige Wiese zu untersuchen, ob sie minenfrei sei, weil dort eine Hubschrauberlandung geplant sei. Wir erhielten weder weitere Informationen über die mögliche Gefährdung noch über den Grund der Hubschrauberlandung. Da wir für die Minensuche nicht ausgerüstet waren, fragte ich nach, wie man sich das vorstelle. Antwort: ‹Dann gehen Sie rein oder fahren mit dem Auto durch und stellen fest, ob sich in der Wiese Minen befinden.›

Das haben wir dann auch getan. Zum Glück gab es keine Minen, sonst wäre dies ein lebensgefährliches Unterfangen gewesen. Nach Untersuchung der Wiese habe ich die ‹Minenfreiheit› gemeldet, worauf die Rückfrage kam, ob ich mir zu 100 Prozent sicher sei. Dies musste ich verneinen, das wusste meine Führung natürlich auch. Um dies zu 100 Prozent sicherstellen zu können, wäre eine Pionierkompanie mit entsprechendem Gerät notwendig gewesen, und

109

nicht nur eine Hand voll Soldaten auf zwei ungepanzerten Kleinfahrzeugen. Nach fünf Minuten kam der besagte Hubschrauber, aus dem kein Einsatzteam ausstieg, sondern, in Begleitung seines Adjutanten, ein General. Dieser wollte, von uns gesichert, als erster General im Kosovo seinen Fuß auf den Boden des Einsatzlandes setzen.»

Herr S. macht eine Pause, wirkt heute immer noch verärgert und wütend, obwohl der Einsatz bereits mehr als fünf Jahre zurückliegt.

«Wenn ich an meinen Einsatz zurückdenke, dann ist dieses Bild geprägt von Unsicherheit – auch meiner eigenen. Das liegt vermutlich daran, dass die Rationalität und die Logik, mit denen wir im tiefsten Frieden trainiert worden waren, nur sehr wenig mit der Realität zu tun hatten, auf die wir stießen. Wir wurden immer wieder mit Situationen konfrontiert, die anders waren, als wir sie uns im Vorfeld vorgestellt hatten. Wir sind auf Kräfte getroffen, von denen wir nichts wussten und über die wir keine Informationen hatten. Auf einmal waren Banden da, die aus Albanien in das Land kamen und plünderten und eine viel größere Bedrohung als die Serben oder die UČK darstellten. Zusätzlich prasselten auf uns Informationen ein, die niemand zuordnen konnte; es war unmöglich, wichtige von unwichtigen zu unterscheiden. Beängstigend war, wie die Führung an den antrainierten Mustern festhielt, die eigenen Entscheidungen aus einer theoretischen Brille heraus fällte, sich aus meiner Sicht nicht flexibel auf die andere Realität einstellen konnte und wollte. Typisch war das Zurückziehen der oberen Führung auf ‹Kleinstschauplätze›, die man noch handhaben konnte. Man hat nur noch selektiv wahrgenommen, ich würde sogar behaupten, bewusst selektiv wahrgenommen.»

Hauptmann S. berichtet uns über den extremen Widerspruch zwischen den Informationen, die sie im Vorfeld des jeweiligen Einsatzes bekamen, und der Realität der Situation, in der sie sich dann wiederfanden. «Da gab es häufig keine Deckungsgleichheit mehr. Eine Situation, die das verdeutlichen kann, sind die KZ-ähnlichen Zustände im Stadion von Priština, von denen deutsche Politiker sprachen und die durch die deutsche Presse gingen. Ein

Die Rationalität und die Logik, mit denen wir im tiefsten Frieden trainiert worden waren, hatten nur sehr wenig mit der Realität zu tun.

Tag zuvor flog eine Aufklärungsdrohne über dieses Stadion und machte Bilder, bei deren Auswertung ich dabei war. In dem gesamten Stadion saß nicht einmal ein Kaninchen, geschweige denn die zigtausend Albaner, die dort von Serben interniert worden sein sollten. Auch das Gut und Böse – also Serben sind böse und Albaner sind gut –, diese Pauschalisierung hat nichts mehr mit meinen Wahrnehmungen zu tun, und da ging es vielen im Einsatz ähnlich.

Neben dem Leid und der ständigen Gefahr, der ich selbst ausgesetzt war, haben diese Beobachtungen mein eigenes Führen extrem beeinflusst. Werte und Wahrnehmungen haben sich verschoben. Ob sich meine Art des Führens verändert hat, das kann ich nur begrenzt sagen, dazu müsste man meine Untergebenen befragen. Ich denke, dass ich überlegter wurde, viel mehr reflektiert habe, aber leider erst nach einer Reihe von Erfahrungen. Ich fing an zu hinterfragen! Die Frage nach dem ‹Warum› habe ich mir immer öfter gestellt. Und ich begann, anders zu entscheiden. Ich wurde viel achtsamer und vorsichtiger, habe auch Missionen abgebrochen, weil ich viel sensibler für die Situation wurde. Um es auf den Punkt zu bringen: Ich wurde nachdenklicher und ruhiger, war kein Rambo mehr.»

> *Erlebnis ohne Erfolgsgarantie*

Dirk Osmetz, München, seit 2004

Wir befinden uns zum Glück in einer auch nicht nur annähernd so lebensgefährlichen Situation, wie sie Hauptmann S. im Kosovo erlebte. Aber wie oft sehen wir, dass die rationalen Entscheidungsgrundlagen, auf die wir so sehr gebaut hatten, plötzlich wegbrechen? Warum tun sie das immer wieder aufs Neue? Weil die Welt eben nicht rational, die Datenbasis äußerst rudimentär und für Manipulationen und Fehler anfällig ist. Persönliche Eitelkeit, Macht und Medieninteressen, die Begrenztheit der gefilterten Wahrnehmung und nicht zuletzt die Komplexität der Situation lassen keine rationale Entscheidung zu. Der Managementdenker Karl E. Weick geht bezüglich der Rationalität von Entscheidungen sogar noch weiter, indem er in einem Interview Folgendes behauptet: «Rationalität ist aus meiner Sicht wichtig für die nachträgliche Rechtfertigung. Mich interessiert Rationalität in dem Sinne, dass sie Gründe liefert, die man den Handlungen unterstellen kann, sodass sie für andere nachvollziehbar, verständlich, sinnvoll und akzeptabel werden. Insofern liefert Rationalität keine wirkliche Handlungsanleitung, sie ist vielmehr eine Rhetorik, die man verwendet, um sich und sein Handeln auf eine bestimmte, für andere leicht verstehbare Weise zu präsentieren, obwohl man bei den kleinsten Umweltveränderungen und Problemverschiebungen eigentlich willkürlich, zufallsabhängig, launisch, opportunistisch oder wie auch immer agiert.

Wenn ich etwas gemacht habe, von dem andere denken sollen, es sei vernünftig, bringe ich die Rationalität ins Spiel. […] Ich möchte, dass ihnen das, was ich tue, vernünftig erscheint. Aber ob mir das gelingt, hängt mehr von meiner Rhetorik ab und davon, was sie und ich als Begründung akzeptieren, als von einer allgemeinen Logik rationalen Handelns.»[68]

Hier wird ein wichtiger Aspekt deutlich, der eigentlich schon die ganze Zeit im Hintergrund «mitlief», sich jedoch mit dem Organisationstheoretiker Günther Ortmann nochmals komprimiert auf den Punkt bringen lässt: «Die Paradoxie des Entscheidens ist, genau besehen, eine Paradoxie des Begründens. […] Entscheider werden von ihr ‹nur› behelligt, wenn es für Entscheidungen Begründungsbedarf gibt, weil sie wichtig/schwierig/moralisch heikel sind.»[69] Die Paradoxie der Entscheidung entsteht also erst durch die Notwendigkeit ihrer Legitimation.

Lassen Sie uns das Ganze an einem Spiel verdeutlichen, mit dem man ein sehr einfaches Entscheidungsverhalten analysiert hat und das sich in unterschiedlicher Form in der Wissenschaft findet. Es ist allgemein unter dem Begriff «Ultimatum-Spiel» bekannt:[70]

Zwei Spieler sollen sich eine bestimmte Geldmenge teilen, z. B. zehn Euro. Nur Spieler 1 gibt vor, wie der Betrag geteilt werden soll. Akzeptiert Spieler 2 den Vorschlag, dann dürfen beide die geteilte Menge behalten; akzeptiert

Rationalität ist Rhetorik, die man verwendet, um sich und sein Handeln auf eine bestimmte, für andere leicht verstehbare Weise zu präsentieren.

Spieler 2 nicht, dann bekommen beide nichts. Sie sehen, es ist ein sehr einfaches Spiel. Versetzen Sie sich bitte nun in die Position von Spieler 1. Für welchen Betrag, den Sie dem Spieler 2 anbieten möchten, würden Sie sich entscheiden? Würden Sie den Betrag halbieren, wie ein Drittel der 21 Kölner Studenten, die real als aufteilende Spieler 21 Kommilitonen (Spieler 2) gegenübersaßen? Würden Sie sich für 37 Prozent des Gesamtbetrags entscheiden, d. h. für 3,70 Euro, die Sie dem Spieler 2 anbieten würden? Das war nämlich der Mittelwert, der sich über das gesamte Experiment mit den 42 Studenten einstellte. Wie hoch wäre der von Ihnen gewählte Betrag? Alles äußerst irrationale Entscheidungen! Wirklich rational wäre es, wenn Sie dem Spieler 2 genau einen Cent anböten. Warum? Weil er froh sein kann, wenn er überhaupt etwas bekommt. Das zumindest zeigen die Überlegungen des Mathematikers John Nash, bekannt durch den Film «A Beautiful Mind». In rein wirtschaftlicher Hinsicht ist das also vollkommen klar, doch selbst Studenten der Volkswirtschaftslehre «ticken» anders. Der Mensch entscheidet also nicht rational! Wir geben es nur ungern zu: Gemäß der Akademie-Studie 2005 bekennen sich von 560 deutschen Führungskräften lediglich 18 Prozent dazu, meistens aus dem Bauch heraus zu entscheiden. Und nur 14 Prozent sagen, dass ihnen bei Entscheidungen das Gefühl wichtiger sei als der Verstand.[71] Was hilft uns diese Erkenntnis? Die für uns zentrale Antwort stammt von Heinz von Foerster, einem der großen Kybernetiker des 20. Jahrhunderts und einem der Pioniere des Konstruktivismus. Die Essenz seines «metaphysischen Postulats» lautet:

«Ich überlege – mein Bauch entscheidet.»
Max Grundig

«Wir stehen nicht unter Zwang, nicht einmal dem der Logik […] Wir sind frei! Wir haben die Wahl […] Dies sind die guten Nachrichten. Nun kommen die schlechten Nachrichten. Mit dieser Freiheit der Wahl haben wir die Verantwortung für jede unserer Entscheidungen übernommen.»[72]

Folglich bestimmen in letzter Konsequenz wir Manager und Führungskräfte über unsere je individuelle Rationalität. Wir legen fest, mit welcher Rationalität wir unsere Entscheidungen begründen. Denn auch das Experiment mit

113

den Studenten war für alle rational, die es durchgeführt haben. Der Rahmen hieß vielleicht nicht «Gewinnmaximierung», sondern «Fairness», «Freundschaft», «Verantwortung», «Nächstenliebe», «Fürsorge» […] Wir wissen es nicht. Der Preis dieser Freiheit lautet: Verantwortung. All unser vermeintlich rationales Entscheiden fordert dann aber auch die Bekanntgabe des Rahmens, in dessen Grenzen wir unsere Entscheidung gefällt haben – das darf dabei nicht vergessen werden.

Der Preis dieser Freiheit lautet: Verantwortung.

Auf Grund dieser rein rationalen Überlegungen müssen wir den Emotionen mehr Raum geben. Das ist nicht leicht, denn durch unsere Sozialisation neigen wir dazu, im Entscheidungsfall auf die objektive und messbare Entscheidungsgrundlage zurückzugreifen. Die Notengebung in Schulen und an Universitäten suggeriert eine Vergleichbarkeit zwischen den Schülern und Studierenden. Diese vermeintlich objektiven Indikatoren werden als Grundlage herangezogen, um eine Absolventin mit einer Examensnote von 1,7 einer anderen vorzuziehen, die ihr Studium mit der Note 2,7 abschloss. Wenn man jedoch mit reflektierenden Personalreferenten in Unternehmen spricht, wird man hinter vorgehaltener Hand erfahren, dass man die Kandidaten genauso gut nach Sympathie, auf Grund des Bewerbungsfotos oder nach der Farbe der Bewerbungsmappe hätte auswählen können.

So ein Vorgehen halten Sie für unseriös?

Aber ist die Orientierung an einer bloßen Zahl nicht viel unseriöser? Uns allen sind in den unterschiedlichsten Ausbildungen Notengebende begegnet, die wir verachtet, zumindest aber nicht geschätzt haben. Wir hoffen, es war nicht die Mehrheit. Die Menschen, die Ihnen eine Note gaben, taten dies auf der Grundlage eigener Referenzgrößen. Sie erwarteten etwas Bestimmtes, und wenn Sie dem entsprachen, dann bekamen Sie eine bessere Note als derjenige, der etwas anderes antwortete. Wenn also ein Personalreferent die Note als ersten Maßstab für die Einladung zum Vorstellungsgespräch nutzt, dann weiß er – streng genommen – eigentlich mehr über den Notengebenden als über den Benoteten.

An dieser Stelle überzeichnen wir bewusst. Denn wir wollen nicht behaupten, Noten kämen durch vollkommene Beliebigkeit nach dem Zufallsprinzip wie das Ergebnis eines Würfelspiels zu Stande. Man kann durchaus auf Grund der Note oder anderer Daten auswählen, hat manchmal vielleicht gar keine andere Wahl. Doch die Auswahl sollte immer im Bewusstsein der Paradoxie geschehen, dass eine vermeintlich objektive Zahl stets nur subjektiv ermittelt worden sein kann. Das gilt übrigens für jede Zahl, die ein Abbild eines realen Vorgangs oder Zustands sein soll. Zahlen sind also eine Folge unseres Tuns. Sie haben selbst keine Substanz, sie sind lediglich Manifestationen unseres Geistes.[73]

Auch bei Gore wählt man in einem ersten Schritt nach der vordergründigen Faktenlage aus. Doch im zweiten Schritt stellt man sich die Frage, ob denn die betreffende Person überhaupt ins Team passen könnte. Erinnern Sie sich? «Mir tun unsere Bewerberinnen und Bewerber fast schon Leid, wenn ich sehe, wie viele Gespräche sie führen müssen, bevor wir uns für jemanden entscheiden. Wir haben zwar eine HR-Abteilung, diese konzentriert sich jedoch auf die administrativen Aufgaben. Die Personalauswahl findet ausschließlich durch die Mitarbeitenden statt, die später auch mit den Kandidaten zusammenarbeiten werden.»

115

Kurzsichtig weit blicken

Professionelles Handeln erfordert zwingend strategisch-konzeptionelle Überlegungen. Taktisches Geschick und operative Effizienz alleine – selbst wenn diese immer größer werden – erweisen sich als nur begrenzt zielführend.

Demzufolge haben «Strategien» Hochkonjunktur. Jeder Politiker hat eine, jede Gewerkschaft, jeder Sportler, Unternehmen sowieso. Costas Markides, Leiter der Strategieabteilung der London Business School, geht davon aus, dass Manager heute mehr als 60 Prozent ihrer Zeit mit Planung verbringen. Die Popularität der strategischen Planung scheint ungebrochen. Allerdings mehren sich die Anzeichen dafür, dass unsere Planungen immer unzuverlässiger werden. Vieles kommt oft ganz anders, als wir es planten. Wir wissen alle auch warum, denn mit der Diagnose von «Dynamik» und «Unübersichtlichkeit» werden nicht nur viele Bücher eingeleitet, sondern wir erleben diese Phänomene tagtäglich. Weitsicht ist also keine triviale Aufgabe. Warum nicht? Liegt es wirklich nur daran, dass – wie wir überwiegend glauben – die Planung nicht ganzheitlich genug ausgelegt oder zu wenig praxisorientiert ist? Aus unserer Sicht gibt es tiefer liegende, systematische Ursachen, und wir kommen nicht umhin, einige Prämissen der strategischen Denklogik zu hinterfragen.

Erstens kommt es anders und zweitens, als man denkt.

>>> «Strategien legen, in Form einer Absicht, die langfristige Unternehmensentwicklung prospektiv fest.» Aber: Die Erfahrung und zahlreiche Untersuchungen, etwa von Henry Mintzberg, zeigen, dass Strategien erst im Prozess entstehen und dann gleichsam «während des Gehens» formuliert werden.

>>> «Durch präzise Analysen lassen sich zukünftige Entwicklungen antizipieren.» Aber: Diese Annahme setzt die rational-objektive Erfassbarkeit der Realität voraus – eine nicht haltbare Prämisse. Jede Analyse beruht auf subjektiven Wahrnehmungen und Interpretationen.

>>> «Strategisches Management blickt auf die Umfeldbedingungen und versucht, adäquat zu reagieren.» Aber: Wir sind nicht passiver Spielball äußerer Entwicklungen. Täglich gestalten wir unsere eigene Zukunft mit. Unsere Fixpunkte, an denen wir uns ausrichten, formen wir zum großen Teil selbst.

118

Knut Bleichers

Randbemerkung:

«Damit verbindet sich eine kritische Einstellung zur zentralen Planbarkeit von Systemen, besonders unter den neuen Bedingungen der human-orientierten Wissensgesellschaft: Realität findet in jedem Moment statt und ist nicht im Vorfeld planbar. Dies gilt in besonderer Weise in unserer Zeit, in der die Gestaltungsoptionen für das Neue geradezu explodieren.»

Selbstverständlich kennen erfahrene Planer diese Grenzen und sehen primär im Prozess und nicht im Ergebnis den Nutzen strategischer Planung. Tatsache bleibt, dass die geplante und gezielte Weitsicht eine Fiktion ist, die durch verfeinerte Planungsmethoden nicht zur realen Chance wird.

Während die Philosophie des strategischen Managements ökonomisch-rational inspiriert ist, basiert das verwandte Postulat der Nachhaltigkeit vorwiegend auf einem ökologischen und moralischen Fundament. Der Begriff der Nachhaltigkeit ist durchaus von Verschleißerscheinungen gezeichnet. Er bezeichnet nach einer gängigen Definition der Brundtland-Kommission aus dem Jahre 1987 eine Wirtschaftweise, welche die Lebensqualität heutiger und künftiger Generationen im Blick behält und eine gesunde Umwelt sowie mehr und bessere Arbeitsplätze hervorzubringen vermag, begleitet von sozialer Sicherheit und persönlicher Zufriedenheit.[74] Diese Ziele sind natürlich zu bejahen. Wenn für einen großen Automobilhersteller «Mobilität und Nachhaltigkeit untrennbar miteinander verbunden» sind und ein anderer «nicht nur Arbeitgeber, sondern auch guter Nachbar der Menschen an seinen Standorten» sein möchte, ist das ein Zeichen von Verantwortungsbewusstsein, das einen Blick über den ökonomischen Tellerrand hinaus demonstriert. Nachhaltigkeit ist offenbar in den Köpfen der Manager angekommen. Wir wollen uns an dieser Stelle nicht der Frage widmen, ob es sich hierbei um wirklich authentisches Engagement oder nur um modische Floskeln handelt, die die Textbausteine der Unternehmensleitbilder ergänzen – das Problem von «Schein oder Sein» tritt überall auf.

Wichtiger ist es uns, die dem Konzept der Nachhaltigkeit zu Grunde liegenden Prämissen zu beleuchten. Bei genauerem Hinsehen fällt auf, dass Nachhaltigkeit in ihrem Kern zutiefst strukturkonservativ ist. Es soll etwas bewahrt werden: die Umwelt, das Unternehmen, der Arbeitsplatz. Die Autoren des Buches «Wir kündigen! Und definieren das Land neu» formulieren dazu polemisch: «Unternehmen beschwören Nachhaltigkeit und meinen damit, dass es ihre Firma hoffentlich noch in 100 Jahren gibt.»[75]

119

Dieser Satz regt zum Nachdenken darüber an, inwieweit eine eindimensional verstandene Nachhaltigkeit zu kurz greift. Ebenso wie die Langfristplanung fokussiert der Nachhaltigkeitsdiskurs auf die Reproduktion alter Muster und auf die zukünftige Gültigkeit heutiger Erfolgsfaktoren. Stillschweigend gehen wir davon aus, dass wir wissen, was zukünftig gebraucht wird. Und wieder sind wir bei einem deterministischen Verständnis von Zukunft, die wir mit Rationalität zielgenau ansteuern wollen. Um Missverständnissen rechtzeitig vorzubeugen: Wir halten viel von Unternehmen, die sich ihrer Wurzeln bewusst sind und auf Kontinuität setzen – solange die Bestandswahrung nicht zum Selbstzweck verkommt.

Nachhaltigkeit reproduziert alte Muster.
Warum sind wir uns so sicher, was
in 50 oder 100 Jahren gebraucht wird?

Kontinuität durch neue Klingen – Weitblick statt eines stumpfen Opportunismus

Wir sprechen vom legendärsten Exportschlager der Schweiz, den Sie alle kennen, den vermutlich viele von Ihnen besitzen und der Mac Gyver, jenen TV-Serienhelden der 80-er Jahre, aus fast jeder aussichtslosen Situation rettete. Die Rede ist vom Swiss Army Knife, neuerdings optional auch mit dem kleinsten Laserpointer der Welt versehen. Hergestellt werden diese Schweizer Offiziersmesser von der Firma Victorinox, der größten Messerfabrik Europas und dem Weltmarktführer für Taschenwerkzeuge mit weltweit ca. 1.400 Angestellten. In Schwyz werden täglich rund 28.000 «Swiss Army Knives», 32.000 andere Taschenwerkzeuge sowie weitere 60.000 Haushalts- und Berufsmesser gefertigt. 90 Prozent der Produktion gehen ins Ausland, in über 100 Länder.

Das Schweizer Offiziersmesser war und ist immer noch das eigentliche Erfolgsprodukt. Dieses praktische Taschenwerkzeug wurde am 12. Juni 1897 gesetzlich geschützt. Im New Yorker Museum of Modern Art und im Staatlichen Museum für angewandte Kunst in München ist es in die Sammlungen «bestes Design» aufgenommen worden.

Da saß ich nun und wartete auf Unternehmer von Weltruf, die in den letzten 75 Jahren betriebsbedingt keinen Mitarbeiter mehr entlassen haben, und traf Menschen, die an Bescheidenheit, Herzlichkeit, persönlicher Integrität und Wertschätzung ihresgleichen suchen. Ich erlebte, worin der «kurzsichtige Weitblick» dieses Unternehmens besteht.

Victorinox operiert seit nunmehr vier Generationen konsequent antizyklisch; d. h. in der Hochkonjunktur wird überlegt gespart, um Reserven für rezessive Phasen zu bilden. Stockt der Absatz, so sind dann genügend Mittel vorhanden, um in Forschung, Innovationen und Marktbearbeitung zu investieren. Carl Elsener junior, der die Firma in vierter Generation leitet, beschreibt diese Philosophie an einem konkreten Beispiel: «In der schwierigen Phase der letzten Jahre haben wir fast doppelt so viel in Forschung, Entwicklung und Werbung investiert wie in der Hochkonjunktur. Dadurch ist unsere Innovationsrate von 8 Prozent auf fast 20 Prozent angestiegen. Die Produkte, die nicht älter als drei bis fünf Jahre sind, machen heute etwa 19 Prozent des Gesamtumsatzes aus, während diese Kenngröße in Zeiten der Hochkonjunktur deutlich im einstelligen Bereich liegt.» Und Carl Elsener senior ergänzt: «Wir müssen neue Produkte auf den Markt werfen, wenn wir von den alten Produkten zu wenig ver-

kaufen können. Aber wenn man in den guten Jahren nicht Vorbereitungen trifft und Geld zurücklegt sowie Ideen entwickelt, kann man das in der Rezession nicht hervorzaubern.»

Der «Geist» von Victorinox kommt wohl am besten durch folgende Begebenheit zum Ausdruck: Wir sitzen zu viert am Tisch, und ich frage, ob viele Mitarbeiter schon sehr lange bei Victorinox arbeiten. «Wir haben eine außerordentlich geringe Fluktuationsrate; im Durchschnitt der letzten zehn Jahre weniger als 4 Prozent; das sind Lehrlinge, die den Betrieb verlassen und Leute, die pensioniert werden, oder Todesfälle», so Herr Heinzer, der Personalchef.

Mit Bedacht holt der knapp 80-jährige Elsener senior sein Notizbuch aus der Tasche und liest vor, was dort ganz präzise, mit Bleistift handgeschrieben notiert ist: «In diesem Jahr hatten wir am 1. Mai acht Jubilare, die vor 25 Jahren bei uns angefangen haben – alle an einem Tag. Insgesamt ist mehr als ein Drittel der Belegschaft über 25 Jahre dabei. Jubilare, die bereits 50 Jahre bei uns sind, sind es dieses Jahr 30.» Der Senior beginnt die Namen vorzulesen.
«… und 40-Jahr-Jubiläum haben 98 gefeiert. … Unser Exportchef, er wurde vor zwei Jahren pensioniert, der hatte auch sein 50-jähriges Jubiläum, und bereits sein Vater hatte 50 Jahre bei uns gearbeitet – und seine Tochter hat nächstes Jahr ihr 25-jähriges Jubiläum.»

Wie bereits erwähnt, gab es in den letzten 75 Jahren keine betriebsbedingten Entlassungen. Herr Elsener junior erklärt mir anhand eines Beispiels aus der letzten rezessiven Phase, wie das möglich war: «Vor ein paar Jahren hätten wir eigentlich Kurzarbeit machen müssen. Zusammen mit der Betriebskommission und der Geschäftsleitung haben wir nach Lösungen gesucht, um dies zu vermeiden. Einerseits produzierten wir mehr auf Lager, andererseits begannen wir, mit benachbarten Unternehmungen zusammenzuarbeiten. So konnten wir im Sommer mehrere Dutzend Leute während sechs bis sieben Monaten an Firmen in der Nachbarschaft ‹ausmieten›. Dadurch waren diese ihrerseits in der Lage, Großaufträge zu generieren und zu bearbeiten. Einige Aufträge dieser Firmen wären sonst nie in die Schweiz gekommen. Darüber hinaus gewähren

121

wir natürlich auch ganz großzügig unbezahlten Urlaub. Ein ausgeklügeltes

Lohn- und Feriensystem ermöglicht, pro Jahr sechs zusätzliche Tage zu arbei-

ten. Die damit erworbenen Freitage können auch im Voraus genommen werden.

So schaffen wir den Ausgleich, damit wir den Personalbestand halten können.

Das fördert langfristig das Vertrauen der Mitarbeiter.»

> *Erlebnis ohne Erfolgsgarantie*

Andreas Philipp, Schwyz, 2004

Bei Victorinox hat man es auf den ersten Blick mit einem sehr konservativen Unternehmen zu tun. Es mutet fast schon eigentümlich nostalgisch an, wenn man sich die handgeschriebenen Jubiläumslisten vor Augen führt. Keine Frage: Tradition und Kontinuität werden groß geschrieben, das Unternehmen lebt von einem starken Kern und den außergewöhnlichen Beziehungen zu seinen Mitarbeitern. Man ist stolz auf lange Betriebszugehörigkeiten und auf die Tatsache, dass man Kündigungen weitgehend vermeiden konnte. Auf der anderen Seite sehen wir eine beeindruckende Innovationsrate. Dank seines Humankapitals gelingt es Victorinox, zeitgerecht marktfähige Innovationen zu entwickeln. Man verlässt sich also nicht auf ein funktionierendes Sortiment, sondern hinterfragt permanent die Tragfähigkeit des Bestehenden, das in der Vergangenheit den Erfolg garantiert hat, um kurzfristig Neues entstehen zu lassen. Dabei geht es weniger darum, den Erkundungen eines «Trendscouts» zu folgen und auf externe Strömungen zu reagieren, die man noch nicht richtig einschätzen kann. Vielmehr kann man sich auf eine Mitarbeiterbasis und auf eine traditionsverankerte Innovationskultur verlassen, die in der Lage ist, kontinuierlich nachhaltige Neuerungen zu entwickeln.

So brachte das Unternehmen, das im Übrigen Träger des Preises der Schweizerischen Umweltstiftung 2008 ist, unter anderem einen Zigarrenschneider und das Männer-Parfüm «Swiss Army» auf den Markt.

Sehen wir uns das Wesen des Kurzfristigen präziser an. Von Victorinox haben wir erfahren, dass Weitsicht ständig relativiert werden muss. Wer

122

glaubt, man müsse nur stur «sein Ding durchziehen», der beraubt sich zum einen seiner Optionen und missachtet zum anderen Notwendigkeiten. Genau das lehrt uns der Blick in den Unternehmensalltag. Wir müssen bisweilen kurzfristig versuchen, den Erwartungen von Analysten, Investment Bankern, Beratern und Journalisten gerecht zu werden. Sicherlich gibt es auch gute Gründe dafür, die allseits erwarteten Quartalszahlen «abzuliefern» oder Langfristprojekte zu Gunsten schnell ertragswirksamer Initiativen zurückstellen. Immer wieder beobachten wir, dass durch kurzfristige M&A-Transaktionen Unternehmenswerte gesteigert werden. Wir sehen es täglich: Kurzfristiges Handeln ist ein Kern des Wirtschaftens und Ausdruck eines natürlichen Überlebenstriebes. Wenn sich alles schneller dreht, droht Weitsicht als Wert an Bedeutung zu verlieren.

Wir leben im Hier und Jetzt, und es geht gar nicht anders.

Sind wir nicht gerade auf dem besten Wege, einem kurzfristigen Opportunismus das Wort zu reden? So einfach ist es beileibe nicht. Denn das aktive Erkunden kurzfristiger Optionen ist etwas gänzlich anderes als eine unreflektierte «Daytrader-Mentalität», die sich durch den Verweis auf Ansprüche Dritter oder diffus-anonyme Zwänge legitimieren will: etwa auf die Banken, weil sie monatliche Zahlen erwarten oder auf die schlechte Konjunktur, die Freisetzungen notwendig macht.

123

Wir irren jedoch, wenn wir glauben, Opfer zu sein, zu einem «Muster der Schnellschüsse» gezwungen zu werden. Alle, wir alle, spielen das Spiel der Kurzfristigkeit mit. Wir selbst erzeugen durch Aktienoptionsprogramme die Attraktivität kurzfristiger Zielgrößen und dürfen uns nicht wundern, dass sich viele Manager primär mit dem Aktienkurs, nicht jedoch mit dem Unternehmen identifizieren. Wir haben die Regeln selbst bestimmt, nur ist uns das nicht mehr bewusst. Unsere Verantwortung zeigt sich bereits im Kleinen. Indem wir dort einkaufen, wo es am billigsten ist, zerstören wir den mittelständischen Einzelhandel. Wir ärgern uns über das ermüdend identische Sortiment, weil nur noch die großen Ketten auf Grund ihrer Markmacht die vom Endverbraucher geforderten «Schnäppchen» anbieten. Unser Motto,

Wir irren jedoch, wenn wir glauben, zu einem «Muster der Schnellschüsse» gezwungen zu werden.

dessen Nebenfolgen Monotonie und Austauschbarkeit sind, lautet: kurzfristig sparen! Was uns stets bewusst sein sollte: Wenn wir etwas ändern wollen, können und müssen wir unseren Beitrag leisten. Es zwingt uns niemand, bei einem der wenigen Elektronik-Riesen einzukaufen. Zugegeben: Die Eigendynamik und die Selbstverständlichkeit des Kurzfristdenkens verdecken den Blick auf diese Einsicht.

Aber es ist trotz aller Zwänge möglich, sich dem «Spiel der Kurzfristigkeit» – und hier sprechen wir von derjenigen, die sich uns als Gesetz des wirtschaftlichen Erfolgs zu präsentieren scheint – zu entziehen.

Aber es ist trotz aller Zwänge möglich, sich dem «Spiel der Kurzfristigkeit» zu entziehen.

Brennen für Papier – neue Bütten mit alter Leidenschaft

«Je mehr es bei uns um kaufmännische Dinge geht, desto spießiger werden wir. Draußen im Markt sind wir die kreativen Harlekins. Wenn wir aber nur das Innere unseres Unternehmens anschauen, muss man sagen, dass die Bank von England im Vergleich zu uns eine verrückte Firma ist.» Wir hatten noch gar nichts von der Haltung des «Sowohl-als-auch» erwähnt, als uns Florian Kohler, Inhaber und Geschäftsführer der Büttenpapierfabrik Gmund, diese bildhafte Beschreibung gab. In diesem «kreativ-spießigen» Unternehmen wird in der vierten Generation und seit über 175 Jahren Papier gefertigt. Nicht für den Massenmarkt, sondern in der absoluten Hochpreis-Nische. Als wir den Begriff «Nische» verwenden, unterbricht Herr Kohler unsere Frage sofort: «Ich sehe uns im Segment der hochwertigsten Spezialpapiere. Gegen den Nischenbegriff habe ich eine Aversion. Er suggeriert nämlich Gemütlichkeit und Ruhe. Das ist in unserer Branche ganz und gar nicht der Fall, egal in welchem Segment.» Momentan herrsche Untergangsstimmung bei den Papiermachern, zahlreiche Insolvenzen seien im Markt zu verzeichnen. Doch selbst in dieser schwierigen Phase lehnte man in Gmund viele Aufträge ab, um das Ansehen im Markt und die Preise halten zu können. Das war nicht einfach, denn es musste zwischenzeitlich auf Kurzarbeit zurückgegriffen werden. Was andernorts am liebsten verschwiegen wird, ist für Florian Kohler nichts, wofür man sich schämen müsste: «Wenn es nicht anders geht, gehen wir auch diesen Weg, weil wir uns*

Wir haben das große Glück, dass wir auf die Einsicht unserer Mitarbeiter bauen können.

niemals unter Wert verkaufen. Wir haben das große Glück, dass wir auf die Einsicht unserer Mitarbeiter bauen können. Sie wissen, dass solche Schritte nur passieren, wenn es unbedingt erforderlich ist.»

Von außen betrachtet ist es eine Art von Luxus, Aufträge nicht anzunehmen, um dadurch die Wertigkeit zu sichern. Aber nur auf den ersten Blick, denn es ist sinnvoll und wahrscheinlich überlebensnotwendig, sich diesen «Luxus» zu leisten. Die Büttenpapierfabrik Gmund mit ihren knapp über 100 Mitarbeitern ist der unangefochtene Innovationsführer im Markt für Designpapiere. Man entwickelt Jahr für Jahr neue Papierkollektionen und ist in der Lage, an die 100.000 verschiedene Papiervariationen herzustellen: mal metallisch glitzernd, mal mit Erde oder Rinde versetzt, mal der Struktur von Tabakblättern nachempfunden, dann wieder ein Papier, das sich anfühlt wie Leder. Die Namen der Papierlinien wecken Emotionen: «Grand Style», «Treasury», «Ever» oder «Kaschmir», um nur ein paar zu nennen.

«Wir bestimmen den Geschmack in der Papierwelt entscheidend mit», sagt Florian Kohler selbstbewusst, der sein Unternehmen augenzwinkernd auch gerne als «Gallisches Dorf» bezeichnet. Der Vergleich trifft relativ gut, wenn man beobachtet, wie in Gmund gearbeitet wird. Es wirkt fast befremdlich, mit welcher Hingabe die hochwertigsten Papiere mitunter auf einer Maschine aus dem Jahre 1883 hergestellt werden. Die Verbindung der Mitarbeiter zu dem, was hergestellt wird, spürt man deutlich. Gearbeitet wird in bayerischem Flair und mit viel Zeit. Farben werden zum Teil noch von Hand gemischt, die Rüst- und Pflegezeiten der «alten Dame», wie die Maschine liebevoll von den Gmunder Papiermachern genannt wird, dauern Tage. Es gibt noch den Beruf des «Mahlholländermüllermeisters», der ausschließlich für dieses Unternehmen in der Handwerkskammer geführt wird.

Die Büttenpapierfabrik ist dennoch nicht hoffnungslos nostalgisch. Neben alten Maschinen stehen modernere Anlagen, die auch für größere Stückzahlen ausgelegt sind. Bei der Vermarktung werden alle Register des modernen Marketings gezogen. Mit einer wichtigen Ausnahme, wie Florian Kohler

125

betont: «Wir arbeiten nicht mit Trendscouts. Ein Scout braucht etwas, was er findet, etwas, was schon da ist. Wir sind immer diejenigen, die den Kopf zuerst aus dem Fenster halten, immer vorneweg. Unser Credo lautet, dass wir nichts auf den Markt bringen, was bereits analysiert worden ist.» Während andere Unternehmen verzweifelt den Puls der Zeit suchen, verlässt man sich in Gmund lieber auf den eigenen Herzschlag. Diese Kreativität und die Liebe zum Papier machen es möglich, dass man in mehr als 70 Länder erfolgreich exportiert und einzigartige Produkte von internationalem Ruf herstellt.

Und das alles funktioniert mit einer inneren Haltung, die Florian Kohler selbst als «spießig» bezeichnet: Man setzt in jeder Hinsicht auf finanzielle Solidität, nimmt demzufolge grundsätzlich keine Kredite auf und verschiebt keinerlei anstehende Reparaturen. Ein flexibles Arbeitszeitmodell sucht man in Gmund vergeblich, und auch bei der Entlohnung gibt es keine Ausreißer nach unten oder oben. Dennoch gibt es kein Fluktuationsproblem. Florian Kohler ist sich

sicher, dass dieser Erfolg damit zu tun habe, dass man gemeinsam ein schönes Produkt herstelle. Dies brauche zwar genau genommen niemand, aber die Welt würde ohne die Papiere aus Gmund etwas ärmer sein. Vielleicht kommt aber auch eine besondere Kultur dazu, die durch das Führungsverständnis von Kohler zum Vorschein kommt: «Meine Führungsrolle ist einfach beschrieben. Ich möchte so nah wie möglich bei den Mitarbeitern sein. Sie interessieren mich. Die Mitarbeiter können mir alles sagen. Einen ‹Herrn BMW› oder einen ‹Herrn Siemens› gibt es nicht. Ich als Inhaber bin aber immer da und greifbar. Es ist schön, der Vorsteher in einem Club zu sein, der zugleich mein schönstes Hobby ist.»

> Erlebnis ohne Erfolgsgarantie

Studienprojekt UniBw, München, 2005

Dirk Osmetz, Stefan Kaduk, München, 2008

Die Büttenfabrik Gmund lebt in der Gegenwart. Sie ist wirtschaftlich erfolgreich, bringt regelmäßig Produkt- und Marketinginnovationen hervor und ist durch ihr Geschäftsmodell als Nischenspieler positioniert. Ermöglicht wird dies durch einen bewusst gelebten Weitblick. Was diesen Weitblick ausmacht, lässt sich nur bedingt an rationalen Kategorien festmachen. Seinen Kern bilden immaterielle Unternehmenswerte, die ihre Wurzeln im vorletzten Jahrhundert haben, nämlich die Liebe zum Papier und die Passion für dessen Manufaktur. Diese Werte schaffen einen Geist, der durch Innovationskraft und Ideenreichtum mit kurzfristigen Herausforderungen deutlich zu Tage tritt. Das ist kein strukturkonservatives Verständnis von Nachhaltigkeit. Das sind Beobachtungen, wie wir sie auch bei Jaime Lerner, dem Bürgermeister aus Brasilien, gemacht haben. Er hat weitblickend eine Kultur der Eigenverantwortung gefördert, die den Umgang mit handfesten, täglich neu auftretenden Problemen ermöglichte. Er folgte weder den Expertenschnellschüssen noch hielt er an tradierten Strukturen fest. Der immaterielle Erfolgsfaktor «Respekt» ermöglichte eine sich selbst reproduzierende Nachhaltigkeit.

Es wird Sie wenig überraschen, dass wir ein «kurzsichtiges Weitblicken» vorschlagen. Schließlich sehen wir zunächst einmal alle nur auf kurze Distanz gut. Wir haben jetzt Hunger, nicht später, wir müssen morgen die Präsentation halten, nicht in einem Monat. Die Gegenwart wird zum Brennpunkt. Wenn das Licht aber zu stark wird, überdeckt der Brennpunkt alles andere. Nichts wird mehr hinterfragt, es regiert der kurzfristige Reflex. Wie wir an der biblischen Metapher der sieben fetten und mageren Jahre sehen, ist die menschliche Existenz zugleich davon geprägt, dass man heute schon an morgen denkt. Das gilt auch für das Management, obwohl das in vielen Fällen kontraintuitiv ist und man gerne den schnellen Erfolg fokussiert. Das Problem ist: Sowohl getriebene Kurzsichtigkeit als auch sture Weitsichtigkeit rauben uns Optionen und Freiräume. Beide verengen die Perspektiven für das, was sonst noch möglich wäre. Gefordert ist ein permanentes Wechselspiel zwischen dem Hier und Jetzt auf der einen und der Zukunft auf der anderen Seite.

Vielleicht sind diese Einsichten nicht weit weg von der praktischen Lebenserfahrung, dass man sich besser oder schlechter für die Zukunft rüsten kann.

Im Strategiejargon spricht man dann meist von der Notwendigkeit «robuster Schritte». Diese helfen uns, Dinge mit kluger Pragmatik anzugehen und zu akzeptieren, dass sich Menschen und Unternehmen in eine prinzipiell offene Zukunft hinein entwickeln. Diese Haltung ist mit einem Segelboot vergleichbar, das sich grundsätzlich lenken lässt, jedoch keinen Einfluss darauf hat, aus welcher Richtung der Wind kommt. Es treibt nicht dahin wie eine Luftmatratze, die vom Wind getrieben wird. Aber man kann nicht über seine Richtung und Geschwindigkeit bestimmen, wie es bei einem Motorboot der Fall ist. Zwei Dinge müssen jedoch ständig hinterfragt werden: der Kurs des Segelbootes und die Tauglichkeit der Segel. Vielleicht gibt es bessere, vielleicht gibt es jedoch auch etwas ganz anderes, was mit herkömmlichen Segeln nichts mehr zu tun hat?

Gesellschaft als Auftraggeber – unverwertbar wertvoll

128

Lahnau 2005: «Ich bin der Meinung, dass man ein Unternehmen niemals sein Eigentum nennen kann. Ein Unternehmen ist ein soziales Gebilde. Ich kann kein Eigentum an Menschen erwerben. In sozialen Kontexten, wie sie Unternehmen darstellen, kann man sich nur im Konsens mit allen Beteiligten bewegen. Und zwar über Abstimmung, nicht im Sinne von Wahlen, wo man irgendwo ein Kreuzchen macht. Sondern eher wie in einem Orchester. Ich stimme die Instrumente derer, die an diesem sozialen Ereignis teilnehmen. Jedes Instrument, stellvertretend für die unterschiedlichen Menschen mit je unterschiedlichen Fähigkeiten, muss unterschiedlich bespielt werden. Die Instrumente müssen hinsichtlich ihres Klangvolumens und ihres Klangpotenzials abgestimmt werden, bevor der Dirigent anfängt zu dirigieren. Jeder muss die Partitur kennen und können. Und dann muss sich dieses Orchester darauf einigen, wer derjenige ist, der über den Einsatz der Instrumente entscheidet und ihn steuert.»

Hier spricht kein Wissenschaftler aus dem Elfenbeinturm, sondern der Lenker eines mittelständischen Unternehmens mit 180 Mitarbeitern, das innovative Akustikbaustoffe herstellt und seit 1927 existiert. Frank H. Wilhelmi trat

mit knapp 30 Jahren als Assistent der Geschäftsleitung in das elterliche
Unternehmen ein und übernahm zwei Jahre später – von 1989 bis 1992 – die
Exportleitung. Nach einem Ausflug in die Automobilindustrie wandelte er
vier Jahre später das Unternehmen in eine Aktiengesellschaft um und wurde
Vorstandsvorsitzender der Wilhelmi Werke AG in Lahnau.

«Es zählt nicht der kurzfristige Erfolg. Es ist Wahnsinn, die Leute unter die

**Es ist Wahnsinn, die Leute
unter die Knute einer
Rendite-Ideologie zu nehmen.**

Knute einer Rendite-Ideologie zu nehmen. Entscheidend ist die Qualität. Und
zwar deshalb, weil die Qualität der Produkte der wichtigste Maßstab für die
Sozialität eines Unternehmens ist. Was zählt, ist der Beitrag des Unternehmens zum Fortschritt der Gesellschaft. Dabei ist Fortschritt für mich gleichzusetzen mit der Erhöhung der gesellschaftlichen Lebensqualität – und nicht des
ROI. Shareholder sind nur ein sehr kleiner Teil der Gesellschaft. Unternehmer
sollten die Beauftragung für ihr Tun nicht von den Aktionären bekommen, die
in erster Linie auf Shareholder-Value abzielen. Der Unternehmer muss seinen
Auftrag von der Gesellschaft erhalten.» Nur um vorschnelle Kategorisierungen
zu vermeiden: Herr Wilhelmi trägt Krawatte und Anzug. Wir sitzen in einem
exklusiven Konferenzraum und trinken französisches Mineralwasser. Die
intellektuelle Herausforderung ist groß. Herr Wilhelmi hat an deutschen und
amerikanischen Universitäten Politik, Betriebswirtschaftslehre und Jura stu-
diert, seine Diktion ist klar, verbindlich, er wirkt überzeugend.

Er kommt von selbst auf das zu sprechen, was uns am meisten interessiert: «Sie
wollen jetzt sicher wissen, wie wir Führung leben. Mitte der 80-er Jahre haben
wir alles infrage gestellt. Es wurde ein Innovationskreis gegründet, in dem wir
die Existenzberechtigung und die Nachhaltigkeit unserer Produkte und unseres Unternehmens auf den Prüfstand gestellt haben. Wir sagten damals, wir
müssten eigentlich aufhören, weil wir zum Bau von multifunktionalen Gebäu-
den beitragen, die einseitig auf die Erwirtschaftung von Rendite abzielen. Aber
wir sind natürlich keine realitätsfremden Fanatiker. Wir machen Dinge, die
eigentlich ganz normal sind, auf die der einfachste Mensch kommt. Wir arbeiten mit der Balanced Scorecard, und die Gruppen überwachen ihre Ziele in

129

Eigenverantwortung. Wir haben immer alle Leute einbezogen und auch gefordert, dass sich die Mitarbeiter mit den großen Zusammenhängen auseinanderzusetzen. Sie sollen wissen, wie es um das Unternehmen bestellt ist. Im Aufsichtsrat sitzt – übrigens ist das freiwillig – ein Vertreter der IG Metall. Alle drei Monate gibt es eine Versammlung, in der die GuV präsentiert wird – vor allen Mitarbeitern. Natürlich verstehen die das. Der Controller und der IG-Metall-Vertreter erklären dem Mann am Band die Zusammenhänge. Es ist Ideologie, davon auszugehen, das wären Geheim-nisse, die nur ein erlauchter Kreis verstünde. Unsere Mitarbeiter haben im Sinne der Nachhaltigkeit auf Weihnachts- und Urlaubsgeld verzichtet. Die Führungskräfte fahren selbstverständlich kleinere Autos. Das ist doch ganz normal. Das Geld wird verzinst und fließt in einen Fonds für unternehmerische Weiterbildung. Wir bilden damit langfristig die unternehmerischen Fähigkeiten der Mitarbeiter aus.» Ein sicherlich anderer Ansatz als der gemeinhin typisch kurzfristig-opportunistische – und dennoch schwierig durchzuhalten.*

Wenige Wochen nach dem Interview erreichte uns folgende Mail:

Sehr geehrter Herr Dr. Kaduk,

ich möchte Sie darauf aufmerksam machen, dass wir auf Grund des Scheiterns eines großen Kooperationsvertrages mit einem kanadischen Investor am 28.1.05 von unserer Bank alle Kredite gekündigt bekommen haben und in der Folge Insolvenzantrag stellen mussten. Ich bin zurzeit mit meinen Vorstandskollegen und einigen Investoren dabei, eine Auffanggesellschaft zu gründen, um das Unternehmen fortzuführen.

Ich denke, Sie sollten unter diesen Voraussetzungen neu entscheiden, ob Sie den Beitrag in Ihr Projekt aufnehmen wollen.

Herzliche Grüße, Frank H. Wilhelmi

> *Erlebnis ohne Erfolgsgarantie*

Stefan Kaduk, Lahnau, Frankfurt am Main, 2005

Ende Juni 2005 erfahren wir, dass das Fortführungskonzept gescheitert ist. Mit der Begründung, Herr Wilhelmi habe einen nicht zeitgemäßen Führungsansatz und könne somit nicht mit einer Finanzierung durch die Bank rechnen. Es stellte sich heraus, dass die Hausbank bereits mit anderen Investoren ein neues «Verwertungskonzept» erarbeitet hatte, das mehr oder weniger eine Zerschlagung des Unternehmens vorsah. Frank Wilhelmi lehnte unter diesen Umständen eine Mitwirkung ab. Die neuen von der Bank installierten Investoren scheiterten mit ihrem Konzept in weniger als drei Monaten. Die Grundstücke und Gebäude wurden an einen Projektentwickler veräußert, der anschließend die «Filettierung» vollzog. Es kann also jeden treffen. Dagegen ist selbst ein Unternehmen, das eine Unternehmenskultur wie die Wilhelmi Werke AG aufgebaut hatte, nicht gefeit.

Als wir Herrn Wilhelmi drei Jahre später erneut treffen, bezeichnet er das Ganze in der Rückschau als ein Paradebeispiel für die Verhinderung unternehmerischer Initiative durch eine «Bereicherungsmentalität», die mit Wirtschaft nicht das Geringste zu tun habe. Ein weiteres Engagement in seinem alten Unternehmen hätte für Herrn Wilhelmi den Abschied von seiner Überzeugung bedeutet. Wir haben sein Beispiel bewusst nicht aus dem Buch genommen, denn die von ihm seit 1987 gelebte Haltung wird durch die unerfreuliche Entwicklung im Jahre 2005 nicht entwertet. Inzwischen hat er als Vorstand der vom ihm Anfang 2008 mitgegründeten Business Angel Beteiligungs AG in Wetzlar ein Feld gefunden, das seiner Haltung entspricht. Sein Unternehmen schließt die Lücke zwischen rein renditeorientierten Investoren und den meist weniger schlagkräftigen Förderprogrammen. Er spricht vermögende Privatpersonen an, die ihr Geld nicht in einem anonymen Fonds oder in einer Steueroase anlegen möchten. Seine Zielgruppe auf der Beschaffungsseite ist eine etwas andere Art der Business Angels. Sie sind meist regional verwurzelt und haben ein wirkliches Interesse daran, was aus ihrer Investition wird. Da überrascht es nicht, dass auf die Frage nach den wichtigsten Investitionsgründen mit «aus Spaß» und «um junge Leute zu unterstützen» geantwortet wurde.

Im Beschleunigen innehalten

Zum Thema «Innehalten» dürften wir uns eigentlich nicht äußern. Auch wir

drehen mit an der Spirale der fortwährenden Beschleunigung. Wir fliegen

von München nach Frankfurt, um im Vergleich zur Bahnfahrt eine halbe

Stunde einzusparen, und sind empört, wenn das Flugzeug 40 Minuten über

Frankfurt kreist. Wir erwägen die Anschaffung eines «Blackberry», obwohl wir

uns aufregen, wenn Gesprächspartner in Besprechungen damit ihre E-Mails

abfragen. Sicherlich fragen wir uns, was dringlich und wichtig ist. Nicht selten

erscheint alles dringend und wichtig zugleich. Unser größtes Problem ist die

Zeit, ist die Beschleunigung.

«Ich habe einen Kurs im Schnell-
lesen mitgemacht und bin nun in
der Lage, ‹Krieg und Frieden› in
zwanzig Minuten durchzulesen.
Es handelt von Rußland.»
Woody Allen

CEO ohne Macht – Zeit in einer Zeit ohne Zeit

Vor uns steht ein kleiner, hagerer Mann, dessen Alter schwer einzuschätzen

ist. Vielleicht liegt es an seiner schwarzen Mönchskutte. Wir haben uns

mit dem seit dem Jahr 2000 amtierenden Abtprimas des Benediktinerordens,

Dr. Notker Wolf, auf dem Aventin in Rom, in Sant'Anselmo verabredet. Wir

sind etwas zu früh und müssen warten. Man führt uns in ein Zimmer, in dem zwei Sessel stehen und zwei religiöse Bilder an der Wand hängen, sonst nichts. Man kann sich nicht dagegen wehren, aber dieser «Besprechungsraum» hat etwas von einer Arrestzelle. Und dennoch: Der Blick in einen grünen Innenhof, die unendliche Ruhe im Gebäude, alles strahlt eine beruhigende Atmosphäre aus. Man fühlt sich um vierzig Jahre zurückversetzt.

Der Abtprimas holt uns persönlich ab, und wir folgen ihm in sein Büro, das schlicht und geräumig ist. Es ist voller Bücher und freundlicher Holzmöbel, die sicherlich älter sind als ein Jahrzehnt. Im Raum liegt ein angenehmer Duft von Tabak: Dr. Wolf hat sich soeben eine Pfeife angezündet. Der Chef eines «100.000-Mitarbeiter-Konzerns» (so die Zeitschrift «Euro») steht 24.500 Benediktinerinnen und Benediktinern vor, die übrigen «Mitarbeiter» sind Angestellte.

Spannend wird es, wenn dieser charismatische Mann uns erklärt, dass er formal keine Macht über die Klöster besitzt. Diese werden von einem Abt geleitet und bilden den selbstständigen Nukleus des Ordens. Dennoch gibt es einen

verbindenden und unterstützenden Überbau. Da diese Gemeinschaften mehrerer hundert Mönche oder Schwestern, auf sich selbst gestellt, «jedoch allein gelassen wären, denn sie können natürlich in Not geraten: finanzieller, materieller, wirtschaftlicher, personeller oder auch disziplinärer Art», gibt es Kongregationen. Bei diesen handelt es sich um Zusammenschlüsse, denen Vertretungen der einzelnen Klöster angehören und an deren Spitze ein Abtpräses steht, der auf regionaler und internationaler Ebene in ideeller Hinsicht seine Aufsichtspflicht wahrnimmt.

Auf Grund der «Machtlosigkeit» des Abtprimas – nach dem klassischen Führungsverständnis fast unvorstellbar – bedarf es einer besonderen und anderen Art der Führung. Dr. Notker Wolf fühlt sich in dieser Rolle sehr wohl, auch wenn er wegen seiner fehlenden Macht von einem Konzernlenker mit 45.000 Mitarbeitern kürzlich bedauert wurde. Er hat ein eigenes Führungsverständnis entwickelt, das er wie folgt auf den Punkt bringt: «Ich muss den Menschen, meinen Mitarbeitern, den mir Anvertrauten, mit Emotionen, mit viel Zeit und ohne Distanz begegnen. Natürlich immer in gegenseitigem Respekt, der wird *mir ja schon auf Grund meines Amts entgegengebracht. Aber auch ich respek-*

tiere mein Gegenüber mit seinen Problemen. Dazu nehme ich meine Gesprächs-

partner auf die gleiche Ebene, mit dem Ziel, ihm oder ihr die Zuwendung zu

geben, die mein Gegenüber erwartet, als hätte ich in diesem Moment nichts

anderes zu tun.

Eines der schönsten Komplimente machte mir eine Schwester Oberin gerade

vor wenigen Tagen, nachdem ich in einem Konflikt vermittelt hatte, als sie mir

bei der Verabschiedung am Flughafen sagte: ‹Danke, wir haben heute einen

Vater gefunden, der nicht irgendwo in der Ferne ist.›

Durch diese Nähe und Emotionalität, die im Übrigen keine aufgesetzte Betrof-

fenheit sein darf, sondern die ich wirklich so lebe, schaffe ich das nötige Ver-

Nähe und Emotionalität dürfen keine

trauen. Meist erwartet man dann von mir Ratschläge, doch diese Erwartung

aufgesetzte Betroffenheit sein.

nehme ich ihnen. Es wäre arrogant von mir zu glauben, für die anderen eine

Lösung zu finden, denn dazu kenne ich die Situation, das Umfeld, die Men-

schen in der Regel zu wenig. Ich sage dann immer: ‹Ihr müsst eure eigene

135

Lösung finden, das könnt Ihr nicht an mich delegieren.› Gerade für eine so

international aufgestellte Gemeinschaft wie unseren Orden kann ich nicht die

Lösung für die Probleme vor Ort finden. Z. B. war ich in Apulien, einer Gegend

mit sehr wenig Nachwuchs in den Klöstern. Dazu muss man wissen, dass man

nicht dem Orden der Benediktiner beitritt, sondern einem Kloster. Und in diesem

Kloster wächst eine eigene Familie mit einer eigenen Tradition, mit einer eige-

nen Geschichte und Kultur. Als ich vor Ort war, bei einer sehr reflexiv lebenden

monastischen Gemeinschaft, erfuhr ich, dass im Gegensatz zum Nachwuchs-

problem des Klosters sehr viele junge Männer in der Gegend Priester werden

wollten. Wieso also nicht Mönch? Da fiel es mir auf, dass ich die Probleme dieser

Region, dieses Klosters eigentlich gar nicht kannte.

Erst in vielen Gesprächen mit den Betroffenen wurde es uns gemeinsam klar,

das Problem lag also nicht in der wenig gläubigen Gesellschaft, es lag vermut-

lich vielmehr in der fehlenden Bekanntheit des Mönchslebens, das von der

Kirche vor Ort nicht transportiert wurde.

Ein vielleicht sehr anschauliches Beispiel, das zeigt, dass ich vieles erst durch das Leben vor Ort wissen kann und nur sinnvoll aus dem ‹Betroffen-sein› entscheiden kann. Darum versuche ich, keine Lösungen zu liefern, wohl aber für die jeweilige Kultur der eigenen Gemeinschaft Bewusstsein zu schaffen. Auf Grund dieser Erkenntnis sehe ich mich in meiner Führungsrolle auch eher als Katalysator für das eigene Erkennen der mir Unterstellten, damit sie ihren eigenen Weg finden, denn als Leader im klassischen Verständnis.»

> *Erlebnis ohne Erfolgsgarantie*

Hans A. Wüthrich, Dirk Osmetz, Rom, seit 2004

Sicherlich ist der Vergleich zwischen einem Orden und einem Wirtschaftsunternehmen nur begrenzt zulässig. Dennoch, so glauben wir, könnte es einen Gedanken wert sein. Der Abtprimas besitzt keinerlei formale Macht! Dennoch schafft er es mithilfe der Zeit, die er sich für die Menschen nimmt, eine Legitimation für seine Rolle zu erarbeiten. Es gelingt ihm, was vielen von uns nicht mehr glückt, obwohl er ebenso wenig Zeit hat und seine «Zeitfenster» gleichermaßen eng getaktet sind: Er ist ganz bei den Menschen, wenn er sie trifft und mit ihnen spricht – und gewinnt dadurch an Gewicht und Einfluss. Sie halten das für selbstverständlich, vielleicht sogar für banal? Prüfen wir uns doch einmal selbst: Wie oft führen wir ein persönliches Gespräch und sind mit den Gedanken ganz woanders, haben parallel die Hand am Telefonhörer oder überfliegen ein Memo, das gerade hereingebracht wird? Wie viel Substanz bleibt übrig, wenn wir am Ende des Tages auf einen Besprechungsmarathon zurückblicken und insgeheim ein bisschen stolz auf die nahtlose Aneinanderreihung unzähliger Besprechungen sind, die uns wieder einmal keine Zeit zum Arbeiten gelassen haben? Aber es geht offensichtlich um mehr als darum, nur störungsfreie Zeit zur Verfügung zu stellen. Haben wir die jeweiligen Anliegen wirklich an uns herangelassen, oder wollten wir Besprechungen und Begegnungen nur abarbeiten? Sind wir bereit, ein Problem eines Mitarbeitenden in dessen subjektiver Gewichtung ernst zu nehmen?

Er ist ganz bei den Menschen, wenn er sie trifft und mit ihnen spricht.

Bei genauerem Hinsehen erkennen wir, dass das vermeintliche «Bremsen» des Abtprimas Geschwindigkeitsvorteile mit sich bringt – man könnte sagen: paradoxerweise beschleunigend wirkt. Denn Probleme können schneller gelöst werden, Reibungsverluste bauen sich ab. Wer sich in einer Zeit ohne Zeit dennoch bewusst Zeit nimmt, ist nicht nur für sein Umfeld angenehmer und präsenter, sondern handelt vermutlich auch effizienter. Schnelle, auf oberflächlicher Basis getroffene Entscheidungen bringen mitunter hohe Opportunitätskosten hervor.

Zeit in einer Zeit ohne Zeit.

Natürlich ist es inzwischen zu einer Binsenweisheit geworden, dass wir in einer sich beschleunigenden Welt leben und derjenige gewinnt, der schneller innovative Produkte und Dienstleistungen auf dem Markt anbieten kann. Herausragende, das menschliche Verhalten verändernde Innovationen finden in immer kürzeren Zeiträumen statt.[76] Bis in die 80-er Jahre hinein konkurrierten Unternehmen um den Kunden, indem sie sich auf zwei Kriterien beschränkten: Preis und Qualität! Diese Strategie stieß jedoch an ihre Grenzen. Je mehr sich die Qualitäten angeglichen haben und der Spielraum für Kostensenkungen ausgeschöpft war, desto wichtiger wurde eine neue Dimension der Differenzierung: die Zeit. So erkannte die Boston Consulting Group Ende der 80-er Jahre, dass Zeit zu einem der entscheidenden Wettbewerbsfaktoren der nächsten Jahre werden würde. Nicht nur in die Produktionsabteilungen hielt der Zeitwettbewerb Einzug, Beschleunigung ergriff alle Bereiche der Wirtschaft. In diesem Zusammenhang wird oft die amerikanische mit der japanischen Automobilindustrie in den 80-er Jahren verglichen. Während die Amerikaner noch versuchten, durch Größenvorteile Produktivität und Effizienz zu steigern, setzten die Japaner auf Geschwindigkeit. Durch Netzwerkdenken und Just-in-time-Konzepte gelang es, mit Flexibilität, Geschwindigkeit und Reaktionsfähigkeit auf sich ändernde Kundenwünsche einzugehen.[77]

Wer will es vor dem Hintergrund dieser nachweislich zum Erfolg führenden Strategie einem Manager verdenken, wenn er die Beschleunigung als

137

Instrument zur Verbesserung der eigenen Marktposition nutzt? Doch schauen wir uns einmal ausgewählte Beispiele des vermeintlichen Zeitgewinns etwas näher an. Etwa die E-Mail, die dem Telefax und dem Brief zwar in puncto Geschwindigkeit erheblich überlegen ist, jedoch unerwünschte Nebenfolgen mit sich bringt: Es ist keine Besonderheit, wenn ein Manager bis zu 100 E-Mails am Tag zu lesen hat, von denen eine Vielzahl zwar für ihn kaum relevant ist, er diese jedoch vorsichtshalber als «carbon copy» (cc) erhält. Der ursprüngliche Zeitgewinn auf Grund schnellen und unkomplizierten Versendens wurde durch den Zeitverlust durch aufwändige tägliche Abarbeitung des überfüllten elektronischen Briefkastens aufgezehrt.

Oder betrachten wir das Auto: War der Jaguar E-Type bei seiner Markteinführung in den 60-er Jahren noch die Ausnahme eines 200 km/h schnellen Fahrzeugs, erreicht heute jeder bessere Mittelklassewagen diese Geschwindigkeit. Doch wann erleben wir auf den fast zu jeder Tageszeit überfüllten Straßen einen echten Zeitgewinn? Nach einer Randstad-Studie steht mehr als ein Viertel der Beschäftigen auf dem Weg zur Arbeit bis zu dreimal pro Woche im Stau.[78] Man schätzt, dass die durchschnittliche Zeit, die ein Deutscher während seines Lebens im Stau verbringt, bei sechs Monaten liegt.[79] Es wird davon ausgegangen, dass durch Staus und Stop-and-go-Verkehr in Deutschland jährlich rund zwölf Mrd. Liter Kraftstoff vergeudet werden, d. h. etwa 20 Prozent des Gesamtverbrauchs im Straßenverkehr: Ohne diese Verkehrsbehinderungen könnten jährlich rund 12 Mrd. Liter Kraftstoff bzw. rund 30 Mio. Tonnen CO_2 eingespart werden.[80]

Geschwindigkeit ist nicht länger Mittel zur Erreichung eines Ziels. Sie wird heute mehr und mehr zum Selbstzweck. Das erkennt man auch dann, wenn man sich Untersuchungen zum Phänomen der so genannten «Extremjobber» anschaut. Diese Gruppe von Managern, die mindestens 60 Stunden pro Woche arbeiten, fühlen sich nach eigenen Angaben zwar gar nicht so sehr in einem Hamsterrad gefangen, sondern sind Teil einer Elite, die sich durch intensivste intellektuelle Wissensarbeit einen «Adrenalinkick» holt. Allerdings wirkt es befremdend, wenn sich – wie die Soziologieprofessorin Arlie Hochschild herausgefunden hat – die Rollen von Zuhause und Arbeit zunehmend vertauschen: Das Zuhause sorgt für Stress und Schuldgefühle gegenüber den Angehörigen; dagegen wird der Arbeitsplatz zu einem Ort, an dem erfolgreichen Mitarbeitern Bewunderung und Respekt entgegengebracht werden. Sind wir auf dem richtigen Weg, wenn wir nur noch im Büro die Freiheit zu erleben glauben und uns zu Hause von der Stechuhr unter Druck gesetzt fühlen?[81] Ist es wirklich ein lobenswerter Beleg für bedingungslosen Einsatz, wenn der Managing Director einer großen US-Bank die Beerdigung einer engsten Familienangehörigen verschieben ließ, um keinesfalls eine Besprechung zu verpassen?[82]

> *Der Managing Director einer US-Bank ließ die Beerdigung eines Familienangehörigen wegen einer Besprechung verschieben.*

Slow Motion – zeitlose Begegnungen mit Musterbrechern

Manager haben keine Zeit! Dieser Satz ist eines der nicht festgeschriebenen Gesetze der Wirtschaftswelt. Für uns gilt wie selbstverständlich, dass mit steigender Bedeutung die Zeitfenster auf ein Minimum schrumpfen. Es muss schnell entschieden werden; wer einen Termin beim Chef bekommt, hat eine gute Entscheidungsvorlage verfasst oder einfach nur Glück gehabt. Zeitknappheit gehört zum guten Ton. Wer bei der Terminvereinbarung zugibt, dass die nächste Woche noch frei sei, macht sich als Effizienzpotenzial verdächtig – auch wenn das vielleicht gerade ein Zeichen hervorragender Führungsarbeit und Souveränität ist.

> *Wer bei der Terminvereinbarung zugibt, dass die nächste Woche noch frei sei, macht sich als Effizienzpotenzial verdächtig.*

Wir haben erlebt, dass es auch anders geht. Einige Impressionen:

>>> *Ende April 2004: Anfrage bei Herrn Doege von der – damaligen – RWE RheinRuhr AG. Mailantwort zwei Tage später, großes Interesse: «Sie sind an einem ganz heißen Thema dran. Kommen Sie vorbei. Ich richte mich gerne nach Ihnen, wenn Sie schon aus München kommen.» Interview am 8. Mai, weitere jährliche Spontanbesuche und Fortführung unseres Dialogs bis Anfang 2008.*

>>> *Juli 2008: Wir sind skeptisch, ob wir bei Ulrich Loth von W. L. Gore & Associates mit unserer Bitte nach einem kurzfristigen Gesprächstermin eine Chance haben. Er kommt gerade aus China zurück und steht kurz vor seinem Urlaub.*

139

Dennoch macht er es möglich und vermittelt uns dabei nicht den Eindruck, dass wir uns glücklich schätzen können. Im Gegenteil: «Es macht immer wieder Spaß, sich mit Ihnen auszutauschen.» Bereits im Juni 2004 verlief es ähnlich. «Nur ein Vorgespräch», denke ich, «zum Mittagessen werde ich wieder draußen sein.» Da überrascht es mich natürlich sehr, dass Herr Loth als Erstes sagt: «Schön, Herr Osmetz, dass Sie hier sind, den Rest des Tages habe ich für Sie Zeit!» Erst um 15.30 Uhr fuhr ich wieder vom Parkplatz ab, nach einem intensiven Gespräch und einem guten Mittagessen, bepackt mit viel Informationsmaterial und in einer Stimmung der Begeisterung für das Unternehmen und Herrn Loth. Das eigentliche Interview verlief ähnlich wie das Vorgespräch, allerdings war ich darauf vorbereitet.

>>> *Ankunft bei betapharm am 7. März 2005 um 9.00 Uhr. Kaffeeautomat defekt: «Wollen Sie vielleicht einen Saft?» Keine Aufregung, keine hektischen Ersatzlösungen. Wir haben zwei Stunden eingeplant. Sieben Stunden später verlassen wir Augsburg und haben außer dem Gespräch mit dem Geschäftsführer ungeplant drei weitere Interviews geführt und eine Besichtigung des Unternehmens erlebt. Im Sommer 2007 nimmt sich die gesamte Geschäftsleitung fast einen halben Tag Zeit, um über die aktuellen Entwicklungen zu berichten. Man interessiert sich für unser Projekt. Das spürt man auch bei Christine Pehl, CSR-Referentin und Beauftragte der betapharm-Stiftung, die im Frühsommer 2008 wenige Tage vor ihrem Urlaub von zu Hause zurückrief, um ein Telefoninterview möglich zu machen.*

>>> *Köln, 19. Januar 2005. Herr Stoffer, Geschäftsführer der Caritas Betriebsführungs- und Trägergesellschaft, verlässt frühzeitig eine Beiratssitzung in Bonn, um zu unserem Gespräch um 17.00 Uhr in Köln zu sein. Intensives Interview bis 20:00 Uhr. Dann: «Haben Sie auch Hunger?» Frau Stoffer kommt mit zum Italiener. Wir reden über die einseitige Ökonomisierung im Sozialmanagement, über den Führungsstil von Borussia Dortmund und die fehlende Kontinuität des TSV 1860 München. Seitdem tun wir bis heute das, was man sonst meist nur floskelhaft «in Kontakt bleiben» nennt.*

Diese Schlaglichter ließen sich um viele Beispiele verlängern. Vielleicht war es nur Zufall, dass wir diese Erfahrungen gemacht haben. Möglicherweise waren unsere Gesprächspartner auch nur neugierig auf das etwas außergewöhnliche Projekt oder uns wohlgesonnen, weil wir keine kommerziellen Absichten hegten. Das mag eine Rolle spielen. Es könnte aber auch sein, dass dahinter letztendlich eine andere Haltung steckt, die mehr von Reflexion und weniger von bedeutsamer Getriebenheit geprägt ist. Vermutlich ist es ein äußerlich sichtbares Zeichen des Musterbruchs, dass das Zeitspiel mit einer entschleunigenden, auf Substanz ausgerichteten Bewusstheit gespielt wird.

> *Erlebnisse mit Langzeitwirkung*

Hans A. Wüthrich, Dirk Osmetz, Stefan Kaduk, immer wieder seit 2003

Wir denken, dass wir die Zeit schon in den Griff bekommen, wenn wir durch noch bessere Terminplanung einige Minuten herausholen oder bereits die Fahrt ins Büro für die ersten Telefonate nutzen. In Wahrheit ist es umgekehrt: Die Zeit drückt uns ihren Rhythmus auf, sie hält uns in ihrer kausalen, immer gleichen, eintönigen Umklammerung gefangen. Der Zeitplan gibt uns vor, bis wann welcher Output zu erbringen ist, in welchem Takt wir unsere Arbeit erledigen sollen. Selbst die so genannte Freizeit ist nicht frei von Zeitdruck. Aber spricht dies eigentlich für oder nicht doch eher gegen uns? Zeugt es von großem Organisationstalent, wenn Manager ihre Arbeit gerade so in 80 Wochenstunden erledigen? Werden Entscheidungen nach einem 16-Stunden-Tag nicht zwangsläufig nur noch reflexhaft getroffen?

Wir sollten uns vielleicht darauf besinnen, dass wir alle Zeitreisende sind, wie es der australische Physiker Paul Davies geschrieben hat: «Tun Sie einfach nichts, und Sie werden unweigerlich in die Zukunft befördert, nämlich mit gemächlichem Tempo von einer Sekunde pro Sekunde.»[83]

Die Zeit drückt uns ihren Rhythmus auf, sie hält uns in ihrer kausalen, immer gleichen, eintönigen Umklammerung gefangen.

Knut Bleichers Randbemerkung: «Einer Beschleunigung im Operativen muss der zeitliche Freiraum für das evolutorische Werden von neuen Ideen, Verfahren, Strukturen und Angeboten entgegengesetzt werden, denn in Zeiten des Wandels wird die Innovation zum vorherrschenden Überlebensprinzip einer Unternehmung.»

Sachzwänge frei wählen

Menschen brauchen Orientierung. Sie benötigen Anhaltspunkte, die die Grenzen des Machbaren aufzeigen und an die sie sich schon in der Kindheit herantasten. Bereits zum Ende des ersten Lebensjahres entwickelt sich der eigene Wille des Kindes. Es möchte mehr und mehr selbst bestimmen und handeln. Dabei stößt es immer wieder an Grenzen, an äußere Umstände, die einen limitierenden Faktor darstellen.[84] Dadurch lernt das Kind. Es benötigt diese «Realität», an der es sich «stößt», um sich zu entwickeln. Schulkinder brauchen in noch stärkerem Maße Zeiten und Räume, die durch klare Anforderungen begrenzt sind. Diese Forderungen und Grenzsetzungen helfen bei der Strukturierung des Tagesablaufs und im gesellschaftlichen Zusammenleben; sie geben dem Kind Halt und Anhalt.[85]

Grenzen und Rahmenbedingungen haben etwas Entspannendes, etwas, was Sicherheit gibt. Eine der bekanntesten und im wirtschaftlichen Kontext gebräuchlichsten Rahmenbedingungen ist die Hierarchie. Gäbe es keine Hierarchien, wären wir in ein unüberschaubares Beziehungsgeflecht eingebunden. Nehmen wir einmal an, dass in einer beliebigen Organisation jeder mit jedem in einer Zweierbeziehung kommunizieren möchte, so wären das schon bei zehn Organisationsmitgliedern 45 mögliche Verbindungen (9 + ... + 2 + 1), bei 30 bereits 435 und bei 100 Mitgliedern 4.950 solcher Zweierkommunikationen.[86] Es wird sofort klar, dass es unmöglich ist, all diese Beziehungen aufrecht zu erhalten, sobald eine bestimmte Größe überschritten wird. Das Ergebnis: Nicht mehr jeder hat mit jedem Kontakt, und es bilden sich Hierarchien in den Kommunikationsbeziehungen aus.[87]

Die Hierarchie ist also ein sehr hilfreicher «Komplexitätsreduzierer», ähnlich wie jeder andere Sachzwang und jede andere Rahmenbedingung. Die Quartals- und Jahresberichte nach US-GAAP, IAS oder HGB ermöglichen die Vergleichbarkeit. Mutterschutz- und Teilzeitbefristungsgesetz sind sinnvoll. Obwohl sie für den Arbeitgeber die Handlungsmöglichkeiten beschränken, resultiert aus dieser Beschränkung auch Sicherheit, nicht nur für die werdende Mutter oder den in Teilzeit gehenden Ehepartner, sondern auch für das System als solches. Die Abhängigkeit von den Shareholdern erlaubt dem Manager, seine Aktivitäten auf deren Interessen zu fokussieren. Oder nehmen wir die Basel-II-Regelungen: Wer für sein Unternehmen einen Kredit benötigt, muss sich an die seit Anfang 2007 für alle EU-Mitgliedsländer bindende Regelung halten, nach der bei der Kreditvergabe in das Rating eine standardisierte Bestandsaufnahme risikorelevanter Faktoren einfließt und der Kreditnehmer einer erhöhten Berichtspflicht unterliegt.

Wir haben es also allenthalben mit Rahmenbedingungen zu tun, die von der Gemeinschaft akzeptiert sind, die Orientierung bieten und deren Nichtbeachtung an Grenzen führt. Um es ganz deutlich zu machen: Wir benötigen seit jeher Rahmenbedingungen, um mit der Umweltkomplexität umgehen zu können. Sie vereinfachen die Organisation in positivem Sinne, etwa dadurch, dass sie Planung erlauben.

Es zeigt sich allerdings die eingangs erwähnte Problematik, die allen komplexitätsreduzierenden Verfahren eigen ist: Komplexität tritt an anderer

«Ganz wenige Vorschriften sind aus Dummheit oder Bosheit gemacht worden. Das Absurde ist, dass wir lauter gut gemeinte Vorschriften haben, die sich in der Addition in Unsinn verwandeln.»
Roman Herzog

144

Stelle erneut auf! Sie ist wie Wasser, das sich nicht komprimieren lässt und bei gegebenem Druck an anderer Stelle wieder «durchbricht». Die Auslegung, die Handhabung der Rahmenbedingung, die Interpretation und Würdigung bei Nichteinhaltung der Regeln, die Einweisung in diese und die Kommunikation derselben, all das sind neue, auf anderer Ebene entstehende komplexe Probleme. Günther Ortmann formuliert es wie folgt: «Immer droht der Einbruch des Exzeptionellen in das Reich der Regeln, nie ist der Regel- vom Ausnahmefall sauber und sicher zu trennen.»[88]

Diese Erkenntnis stellt Risiko und Chance zugleich dar. Einerseits müssen wir eingestehen, dass die Exkulpation durch Sachzwänge nur bedingt greift, da wir selbst unser größter Sachzwang sind. Andererseits ist genau diese Begrenztheit der Aufruf dazu, die eigenen Regeln kritisch zu hinterfragen. Wir können uns als Führungskräfte nicht davon freisprechen, auch für die Einhaltung von Rahmenbedingungen Verantwortung zu übernehmen. Denn jede Regel kann jederzeit gebrochen werden, die Frage ist nur, wie hoch der dafür zu zahlende Preis ist. Und selbst wenn er uns zu hoch erscheint und wir uns entschließen, uns dem Sachzwang zu beugen, so bleibt dies unsere Entscheidung. Und wir müssen uns immer wieder aufs Neue fragen: Haben wir alles dafür getan, uns diesem Sachzwang zu entziehen – oder ihn zumindest radikal zu hinterfragen?

jede Regel kann jederzeit gebrochen werden, die Frage ist nur, wie hoch der dafür zu zahlende Preis ist

145

Individualität im Gehege – erfolgreiches Mitspielen durch eigene Regeln

Es kommt mir so vor, als hätte mein Gesprächspartner das Konzept der inneren Ruhe erfunden. Bereits bei unserem ersten Gespräch, das ich im Jahr 1999 anlässlich meiner Dissertation führte, hat Herr Doege bei mir einen faszinierenden Eindruck von Unaufgeregtheit und konzentrierter Ruhe hinterlassen. Herr Doege ist technischer Geschäftsführer einer Konzerneinheit mit ca. 3.000 Mitarbeitern. Dieser Hinweis ist nicht ganz unwesentlich, da die Bedingungen eines Musterbruchs in einer Konzernumgebung gänzlich andere sein dürften als in einem innovativen Ingenieurbüro mit fünf Mitarbeitern.

«Wir haben bereits vor zehn Jahren gespürt, dass sich in unserer Branche etwas ändern wird. Natürlich kann man sich über Vorgaben und Sachzwänge ärgern.

Ich habe den Leuten aber immer gesagt, dass wir zwei Möglichkeiten haben. Entweder wir gestalten das selbst, oder wir werden zwangsläufig als Sachzwang gestaltet. Wenn man selbst gestaltet, dann ist man einfach in diesem kreativen Prozess drin. Gestalten nimmt einem das Gefühl, nur Getriebener zu sein. Man muss selber Ecken haben, wo man wirklich das Gefühl hat, hier gestalte ich. Und das andere muss ich notwendigerweise tun. Natürlich haben auch wir SAP eingeführt. Dennoch waren auch jetzt bei der Reorganisation Dinge dabei, die konnten wir umändern, obwohl man rein formal gar nichts mehr machen konnte.

Ich glaube, es kommt entscheidend darauf an, wie man auf die Leute zugeht. Denn es ist nicht so, dass in den Konzernzentralen die Bösewichte sitzen und Vorgaben machen und dass draußen die Freundlichen sind. Ich weiß ja auch, dass die in der gleichen Zwickmühle sitzen wie ich. Und wenn ich denen dann offen begegne und keine Winkelzüge mache, sondern sie einfach als Kollegen sehe, dann gibt es sicherlich auch Enttäuschungen, aber in der Summe war das bei mir keine Enttäuschung. Überhaupt nicht.

Nehmen wir mal ein Beispiel. Bei allem, was man tut, auch bei der Personalauswahl, steckt ein Menschenbild dahinter. Jede Entscheidung hat schon vorher stattgefunden. Bei mir steckt dahinter, dass ich in einer Zeit, in der ich nicht weiß, wo es hingeht, nicht zu eng auf diesen betriebswirtschaftlich-dynamischen Menschen setze. Das wäre eine Dummheit der Extraklasse. Denn ich kenne die Probleme der Zukunft ja gar nicht, die tauchen erst noch auf. Mein Gedanke war immer, Leute dabeizuhaben, die vielleicht gar nicht unbedingt aus diesem Fach sind, vielleicht auch geisteswissenschaftlich etwas mitbringen. Gerade durch die im Moment in Verruf gekommenen Geisteswissenschaften kommen Strömungen hinein, die durch die Jahrhunderte geprägt sind, die eben nicht die Jetzt-Zeit repräsentieren, aber vielleicht Impulse für die neue Zeit bringen. Ich versuche, Geisteswissenschaftler, Betriebswirte und Ingenieure zu mischen und auch welche dabei zu haben, die vielleicht tatsächlich eigenwillig und eigenständig denken. Weil man nur auf diese Weise eine neue Sicht bekommt. Natürlich bekomme ich dann von der Konzernzentrale zu hören, *dass durch die Unabhängigkeit, die ich an den Tag lege, auch Konflikte pro-grammiert sind. Aber es hat nichts geschadet, und es wurde akzeptiert. Selbst-verständlich muss man die gemeinhin abverlangten Leistungen bringen. Sonst sagt jeder, das ist Spinnerei. Gerade dann, wenn Sie Ihr Weltbild durchhalten wollen, müssen Sie immer auch die andere Seite erfolgreich managen können und dürfen nicht in eine andere Flucht fallen.*

Dieses Durchhalten ist für mich ganz wichtig. Der Beruf ist etwas, in dem man sich als Mensch wiederfindet. Man kann nicht zweigeteilt sein. Ich bin in Summe ein Mensch – unteilbar. Der Beruf und der Umgang mit anderen, das ist mein Leben. Ich will natürlich, dass das Unternehmen Geld verdient, seine Dienste gut erbringen kann und die Menschen zufrieden sind. Dazu leiste ich meinen Beitrag. Aber ich kann ja nicht während der Arbeitszeit ein bestimmtes Menschenbild vertreten und dann nach Hause gehen und dort ein ganz anderes Menschenbild haben. Das wäre für mich ein Unding. Das ist krank machend. Der Mensch sollte genauso arbeiten, wie er ist.»

147

> *Erlebnis ohne Erfolgsgarantie*

Stefan Kaduk, Siegen, seit 1999

Der Schweizer Professor für Wirtschaftsethik, Peter Ulrich, hat einmal fol-gende Botschaft formuliert: «Es gibt keine Sachzwänge, nur Denkzwänge». Natürlich muss man mit solchen Formeln vorsichtig umgehen. Es würde die Grenzen des Zynismus weit überschreiten, einem kurz vor der Zahlungsun-fähigkeit stehenden mittelständischen Unternehmer die Befreiung aus dem Denkzwang des Liquiditätspostulats oder der goldenen Bilanzregel zu emp-fehlen. Hier hilft vermutlich nur rasche Krisenintervention. Allerdings lässt sich das Thema nicht so leicht vom Tisch wischen. Jedes Akzeptieren von Rahmenbedingungen, von mehr oder weniger expliziten Gesetzen, Anforde-rungen oder Routinen zementiert diese durch neuerliches Einhalten. Selbst-verständlichkeit beim Akzeptieren von Sachzwängen ist die Folge.

Jedes Akzeptieren von Rahmenbedingungen zementiert diese durch neuerliches Einhalten.

Herr Doege, über den wir gerade berichteten, hat sich als Einzelner dieser Verfestigungsspirale entzogen, ohne sich im Stile eines Aussteigers aus dem

Spiel zu verabschieden. Vielleicht, so könnte Ihr Einwand im Hinblick auf dieses Beispiel lauten, kann sich das ein Geschäftsführer mit einer gewissen Autonomie in einer großen Konzerneinheit erlauben. Wir glauben zwar nicht, dass er sich unter anderen Voraussetzungen anders verhalten würde, aber dieser Gedanke führt zu einem wichtigen Punkt. Inwieweit das Leben in der Paradoxie zwischen dem Ignorieren und Befolgen von Sachzwängen gelingen kann, ist auch eine Frage dessen, was das System überhaupt zulässt. Bis zu welchem Grad wird den Menschen in der Organisation zugebilligt, Sachzwänge zu durchbrechen, ohne dass dies folgenschwere Sanktionen nach sich zöge?

Wenn wir uns die in diesem Kapitel bereits thematisierten sechs Paradoxien vor Augen führen, wird deutlich, dass ihnen allen ein gewisser «Sachzwangentzug» eigen ist:

>>> **Orpheus:** Ein Orchester kann sich der Institution «Dirigent» entziehen und dennoch/gerade deshalb Weltruhm erlangen.

>>> **Curitiba:** Ein Bürgermeister interpretiert das Schicksal der Favelas neu.

>>> **Kobjoll:** Mitarbeiter sind fähig, mitzudenken und mitzugestalten. Entscheidend ist, dass man sich vom Vorurteil löst, sie seien nicht vertrauenswürdig.

>>> **Keller:** Es ist kein Gesetz, dass Sitzungen von Entscheidungsträgern nur unter Ausschluss der Öffentlichkeit stattfinden dürfen.

>>> **Loth:** Es besteht keine Verpflichtung, Mitarbeiter mithilfe eines normierten Assessment-Centers auszuwählen.

>>> **Vincenz:** Man kann ein Unternehmen sehr erfolgreich regional aufstellen, indem man sich dem sklavischen Diktat der Synergien entzieht.

>>> **Tikart:** Rationalität ist kein Faktum, sondern eine sehr individuelle Größe, die nur der nachträglichen Rationalisierung dient.

>>> **Hauptmann S.:** Befehle sind immer wieder infrage zu stellen, denn die Welt lässt sich nicht einfach in Gut und Böse unterteilen.

>>> **Elsener:** Relativiert wird die Dominanz des Materiellen durch einen immateriellen Gegenpol der Idee «Unternehmensfamilie».

>>> **Abtprimas Dr. Notker Wolf:** Er nimmt sich Zeit in einer von Rastlosigkeit geprägten Zeit.

Wir alle haben ohne Zweifel Grund genug, über vermeintliche Sachzwänge zu klagen: über die Mitarbeiter, die so unselbstständig die Probleme angehen, über die Betriebsräte, die mit übertriebenen Forderungen an die Geschäftsleitung herantreten, über die Politik, die doch endlich die Lohnnebenkosten senken sollte. Dennoch bleiben Freiheitsgrade und Spielräume, innerhalb derer ein Ausbrechen möglich ist. Einzige Voraussetzung: Man muss sich selbst als den größten aller Sachzwänge akzeptieren. Wir basteln uns unsere Gefängniszellen selbst und ziehen noch eigenhändig Gitterstäbe in die Fenster ein, die aus unseren persönlichen und kollektiven Glaubenssätzen bestehen.[89]

Wir vermuten, dass intelligentes Führen in der Tat daran gemessen werden kann, inwieweit Paradoxien akzeptiert und reflektiert werden. Und was dann? Wo ist die Lösung? Was soll denn der viel zitierte Barbier von Sevilla tun, von dem bekannt ist, dass er alle Männer der Stadt rasiert, nur nicht die, die sich selbst rasieren? Rasiert er sich nun selbst oder nicht? Wie lässt sich diese Paradoxie des Rasierens auflösen? Zunächst einmal gar nicht; denn mit dem Versuch, diese paradoxe Situation einem logischen Ende zuzuführen, könnten wir unendlich viel Zeit verbringen – man spricht hier von einem infiniten Regress. Paradoxien können nicht aufgelöst werden. Die Chance besteht nur darin, mit ihnen umzugehen. Im folgenden Kapitel werden wir versuchen, einige für uns zentrale Prinzipien für einen halbwegs erfolgreichen Umgang zu entwickeln.

149

Wir basteln uns unsere Gefängniszellen selbst und ziehen noch eigenhändig Gitterstäbe in die Fenster ein, die aus unseren persönlichen und kollektiven Glaubenssätzen bestehen.

Paradoxien können nicht aufgelöst werden.

«Muster» des Musterbruchs

Reflektierend mehr sehen und
achtsam agieren – Mutig dominante
Referenzmuster überwinden und
die eigene Identität durchhalten –
In Beziehung zu den Menschen und
mit sich selbst sein

Die bisher dargestellten Erlebnisberichte zeigen uns, dass es in unterschiedlichen Lebenswelten Persönlichkeiten gibt, die Führung neu leben.
«Unsere» Musterbrecher haben versucht, von der zweiwertigen digitalen
Logik des «Entweder-oder» Abstand zu nehmen und im Rahmen ihrer Führungstätigkeit Paradoxien in einer Haltung des «Sowohl-als-auch» zu akzeptieren. Wir wollten herauszufinden, was die Musterbrecher zu Paradoxievirtuosen macht. In unseren Gesprächen konnten wir drei «Muster» des
Musterbruchs erkennen:

Knut Bleichers
Randbemerkung:
«Nur in das Gegenteil der
bisherigen Erfolgsrezepte zu
verfallen, wäre auch ein
Musterbruch, aber genügt
dies? Nein; hier wird ver-
sucht, einen qualifizierten
Musterbruch zu entdecken!»

>>> **Verbindliche Reflexion**

>>> **Leiser Mut**

>>> **Echte Beziehungen**

Es handelt sich dabei um «Muster» des Musterbruchs, die erkennen lassen, dass
es «das» Muster – im Sinne fester Regeln oder axiomatischer Festlegung – nicht
gibt. Vielmehr geht es um Muster, die ein Sich-Zurechtfinden in der komplexen
Welt und ein Leben mit Führungsparadoxien erlauben. Sie ermöglichen eine Art
von Führung, die deutlich anders ist – überzeugen Sie sich selbst …

Unzulänglichkeit der Perfektion – die Stärke der Verletzlichkeit

«Ich war am 11.9.2001 in New York, rund 60 Meter vom World Trade Center
weg, habe beide Flieger einschlagen sehen und hätte eigentlich um 8.00 Uhr
morgens im 101. Stock eines der Tower, im ‹Windows on the World›, zum Früh-
stück sitzen sollen!

Am Nachmittag davor, an dem Montag, hatten meine Kollegen und ich eine Prä-
sentation für ein großes deutsches Weltunternehmen vorbereiten sollen, zum
Thema ‹Global Leadership›. Da wir keine lokale Unterstützung bekommen
konnten, war es uns nicht möglich, diese Präsentation so zu überarbeiten, wie
wir das wollten. Wir mussten deshalb die Materialien nach Chicago mailen, wo
sie dann überarbeitet und zurück nach New York geschickt werden sollten.
Wir warteten nun darauf, dass uns das Material per FedEx am Morgen des 11.9.
geliefert würde, hielten es dann doch für sinnvoller, im Hotel zu bleiben, weil wir
die Sendung hier besser in Empfang nehmen konnten. Nur aus diesem Grund

saßen wir nicht dort oben. Nun kann man das hin und her wenden, was das war.

Es ist zumindest so, dass wir dort oben nicht überlebt hätten …

Wir saßen also gegenüber im Hotel, im Hilton Millenium, in der Suite 911 (!), mit direktem Blick auf die beiden Tower. Ich telefonierte gerade mit dem deutschen Büro, da sah ich den ersten Flieger einschlagen und wurde Zeuge des ganzen Grauens, das dann folgte. Es war, als hätten wir einen ‹Logensitz für eine Horrorshow› gehabt. Und während wir dieses Inferno aus einer scheinbar sicheren Distanz betrachteten, schlug der zweite Flieger ein.

Danach versuchte man, die Menschen aus unserem Hotel in irgendeiner sinnvollen Form zu evakuieren. Vor dem Hotel fiel alles auf die Straße, was aus einem Büro so fallen kann, inklusive Menschen. Wir sind dann doch raus, weil eine Kollegin sehr geistesgegenwärtig war und sagte: ‹Andreas, let's get out of here. I'm afraid the towers will come down.› Durch den Küchenausgang haben wir es dann geschafft, bevor 15 Minuten später der erste Tower eingestürzt ist, und in der Hotellobby, wo wir zuletzt standen, lag nur noch Schutt. Die Druckwelle ging bis zum 6. Stock des Hotels hoch.»

Das hatte ich nicht erwartet! Ich hatte Herrn Harbig das erste Mal bei einer Konferenz erlebt; damals war er noch Leiter Strategisches Personalmanagement bei PriceWaterhouseCoopers. Ich wusste, dass er davor Senior Vice President bei der VEBA AG war, und es stand in seinem CV, dass der studierte Literaturwissenschaftler bei Gemini Consulting als Berater für Strategic Change Management, Executive Coaching und Führungskräfte-Entwicklung arbeitete. Allein schon die Tatsache, dass er Initiator der Society of Organizational Learning in Deutschland ist, machte ihn als Person für unser Projekt interessant. Aber von seinen Erlebnissen am 11. September 2001 ahnte ich nichts, und ich war erstaunt, fast sprachlos, wie offen er mir, einem völlig Fremden, davon erzählte.

«Ich habe noch fünf Tage in New York verbracht, in denen ich fast nicht schlafen konnte; denn immer, wenn ich die Augen zugemacht habe, ist irgendwo ein Flieger hineingeknallt, Menschen haben sich irgendwo heruntergestürzt, oder Sachen sind explodiert. Für Monate danach war mir jeder strahlend blaue Tag, an dem

Wir saßen also gegenüber im Hotel, im Hilton Millenium, in der Suite 911 (!), mit direktem Blick auf die beiden Tower. Ich telefonierte gerade mit dem deutschen Büro, da sah ich den ersten Flieger einschlagen.

es keine Wolken am Himmel gab, suspekt. Immer wenn ich Flugzeuge am Him-

mel sah, dann hatte ich diese Flashbacks, und ich dachte: ‹Jetzt muss es gleich

knallen› – das passiert mir sogar heute noch.

Danach habe ich, was mein Leben und Handeln angeht, sehr viel infrage gestellt.

Da verschieben sich einige Prioritäten dramatisch. Nur durch viel innere Arbeit,

auch Meditationsarbeit, habe ich eine ausreichende Grundlage schaffen können,

dieses Erlebnis zu verarbeiten. Die Post-Trauma-Therapeutin, bei der ich war,

hat einmal gesagt: ‹Sie müssen nicht versuchen, dieses Erlebnis zu vergessen –

integrieren Sie es als Teil Ihrer Biografie, nutzen Sie die Erfahrung als Kraft-

quelle für Ihr zukünftiges Handeln.› Dies war anfänglich sehr schwer. Es gelingt

mir jedoch immer wieder neu und birgt tatsächlich eine große Kraft.

Heute beschäftigt mich dieses Datum immer noch. Und dieser Tag wird Teil

meiner Biografie bleiben. Ich bin jemand gewesen, der in seiner gesamten

Historie eher quer gedacht hat. Aber der 11.9. in New York, das war so, als hätte

man dem Andreas Harbig, der viel ausprobiert hat, so viel versucht und gepre-

digt hat, als wenn man ihm gesagt hätte: ‹So, jetzt bist DU dran. Jetzt bist DU

in der Pflicht!› Es gibt den englischen Begriff der ‹epiphany› [=Offenbarung],

ich glaube, dies bringt es auf den Punkt. Ich bin mit etwas auf eine Art kon-

frontiert worden, die von mir verlangte, mich als Person selbst in die Pflicht zu

nehmen. Von da an konnte ich mich nicht mehr rausreden.»

Als ich diese Schilderungen gehört hatte, da fiel es mir schwer, noch weitere

Fragen zu stellen. Ich war mitten in einem Interview mit Andreas Harbig

anlässlich der Recherche zu diesem Buch und tief beeindruckt von meinem

Interviewpartner, der sich mir – obwohl wir uns doch erst seit maximal zwei

Stunden kannten – in seiner ganzen Verletzlichkeit zeigte. Und trotzdem hatte

diese Person in meinen Augen nichts an Ausstrahlung, an Achtung eingebüßt.

Ich war fasziniert von seinen Aussagen auf der besagten Konferenz, denn ich

nahm ihn als jemanden wahr, der Führung anders verstand, der über seine

eigenen Muster und die seiner Zunft, die der Manager, enorm viel nachdachte.

Das war auch der Grund für mich, nach Bad Nauheim zu fahren und mich mit

153

ihm am Rosenmontag zu treffen. Seine elfjährige Tochter öffnete mir die Tür, ich wurde herzlich begrüßt. Herr Harbig machte mir einen Kaffee, wir aßen zu dritt Krapfen, bevor die Tochter zum Geigenunterricht ging und wir mit unserem Interview begannen.

In der ersten halben Stunde entsprachen seine Ausführungen auf meine Frage, wie er Management und Führung denn erlebe, auch genau dem, was ich erwartet hatte. Es gebe aus seiner Sicht zwei große Linien von Führung, die sich aus der Tatsache ergäben, dass dem Führenden auch immer Menschen folgen müssten: Erstens Führung im militärisch-martialischen Verständnis: durch Ausübung von Druck auf Menschen, durch körperliche oder Waffenüberlegenheit oder qua Rang, und zwar durch diejenige Person, die idealerweise auch dazu befähigt sei. Er erwähnte eine Metapher, die er aus seiner Bundeswehrzeit noch im Ohr hatte und die für ihn die Funktionsunfähigkeit dieses Verständnisses symbolisierte: «Dem muss das Rückgrat gebrochen werden.» Und ohne Rückgrat sei man dann dehn- und biegbar, in jede Richtung an das System anpassbar.

Zweitens innere Führung: Führung nach innen gerichtet, im Sinne einer Führung von sich selbst, was auch stark mit Glauben und Werten zusammenhänge; eine Art der Führung, die sich die kirchlichen Institutionen zu Eigen gemacht hätten, indem sie mittels eines (religiösen) Wertekanons führten. Hier liege der Schwerpunkt auf dem Individuum, das in der (Glaubens-)Gemeinschaft Führung suche.

Es dürfe jedoch nicht zu einer Verquickung der beiden Führungsverständnisse dahingehend kommen, dass Werte eines Systems mit den Techniken der «paramilitärischen, macht- und hierarchiegetriebenen, zum Teil enthumanisierten, maschinenähnlichen» Führung durchgesetzt würden, da die meisten Manager aus ihrer Historie heraus Personen seien, die es gewohnt seien, Prozesse in «total control» zu haben. Dieses «Alles-unter-Kontrolle-haben» sei ein Handeln, das er immer wieder feststelle. Vielmehr bedürfe es «der Entdeckung eines die Vielfalt widerspiegelnden Menschenbildes.» Es gehe «im wahrsten Sinne des Wortes um die ‹Re-Humanisierung› der Arbeit und des Managements und damit der Welt.»

Er führte weiter aus, dass wir bisher sehr viel Polarisierung erfahren hätten und

Es geht im wahrsten Sinne des Wortes um die «Re-Humanisierung» der Arbeit und des Managements und damit der Welt.

diese auch immer ein hohes Maß an Spannung erzeuge, aus der dann wieder etwas entstehen könne – positiv-konstruktiv oder auch negativ-destruktiv.

Diesen Ausführungen stimmte ich absolut zu. Und nun, da mein Interview-partner mir erzählt hatte, was ihm am 11.9.2001 widerfahren war, wurden seine Aussagen für mich greifbar. Jemand, der ein solches Erlebnis hatte, weiß, dass man nichts unter «total control» haben kann, und obwohl es bestimmt sehr einfach und naheliegend gewesen wäre, dogmatisch zwischen Gut und Böse zu unterscheiden, sprach er davon, dass ein neues Menschenbild nötig sei, das die Vielfalt widerspiegele und ihr Raum zur Entfaltung, zum Gestalten gebe. Von dieser Vielfalt sprach jemand, der nur durch Zufall überlebt hatte, in einem Kon-flikt, der keine Pluralität zulässt.

Es gehe ihm um das Schaffen von Konvergenzräumen, in denen diese Vielfalt ihren Raum bekomme, «Räume, in denen Dinge zusammenkommen und sich begegnen können, ohne dass sie ständig einander bewerten, abwerten oder zerstören.» Es solle aus der Begegnung, dem Dialog im Konvergenzraum Neues entstehen.

«Und plötzlich kommt etwas in Bewegung, oder man hat durch sein Handeln eine Situation dynamisiert, was im Übrigen auch auf jeden anderen Kontext übertragbar ist, auf den sozialen, politischen, wirtschaftlichen, egal welchen. Diese Dynamisierung ist in der alten Form nicht mehr zu kontrollieren. Die einzige Möglichkeit, in der man etwas Dynamisches – und jetzt kommt der Schwenk – ‹steuern oder führen› kann, ist, in der Gegenwart mit diesem dynamisierten Zustand zu sein, heißt, in Beziehung mit ihm zu sein.

In Beziehung zu sein! Das meine ich im wahrsten Sinne des Wortes: Wenn wir das runterbrechen auf das, was ich in meiner Familie erfahre, dann ist das die einzige Möglichkeit, Kinder zu ‹erziehen›. In dem Moment, in dem ich diese Beziehungsfähigkeit verliere, versuche ich alle möglichen Konstruktionen – intellektuelle Konstruktionen, rationale Konstruktionen usw. – um diese Realität herumzubauen. Diese Konstruktionen beschneiden meine Mög-

155

lichkeit, in Beziehung mit dem zu sein, was ich versuche zu steuern, zu schaffen, zu machen.

Jeder weiß, wenn man an einem gewissen Punkt, egal in welchem Kontext – und da kann man beim kleinsten Kontext anfangen: bei sich selbst –, wenn man an diesem Punkt die Beziehung zu sich verloren hat, dann tendieren die Menschen zu Kompensationsverhalten: Alkohol, Drogen, Extremsport, materielle Werte etc. Sieht man sich die Zahlen zu dieser Thematik an, dann sind genau diese in den letzten Jahren exorbitant nach oben gegangen. Wenn die Beziehung zu mir nicht mehr stimmt, dann stimmt auch meistens die Beziehung zu den anderen nicht mehr.

Im Grunde genommen wird sehr viel vorgetäuscht, und je weniger authentisch – das ist die andere Qualität von Führung – ich bin, je mehr ich mich hinter Bildern oder ‹Möchtegern-Szenarien› verstecken muss, umso weniger kann ich in Beziehung treten. Umso fragiler wird das System, das ich um mich herum aufbauen muss. Mein System und das, in dem ich operiere.

156

Was ich aber noch hinzufügen möchte: Es geht nicht um irgendeine Perfektion, sondern es geht um ein ausreichendes Maß an Ehrlichkeit zu sich selbst und Reflexionsfähigkeit, Selbstreflexion und organisatorische Reflexion, um ein ausreichendes Maß an Ehrlichkeit von Menschen in einer Gemeinschaft. Das habe ich selbst erlebt! Meine dreißig Mitarbeiter haben die Verletzlichkeit ihres Chefs gesehen, als ich nach dem 11. September zusammengebrochen bin, und sie hatten die Verletzlichkeit bereits davor gesehen. Und weil ich dies zeigen konnte und durfte, sozusagen im Stande war, das zu zeigen, haben mich diese Menschen aufgefangen und gestützt in einer Form, wie das eher selten vorkommt. Das meine ich mit dem Mut zum ‹Unperfekten› – denn das macht menschlich, das stärkt und stabilisiert – egal wo.

Je mehr ich mich aber hinter dieser Maske der Perfektion verstecke, unantastbar, kühl, distanziert und immer kontrolliert, entsprechend den Klischees eines ‹coolen Managers›, desto unglaubwürdiger werde ich. Hinter diesen Masken verbergen sich häufig Abgründe von Verletzlichkeit und Sehnsucht nach ‹Gesehen-werden›, mehr nicht.»

Je mehr ich mich aber hinter

dieser Maske der Perfektion

verstecke, desto unglaub-

würdiger werde ich. Hinter

diesen Masken verbergen sich

häufig Abgründe von Verletz-

lichkeit und Sehnsucht nach

«Gesehen-werden», mehr nicht.

Es war keine antrainierte Perfektion, die er transportierte. Hier wirkte jemand auf mich absolut authentisch, und dadurch kam es blitzschnell zu seinem so wichtigen Anliegen des «In-Beziehung-seins». Und ich spürte, dass er mit sich in Beziehung war.

Es ist nur allzu leicht nachvollziehbar, dass der Mut zu Verletzlichkeit und zum «Unperfekten» eine andere Qualität von Führung bewirkt, im Sinne von Selbstführung und situationsgerechter Führung.

Es ist eine Paradoxie, die Andreas Harbig hier aufgezeigt hat, eine Paradoxie zwischen der klassischen, nach Perfektion strebenden, «omnikompetenten», heldenhaften Führung und dem «Unperfekten», das man benötigt, um als Mensch zu seiner Umwelt in Beziehung zu treten, beziehungsfähig zu werden.

Es ist nachvollziehbar, dass ein Teil des Topmanagements insgeheim eine Sehnsucht nach dem Unperfekten in sich trägt. Der andere, und ich vermute der größere Teil, wird dies als romantisch verklärte Sichtweise empfinden, die nichts mit den harten Realitäten zu tun hat, die eine Führungskraft in einem 14- bis 18-Stunden-Tag erlebt.

157

Andreas Harbig ist der Auffassung, man sei allenfalls noch bereit, Themen wie «Work-Life-Balance» in die eigene Unternehmensbroschüre zu schreiben, aber selbst kenne man das eigentlich nicht. Die harte Realität der weichen Faktoren dauerhaft zu negieren, führe mittel- und langfristig zu «chronischer Dysfunktionalität», so die Einschätzung von Harbig.

Vielleicht muss man als Literaturwissenschaftler ausgebildet sein, um zu erkennen, dass «die Managementkaste in ihrer Kultur nur bestimmte Rituale erlaubt, d. h. nur ‹Bewährtes› zulässt und ‹das Andere› tabuisiert.» Das mag auch der Grund sein, warum Andreas Harbig immer wieder davon redet, dass man einen «anderen Blick» auf das eigene Umfeld bekommen müsse. Ihm half sein Elternhaus, das auf der einen Seite ein Spannungsfeld zwischen Aufbauen, Machen, Tun, ausgedrückt in materiellem Erfolg, und dem gleichzeitigen Infragestellen all dieses Erfolgs auf der anderen erzeugte.

Doch entscheidend scheint mir, dass Andreas Harbig Mut hatte zu reflektieren, Dinge anders anzudenken und durch seine Verletzlichkeit Vertrauen und
Beziehung zuzulassen. Und so verwundert es auch nicht, wenn er versucht,
diesen «anderen Blick» zu institutionalisieren. Er fordert mehr «Menschenbil-
dung für Führungskräfte» durch Programme, die für die Teilnehmer paradoxe
Interventionen darstellen: für mindestens sechs Wochen als Streetworker auf
die Straße, in einem Aids-Programm der WHO in Südafrika arbeiten, den
Wiederaufbau in Tadschikistan unterstützen, ein Dorfbauernprojekt in Südamerika beraten oder drei Monate in einem Kindergarten bzw. Altenheim
arbeiten. «Das heißt, mit den eigenen Mustern zu brechen, raus aus First-
Class-Hotels und E-Klasse-Dienstwagen, etc.» Auch um die eigenen Grenzen
mal wieder hautnah zu erleben und um so vielleicht letztlich wieder mit der
Vielfalt, den Herausforderungen und den Möglichkeiten in einer Welt außerhalb der «business world» in Beziehung zu kommen.

die eigenen Grenzen mal wieder hautnah zu erleben

158   Solche Programme verdienen den Titel «Management Development» seiner
Ansicht nach wirklich, nicht jene, die immer nur die Bestätigung von dem
sind, was immer schon so war. Herr Harbig sieht die Dinge anders, was sich
auch in der Lehre widerspiegelt, die er aus dem Erlebnis des 11. September
gezogen hat:

«Demut, das ist sowieso eine der wichtigsten Kerneigenschaften, vor allem für
Führungskräfte – das kann man gar nicht groß genug schreiben. Demut nicht
im Sinne von Unterwürfigkeit, sondern Demut im Sinne von Dankbarkeit,
Zurücknahme des eigenen Egos, die Fähigkeit, achtsam zu sein, auch den kleinen, scheinbar weniger bedeutenden Dingen Aufmerksamkeit zu schenken
und der Welt und den Menschen neugierig und liebevoll zu begegnen. Wenn
man das kann, den Menschen in Liebe begegnen, ich meine das im wahrsten
Sinne des Wortes und im umfassendsten Sinne, wie man das nur meinen kann,
dann erschließt sich alles! Alle Möglichkeiten, die man sucht oder die einem
helfen, einen wirklich intelligenten Beitrag zu leisten, erschließen sich so. Das
ist Erhaltung, und die hat etwas mit einer inneren Haltung zu tun.

Demut, das ist sowieso eine der wichtigsten Kerneigenschaften.

Es ist schon verrückt, aber wenn ich überlege, dann frage ich mich, was für eine Art der Intervention es braucht, um aus einer eingefahrenen Bahn raus zu kommen? Dann kann ich – auch wenn mir das lange Zeit nicht leicht gefallen ist – in der Retrospektive sagen, dass diese Erfahrung in New York für mich fast ein Geschenk gewesen ist. Es ist wie ein zweites Leben, es ist ein Lebensgeschenk gewesen.»

> *Erlebnis ohne Erfolgsgarantie*

Dirk Osmetz, Stefan Kaduk, Hans A. Wüthrich, Bad Nauheim, Frankfurt am Main, München, seit 2004

Andreas Harbig erläuterte in diesem Gespräch in seinen Worten die eingangs erwähnten drei «Muster» des Musterbruchs: verbindliche Reflexion, leiser Mut und echte Beziehungen.

Sind Extremsituationen wie die, in der sich Andreas Harbig am 11. September 2001 wiederfand, notwendig, um endlich anhalten, innehalten zu können und zu wesentlichen Erkenntnissen zu kommen? Wir haben ein Unternehmen kennen gelernt, das seit vielen Jahren immer wieder als Beispielunternehmen unter verschiedensten Aspekten in der Literatur genannt wird, W. L. Gore & Associates. Auch hier finden wir unsere «Muster» des Musterbruchs – in spezieller Dosierung, wie Sie im Folgenden sehen werden.

159

Gesponsortes Chaos – Löcher bohren nur oberhalb der Wasserlinie!

Kaum eine westliche Armee, die ihre Soldaten nicht mit GORE-TEX® ausrüstet, und vermutlich keine Expedition auf den Mount Everest ohne Fleece mit WINDSTOPPER® Membran. Diese von Gore produzierten Produkte sind wohl das Bekannteste, was es im Bekleidungssektor zur Abwehr von Regen, Schnee und Wind gibt. W. L. Gore & Associates können aber noch mehr. Die 8.900 Mitarbeitenden erwirtschaften in 48 Werken weltweit ca. 2,1 Milliarden US-Dollar Umsatz, u. a. in den Sparten Elektronik, Medizin, Kabelbau, Filtration und eben Funktionstextilien; alles auf der Ausgangsbasis eines einzigen Stoffes: PTFE (Polytetrafluorethylen), dem Verbraucher auch in Form von Teflon bekannt. Allein in den letzten drei Jahren konnte man jährlich zweistellige Umsatzzuwächse realisieren. Gore ist seit Jahren immer wieder unter den besten Arbeitgebern in den USA und in Deutschland.

Wie passen diese Erfolge zu einem Unternehmen, das keine klaren Strukturen kennt, sondern sich mit einer Amöbe vergleicht? Ein Vergleich, der zum Ausdruck bringen soll, dass sich die Firma ständig verändert, nur wenigen Gesetzmäßigkeiten unterworfen ist und sich dem Chaos verbunden fühlt. Gore kennt praktisch keine Hierarchien, keine Stellenbeschreibungen und warb in Stellenanzeigen mit «no ranks, no titles».

Um dies alles verstehen zu können, muss man in das Jahr 1958 zurückblicken. Der 45-jährige Wilbert L. – kurz: Bill – Gore hat bei seinem Arbeitgeber, dem Chemiegiganten Du Pont, einige neue Ideen für die Anwendung von PTFE entwickelt, die nicht zur strategischen Ausrichtung des Konzerns passten. Kurzerhand entschlossen sich Bill und seine Frau Vieve Gore dazu, ein eigenes Draht- und Kabel-Unternehmen zu gründen. Nach 17 Jahren Konzernzugehörigkeit, am 23. Hochzeitstag, entstand im Keller des Hauses der Gores ein neues Geschäft. Man vergrößerte sich schnell und zog 1961 in die erste Fabrik nach Newark, Delaware, um. Bereits zu dieser Zeit vertrat Bill Gore die Überzeugung, dass Menschen das Potenzial in sich tragen, eigenverantwortlich zu handeln, dass sie im Sinne des Gesamtunternehmens mitdenken können und wollen und aus diesem Grund nicht der Steuerung und Kontrolle bedürfen. Er machte die Idee von sich selbst organisierenden Teams ohne feste Hierarchien zum Kern seiner Organisation. Bill Gore sah seine Mitarbeitenden nicht als Untergebene, sondern als Teilhaber an, daher auch «… & Associates» im Firmennamen. Teilhaber an den finanziellen Erfolgen, aber auch Teilhaber an den Zielen und der Philosophie des Unternehmens. Letztere gilt bis heute: «Make Money and Have Fun!»

Wir reden hier vom Ende der 50-er und vom Anfang der 60-er Jahre!

Das Musterbrechende an Bill Gores Haltung bringt am besten ein 1982 erschienener Artikel des Magazins «Inc.» auf den Punkt, in dem er als «The Un-Manager» bezeichnet wird. Er erklärt das wie folgt: «We don't manage people, people manage themselves. We organize ourselves around voluntary com-

160

Reflektierte und mutige Anfänge einer Führung, die auf Beziehung setzt.

mitments. There is a fundamental difference in philosophy between a commitment and a command.»

Bereits 1965 hatte das Unternehmen nahezu 200 Teilhaber. Bill Gore erkannte, dass er beim Blick durch die Hallen und Büros nicht mehr jeden mit Namen kannte. Allgemein würde man sich darüber keinesfalls wundern, doch für den Firmengründer war dies ausschlaggebend, das Unternehmen zu teilen und 1967 das zweite Werk zu eröffnen. Damit erreichte er Größenordnungen, in denen die Menschen sich wieder kennen konnten. Das Unternehmen hält diese Größe bis heute für ideal, weil man untereinander in Beziehung stehen und dennoch synergetische Effekte nutzen kann. Das schnelle Wachsen des Unternehmens bewog ihn 1965 aber auch, ein System einzuführen, das ebenfalls noch immer aktuell ist: das Sponsorship. Eine Art «Buddy System», das die Idee einer großen Schwester oder eines großen Bruders im Unternehmen realisieren soll. Ulrich Loth, einer der Europaverantwortlichen, den Sie bereits im Kapitel «Vielfalt als Standard» kennen gelernt haben, erklärt den Sponsoren-Gedanken im Kontext eines sehr durchdachten Führungsverständnisses

wie folgt: «Bei uns hat jeder Mitarbeiter zwei Führungskräfte, einen so genannten Leader und einen Sponsor. Der Leader ist vergleichbar mit der klassischen Führungskraft. Dies ist der unternehmerisch denkende und handelnde Part, der für das Erreichen von Geschäftszielen, für den Ertrag zuständig ist. Diese Führungskraft legitimiert sich über seine Anhänger, Associates, die ihm folgen auf Grund seiner Erfolgsgeschichte im Unternehmen. Jeder Associate, auch wenn er als Führungskraft vorgesehen sein sollte, trägt zu Beginn keine Personalverantwortung. Auf Grund seiner Kompetenzen wird er einer Projektgruppe zugeordnet und übernimmt dort Basisaufgaben. Zum Leader wird er erst, wenn es ihm gelingt, dass andere ihm auf Grund seiner Verantwortungs- und Risikoübernahme, seiner menschlichen und fachlichen Kompetenz folgen. Man muss sich erst zur Führungskraft entwickeln. Bei uns heißt das ‹Natural Leadership›, und man legitimiert sich über die andere Seite der Medaille, das ‹Followership›.

Bei uns hat jeder Mitarbeiter zwei Führungskräfte.

Die zweite Führungskraft bei uns im Haus, den Sponsor, bestimmt jeder selbst – jeder! Abseits vom fachlichen Leader, ist der Sponsor nicht für in Zahlen messbare Ergebnisse zuständig. Er ist vielmehr derjenige, der den ihm Anvertrauten – den Sponsee – in seiner Persönlichkeit und seinem Können reflektiert, der ihm hilft, das zu erkennen, was er am besten kann, ihn fördert, aber auch fordert. Der sich gemeinsam mit ihm fragt: Wo bin ich selbstbewusst, wo habe ich Spaß, wo kann ich die Erfüllung finden? Dabei steht das Unternehmen nicht im Mittelpunkt, sondern es geht um die Entwicklung der Person. Der Sponsor ist da, wenn es dem Sponsee mal nicht so gut geht. Auch bei uns gibt es nicht nur den freudigen, lachenden Alltag. Da braucht man auch mal jemanden, der unterstützt, und zwar von der menschlichen Seite. Der Sponsor soll den Sponsee aber auch vor sich selbst beschützen, z. B. wenn er sich überarbeitet. Das geht sogar bis zum Direktionsrecht.

Wie Sie vielleicht bemerkt haben, hängt der Erfolg dieses Systems davon ab, wie sich das Verhältnis zwischen Sponsor und Sponsee entwickeln kann. Ein wirkliches Verhältnis entsteht nur durch absolutes Vertrauen zu einer Person. Darum bekommt man den Sponsor nicht zugewiesen, sondern man sucht ihn sich selbst aus, und es gibt so gut wie keinen Gesprächszwang. Nur auf der Basis dieser Freiwilligkeit kann man jedem Einzelnen im Unternehmen helfen zu wachsen und letztendlich den größtmöglichen Beitrag zum Unternehmenserfolg zu leisten.»

Zwei Führungskräfte für jeden – was für ein Aufwand! Herr Loth erklärt, dass wirklich jeder im Unternehmen einen Sponsor habe und dieser Sponsor tatsächlich mit formaljuristischen Befugnissen ausgestattet sei. Das ist der Grund dafür, dass bei einer Umfrage bei W. L. Gore & Associates in den USA nahezu jeder zweite Mitarbeitende sich als Führungskraft bezeichnete – aus betriebswirtschaftlicher Sicht eine unvorstellbare Zahl, die nicht in das Raster der Effizienz zu passen scheint.

Während Leadership die Beziehung zwischen einem Vorgesetzen und vielen Mitarbeitern beschreibt und stark geschäftsbezogen ist, bezeichnet Sponsorship die personenbezogene 1:1-Beziehung zwischen Individuen.

Unsere Frage, ob man die Kosten für diesen Luxus der zwei Führungskräfte einmal durchgerechnet habe, wirkt sichtlich irritierend auf Ulrich Loth. So habe er das noch nie betrachtet. «Es finden Workshops statt, wo den Mitarbeitern erklärt wird, wie sich der Sponsor vom Leader abgrenzt, welche Aufgaben beide konkret haben. Das ist ein 2,5-Tage-Training, das ich selbst mit einer externen Trainerin durchführe. Echtes Nachwuchskräfte-Training auf dem Gebiet der Sponsoren. Wir machen die Rolle nochmal bewusst, welche Themen auf den Sponsor zukommen können. Themen der direkten Personalverantwortung, mitsamt den Aufgaben wie Kündigungen, Kritikgespräche, Feedback etc. Dann kann eine angefragte Person auch entscheiden, ob ihr das gefällt oder nicht.» Sicherlich koste das Geld, und auch die Zeit, die Sponsor und Sponsee miteinander verbrächten, sei prinzipiell messbar. Da der zeitliche Aufwand jedoch abhängig von der individuellen Situation eines jeden Einzelnen sei und im Unternehmen keine Standards festgelegt seien, leiste man sich das Sponsoren-System bei Gore einfach, und die Erfolge gäben einem ja Recht.

Wir halten es für sehr mutig, in Zeiten, in denen die Kosteneinsparung eines der beliebtesten Steuerinstrumente ist, den finanziellen Aufwand dieses Systems nicht beziffern zu wollen. Doch Gore darf diesen Mut haben, denn W. L. Gore & Associates sind unabhängig von Banken und Investoren. Trotz der Verlockungen des Kapitalmarktes hat man sich bewusst für einen unabhängigen Weg entschieden. Und diese Unabhängigkeit erlaubt, in Beziehung zu investieren, ohne dass man in Zahlen messen kann, was dies konkret bringt.

W. L. Gore & Associates sind unabhängig von Banken und Investoren.

Andere Wege zu gehen, Strukturen, Prozesse und Philosophien neu zu erfinden, scheint charakteristisch für das Unternehmen. Viele Muster, die man allgemein in Organisationen zu benötigen glaubt, hat man bei Gore hinterfragt und handhabt sie anders. Die Mitarbeitenden bzw. Associates beurteilen in einem ausgeklügelten Verfahren wechselseitig den Lohn derer, mit denen sie in unterschiedlichster Form zusammenarbeiten. Es ist bei Gore selbstverständlich, dass Führungskräfte, die z. B. strategische Verantwortung für das Europageschäft tragen, auf Grund einer bestimmten Fachkompetenz durchaus in operative Projekte eingebunden sind, dort aber keine Führungsrolle einnehmen. Bei Gore werden konsequent die Stärken der Associates in den Fokus der Bemühungen gestellt. Es werden keine «kantigen» Menschen für normierte Stellen «rund» geschliffen, sondern Fähigkeiten werden integriert, damit man gemeinsam mehr ist als die bloße Addition von Einzelfähigkeiten. Es gibt noch eine Reihe weiterer beeindruckender Beispiele, die zeigen, wie man bei W. L. Gore & Associates einfach anders verfährt.

Bei Gore werden konsequent die Stärken in den Fokus gestellt.

So besitzt das «In-Beziehung-sein» jedes Associates eine besonders wichtige Bedeutung. Die Europaverantwortlichen hatten entschieden, das Reisekosten- und Kreditkartensystem umzustellen. «Jeder Associate mit Reisetätigkeit hatte eine Gore-Karte, über die er abrechnete. Wir wollen nun, dass die Beträge über seinen persönlichen Account gehen. Dieses persönliche Konto wird ausge-glichen, wenn jemand etwas auf einer Reise ausgibt. In Deutschland konnten wir beobachten, dass der Umgang mit den Ausgaben verantwortungsbewusster erfolgte. Die Italiener mussten sich bei diesem Systemwechsel am meisten umstellen. Den Systemwechsel haben wir nicht einfach umgesetzt, sondern in den einzelnen Fabriken Meetings einberufen, an denen jeder teilnehmen konnte, und uns der Diskussion gestellt. Wir mussten unsere Vorstellungen vertreten, dafür argumentieren. Es gab Widerspruch, mit dem wir umgehen und Argumente, die wir aufnehmen mussten. Bei strategischen Entscheidun-gen kann diese Form der Einbeziehung der Mitarbeiter oft Monate dauern. Es entstehen Transparenz und Beziehung zu den Entscheidungen. Wir lernen dazu, erhalten andere Blickwinkel und reflektieren unsere Entschlüsse. Diese Zeit nehmen wir uns!» Sich dieser Diskussion zu stellen, hielt ich für mutiger als die Entscheidung als solche, denn man musste sich mit den Betroffenen auseinandersetzen, die man am Entscheidungsprozess beteiligte.

Im weiteren Gespräch über die Philosophie bei Gore betont Ulrich Loth, dass man nicht missionieren wolle. «Wir haben unseren Weg gefunden, der zu unse-rem Unternehmen passt. Nicht jeder kommt damit klar. Manche, die bei uns anfangen, sagen nach kurzer Zeit: ‹In dem Chaosladen kann ich nicht arbei-ten›, und verlassen uns schnell wieder. Und auch wenn ich diesen Vorwurf ver-stehen kann, würde ich entgegenhalten, dass wir eine andere, natürlichere

Form der Organisation gefunden haben. Unser Schwerpunkt liegt auf der Professionalität in den Prozessen. Produktqualität steht bei uns ganz oben. Wir zeigen in der Produktion jedem Einzelnen auf, wie hoch sein produzierter Ausschuss ist. Wir messen sehr genau den wirtschaftlichen Erfolg der einzelnen Werke und Produkte. Und wir schützen unser geistiges Eigentum, sind jederzeit bereit, Patentverletzungen vor Gericht auszufechten. Der Unterschied ist der, dass wir glauben, dass feste Strukturen mit Hierarchien, Titeln, Stellenbeschreibungen, Organigrammen und Administration zu viel Energie absorbieren. Die Teilhaber sollen sich vielmehr auf ihr Gespür für Märkte, Technologien und die Gesellschaft konzentrieren, reaktionsfähig sein und flexibel die Prozesse an neue Herausforderungen anpassen können.»

Herr Loth erklärt die vier zentralen Leitlinien, die u. a. den Nukleus der Kultur der Nachhaltigkeit, der Nutzung der individuellen Potenziale und des gegenseitigen Vertrauens bei Gore ausmachen: «Freedom», «Waterline», «Commitment» und «Fairness». Vier nicht selbstsprechende Begriffe, die der Erklärung bedürfen:

>>> *Mit Freedom sei die Freiheit zu wachsen gemeint, so Loth, zu lernen, Aufgaben zu übernehmen. Aufgaben, die nicht in vorgegebene Schubladen passen. «Freiheit ist auch als Freiraum gemeint, ein Freiraum, in dem man Dinge selbst verändern kann, nicht dauernd um Erlaubnis fragen muss, denn wir haben keine Erlaubnishierarchie.»*

>>> *Die Waterline lasse sich am besten mit zwei Fragen erklären, die bei allem, was man neu beginne, zu beantworten seien. Erstens: Wenn ich etwas versuche und Erfolg habe, war es den Aufwand wert? Und zweitens: Wenn mein Versuch fehlschlägt, kann das Unternehmen dies verkraften? Dazu Ulrich Loth: «Wir wollen, dass Menschen Risiken für das Unternehmen eingehen. Nur daraus entstehen neue Geschäftsideen und Patente. Aber bitte, tut alles Erdenkliche, damit nicht das gesamte Schiff gefährdet ist, bohrt keine Löcher unterhalb der Wasserlinie!»*

>>> *«Aufgaben werden bei uns freiwillig übernommen. Ich gehe ein Commitment*

ein und bin bereit, Verantwortung zu übernehmen. Wir organisieren uns um freiwillig übernommene Aufgaben und Business Opportunities herum.»

>>> *Fairness ist der vierte Baustein, der sich nicht nur auf den firmeninternen Umgang miteinander beschränkt, sondern sich auf jeden bezieht, zu dem man in Kontakt tritt.*

Herr Loth berichtet voller Begeisterung noch von vielen Dingen, die bei Gore anders und nicht immer einfach nachvollziehbar sind, wenn man durch eine betriebswirtschaftliche Brille blickt. Doch ist man bereit, genau diese Brille zum Gegenstand eigener Reflexion zu machen, dann erscheint vieles, was auf den ersten Blick befremdlich wirkt, sehr logisch, wohl überlegt und perfekt organisiert, aber eben anders – manche sagen chaotisch.

Das Unternehmen hat in den letzten drei Jahren einen immensen Wachstumspfad eingeschlagen. Werke in Griechenland, Südamerika und in der Türkei kamen hinzu, Mitarbeiterzahl und Umsatz haben sich um fast 30% erhöht. Dies, so haben wir im Sommer 2008 erfahren, habe zwangsläufig zu einer stärkeren Beschäftigung mit Fragen der Prozesseffizienz und Technologienutzung geführt. Es spricht für die Sensibilität und das Reflexionsvermögen der Verantwortlichen, dass in dieser notwendigen Entwicklung auch eine potenzielle Bedrohung der einzigartigen Unternehmenskultur gesehen wird. Ulrich Loth zumindest beobachtet sehr genau, was momentan passiert: «Effizienz ist immer gut. Und es ist alles in Ordnung, solange die Instrumente nicht zur Kontrolle missbraucht werden. Wenn ich diesbezüglich irgendwann Ausschläge sehen sollte, werde ich dagegen mit aller Kraft arbeiten.» In diesem Moment vermittelt der Gesichtsausdruck von Herrn Loth eine entschiedene Ernsthaftigkeit. Genau hier, bei den kulturellen Wurzeln seines Unternehmens, versteht der ansonsten fröhlich-selbstironische Mann überhaupt keinen Spaß.

> *Erlebnis ohne Erfolgsgarantie*

Dirk Osmetz, Stefan Kaduk, Putzbrunn, Neubiberg, seit 2004

167

Knut Bleichers Randbemerkung:

«Das Gore-Sponsoring-Modell eines fachlichen und persönlichen

Mentoring durch Leader und Sponsoren überzeugt. Das Nichtvor-

handensein der Sponsoren signalisiert deutlich den Gap unserer

üblichen Führungsaus- und -weiterbildung; denn Führung ist weit

mehr als eine perfekte und meist technokratische Anwendung

von Managementkonzepten.»

Denkkraft durch verbindliche Reflexion

Wir ahnen und beklagen, dass in unserer Welt so vieles unreflektiert
geschieht. Immer stärker spüren wir das Bedürfnis, die Alltagshektik zu
unterbrechen, innezuhalten und nachzudenken. Mit Ernüchterung stellen
wir fest, dass auch wir mit unserem Verhalten dazu beitragen, dass die glorreichen Muster so funktionieren, wie sie funktionieren. Wir neigen dazu, mit
dem Finger auf andere zu zeigen und uns mit dem Hinweis auf Sachzwänge
zu exkulpieren. Wir greifen ständig steuernd ein und wundern uns über ein
Systemverhalten, das von der Planung abweicht. Dies führt nicht selten
dazu, dass wir glauben, durch ein Mehr an Kontrolle und Standardisierung
den Wirkungsgrad unserer Führungseingriffe zu erhöhen. Dem Damokles-
schwert «Dynamik» vermeintlich hilflos ausgeliefert, versuchen wir im Zeitwettbewerb zu bestehen. Doch Handeln unter diesem Druck provoziert den
Rückgriff auf bewährte Muster und ein «Mehr desselben».

In der eng getakteten Zeit fällt es insbesondere Führungskräften schwer,
den Nutzen von Reflexion zu sehen. Die operative Hektik und das bisweilen

*«Man vergisst immer wieder,
auf den Grund zu gehen.
Man setzt die Fragezeichen
nicht tief genug.»*
Ludwig Wittgenstein

panische Agieren verzögern Prozesse des Nachdenkens, Besinnens und der Einsicht. Nur (zu) selten gönnen wir uns – auch ohne äußeren Zwang – inspirierende Auszeiten.

Reflexion (von lateinisch «reflectere» zurückbeugen, - biegen, -krümmen) bezeichnet im Sinne von «animum reflectere» das prüfende, vergleichende Nachdenken, auch über die eigenen Handlungen und Gedanken. Ein Denken, das sich nicht nur um die Sache, sondern auch um deren Einbettung in Zusammenhänge und um das Verstehen bemüht. Im Denken des Denkens bestätigt sich ein Subjekt selbst. Es lernt in der Reflexion – in eben diesem Denken des Denkens –, «Ich» zu sagen.[90]

Für das Leben in und mit Paradoxien ist der Nutzen jeder reflexiven Selbstbesinnung augenfällig vielfältig. Reflexive Denkprozesse beeinflussen unsere «innere Haltung». Zwei Aspekte stehen im Zentrum. Reflexion lässt uns

>>> **mehr sehen und sensibel wahrnehmen,**

>>> **achtsam und ehrlich agieren.**

Differenziertheit – mehr sehen und sensibel wahrnehmen

Ich beobachte den Beobachter, ich beobachte mich selbst – nehme die Blindheit gegenüber der eigenen Blindheit wahr. Ich gehe in mich, stelle Fragen, stelle Nichthinterfragtes infrage. Ich höre auf meine Gefühle, prüfe die mich leitenden Glaubenssätze und Vorurteile. Ich sehe, dass ich nicht sehe, was ich nicht sehe.

>>> Keine leichte Übung, aber doch möglich: Das Nachdenken erlaubte dem strengen Analytiker und Ingenieur Johann Tikart, die Grenzen seiner rationalen Logik bewusst wahrzunehmen. Er konnte mehr sehen, die Reaktionen des Systems sensibler wahrnehmen und verstehen. Schließlich führte dies zu einem differenzierteren Bild seiner bislang dominanten Referenzgröße, der Rationalität, und zur Änderung seiner Denkhaltung.

>>> Gerd Doege sah durch seine reflektierte Art bei RWE sehr früh den Veränderungsbedarf der Branche auf sich zukommen. Diese Reflexion ließ ihn erken-

nen, dass er sich von eindimensionalen Mitarbeiterprofilen verabschieden

musste. Unterschiedliche Perspektiven sind gefordert, die neue Ideen und

Problemlösungsmöglichkeiten aufzeigen. Darum versucht er, in seinem

Umfeld Betriebswirte, Ingenieure und Geisteswissenschaftler zu «mischen».

>>> Das kritische Hinterfragen der Prämissen, auf denen die Lenkung der

Geschicke einer Millionenmetropole in Brasilien beruht, war entscheidend

für das Finden des eigenständigen Weges, den Jaime Lerner mit Curitiba ein-

schlug. Dem Ausbau des Verwaltungsapparats, der rigorosen Sparpolitik

und der expertengeleiteten projektbezogenen Arbeitslosigkeitsbekämp-

fung setzte er eine eigene Philosophie entgegen: Respekt und Eigenverant-

wortung. Reflexion bedeutet für Lerner, sich neben das System zu stellen,

weit verbreitete Ansichten – wie z. B. «Bürger übernehmen keine Verant-

wortung, es muss Druck ausgeübt werden, damit sich etwas bewegt» –

infrage zu stellen und Vorurteile aufzugeben.

«Der einzige Mensch, der sich
vernünftig benimmt, ist mein
Schneider. Er nimmt jedes Mal
neu Maß, wenn er mich trifft,
während alle anderen immer
die alten Maßstäbe anlegen in
der Meinung, sie paßten auch
heute noch.»

George Bernard Shaw

>>> Auch die Gründer des Orpheus Chamber Orchestra, der Cellist Julian Fifer

und seine befreundeten Musiker, haben bewusst die «Orchesterlogik» infrage

gestellt. Die primäre Argumentation, dass ein Orchester nur unter der klar

strukturierten Leitung eines Dirigenten zu Höchstleistungen gelangen könne,

wurde «dekonstruiert».

171

>>> Die Raiffeisen Gruppe beauftragt in regelmäßigen Abständen einen exter-

nen Coach, die Geschäftsleitung zu beobachten und ihr beim Erkennen

blinder Flecken zu helfen. Dr. Vincenz betont die Bedeutung dieser ins-

titutionalisierten Form der Reflexion, insbesondere auch für die paradoxe

Führungsphilosophie einer radikalen Dezentralisierung bei gleichzeitig

intelligenter Synergienutzung.

Viele Organisationen und Einzelpersonen nehmen heute Leistungen profes-

sioneller Coaches in Anspruch. Worauf kommt es hierbei an?

Hilfe Hofnarr! – Ent-Rüstung zweiter Ordnung

«Ich führe als Coach von Führungskräften und Teams wieder etwas ein, was in unserer komplexen Welt vergessen zu sein scheint: das Ritual der gezielten und humorvollen Selbstbeobachtung, die Reflexion.

Ich vermute fast, dass die Eliten des Mittelalters in diesem Bereich mehr unternommen haben als die Führungseliten heute, einfach weil sie mehr Zeit und Muße dafür hatten. Das zumindest ist mein Eindruck, der bisweilen entsteht, wenn man wie ich mit Managern und Teams aus Wirtschaft und Politik regelmäßig zu tun hat. Natürlich sagt jeder, er denke nach und reflektiere. Wenn man aber genauer hinhört, wird unter Reflexion im Management doch eher zunächst das Nachdenken über die Geschäftsstrategie oder die Diskussion des rückläufigen Cash Flow verstanden. Doch das ist nicht die Reflexion, die meines Erachtens in der heutigen Geschäftswelt ausreicht. Die Dinge sind inzwischen zu komplex geworden, als dass man ihnen allein durch systemkonformes Denken gerecht werden könnte.

Was heutzutage zu vielen teuren Fehlentscheidungen führt, ist meiner Beobachtung nach auf der einen Seite zu schnelles, eruptives und aktionistisches Gewohnheitshandeln. Auf der anderen Seite blockieren sich Führungskräfte und Teams aber auch durch Überorganisiertheit und allzu großes Sicherheitsdenken. Man traut sich kaum mehr etwas zu machen, was nicht den gängigen Standards entspricht. Selbst in den Bereichen, die ich vertrete, nämlich Persönlichkeitsbildung, Führung, Team- und Organisationsentwicklung, deklinieren viele Führungskräfte nur noch die 08/15-Empfehlungen von Psycho- und Managementratgebern herunter. Ein Rezept jagt das andere, und jedes gibt eine Art Sicherheitsversprechen ab: ‹Wenn du dich nur genau daran hältst, wirst du/werdet ihr erfolgreich sein!› Man kann diese Angewohnheit auch als Reflexion 1. Ordnung bezeichnen. Diese kennzeichnet sich unter anderem dadurch, dass komplexe Dinge vereinfacht oder detailverliebt dargestellt und gedacht werden. Es zählt nur, was gezählt werden kann!

Eine Alternative ist, auch die Reflexion 2. Ordnung im Unternehmen zu kultivieren. Das heißt: die Mitarbeiter und Vorgesetzten hin und wieder aus dem

Laufrad aussteigen lassen. In Workshops und Coachings versuche ich, gemein-sam mit den Teilnehmern, eine Atmosphäre zu kreieren, in der neue, unge-wohnte Perspektiven entwickelt werden können. Es geht unter anderem um fol-gende Fragen: Wie hängt das, was im Markt, beim Kunden und bei unseren Mitarbeitern passiert, mit unserem eigenen Denken und Tun zusammen? Wel-che Vorurteile haben wir vielleicht? Wie denken unsere Bereiche intern über-einander, und wie wirkt sich das auf den Arbeitsfluss aus?

Die Reflexion 1. Ordnung ist ergebnisfokussiert und objektbezogen. Sicherlich benötigen wir diese Form des Nachdenkens im operativen Geschäft, um zu gestalten und um handlungsfähig zu sein. Doch der öffnende Blick auf sich selbst, auf die eigenen Muster und die anderer, kann sowohl für einzelne Füh-rungskräfte als auch für Teams und andere Kollektive in Organisationen ebenso entscheidend sein und einen Mehrwert bringen.»

Raimund Schöll ist Diplom-Soziologe und seit Jahren gut im Geschäft. Er ist groß und hat eine sympathische Ausstrahlung. Es fällt nicht schwer, sich ihm zu öffnen und die eigenen Probleme auf den Tisch zu legen: «Ich musste am Anfang erst lernen, den Verführungen meiner Rolle als Coach zu widerstehen. Zu Beginn meiner Karriere bin ich teilweise den ‹Umarmungsversuchen› der Kunden erlegen. Vielleicht auch, weil ich meiner Rolle noch nicht sicher genug war. Da ist es durchaus passiert, dass die Geschäftsleitung Dinge gefordert hat, die ich in meiner Funktion als Coach gar nicht erfüllen konnte. Einer sagte etwa einmal: ‹Bringen Sie meinen Leuten bei, die Dinge dauerhaft motivierter anzugehen.› Da sollte ich quasi Führungsaufgaben, die eigentlich dem Chef oblagen, übernehmen. Als ich dann die Mitarbeiter aus dem unterstellten Bereich coachen oder trainieren sollte, rochen die natürlich den Braten und nahmen mich als verlängerten Arm der Geschäftsführung wahr.

Heute ist ein wichtiger Teil meiner Aufgabe, das eine oder andere Denkmuster meiner Klienten zu unterbrechen, auch Ungewohntes anzusprechen. Ich finde, das muss eine tragende Rolle eines Coaches sein. Reines Wissen kann man sich durch Bücher aneignen. Coaches haben die Aufgabe, ‹Selbstbetrachtun-

173

gen⟩ und Reflexion zu initiieren, aber auch neue Sprachspiele und Ideen anzubieten. Sie sind eben keine Führungskräfte oder Macher im klassischen Sinne,
sondern eher moderne Hofnarren, die neue Dinge oder die Dinge neu anspre-
chen und anregen. Sicherlich kann dadurch manchmal auch Widerstand her-
vorgerufen werden, weil man gewohnte Denkbahnen irritiert, aber es wird
eben auch über sich selbst gelacht, und Lachen entkrampft bekanntlich, es
schafft eine kreative Arbeitsatmosphäre.

Was heute fehlt, ist das Einnehmen einer Metaperspektive zweiter Ordnung.

Zu großen Anteilen bin ich tatsächlich der Unterbrecher, der dem Klienten Fragen stellt, die er sich sonst nie gestellt hätte. Oft sind es Fragen zum aktuellen
Prozess, den ich beobachte. Auf den ersten Blick meist naive Fragen. Zum Beispiel:
In einer Diskussionsrunde war ein Punkt erreicht, an dem sich zwei Geschäftsführer nur noch die Argumente um die Ohren warfen. Ich unterbrach den Prozess und
fragte: ⟨Wenn Ihre Mitarbeiter Sie jetzt durch eine Glaswand beobachteten, was
glauben Sie, würden die darüber denken, was Sie hier gerade tun?⟩ Diese Intervention war nichts Besonderes, aber die Betroffenen begannen eine andere
Perspektive einzunehmen, die eingefahrene Routine wurde unterbrochen.

In allen Coaching-Prozessen hat man es mit hochkomplexen Systemen zu tun, in
denen hochkomplexe Personen miteinander vernetzt sind. Also das Ganze ist
eigentlich undurchschaubar. Ich nehme daher Abstand von der Idee zu glauben,
ich könnte oder müsste alles erfassen, was im Unternehmen oder bei meinen
Klienten so los ist. Ich achte natürlich auch darauf, wie jemand etwas sagt, welche Mimik und Gestik er einsetzt, welche Schlüsselbegriffe fallen. Und viele
Klienten und Klientinnen gebrauchen auch eine aussagekräftige Bilderspra-
che. Ich hatte beispielsweise einen Klienten in einem Einzel-Coaching, der
sagte, er komme sich vor, als wäre er in einer Ritterrüstung eingeschlossen. Ich
konnte nun fragen: ⟨Wie ist es, wenn Sie in der Rüstung stecken, haben Sie das
Visier offen oder zu? – Wo ist Ihre Rüstung besonders gepanzert? – Sind Sie
bewaffnet oder nicht? – Haben Sie eine Entourage dabei oder sind Sie alleine?⟩ –
Es kommt also sehr schnell eine Leichtigkeit in ein schwieriges Thema, mit der
man sehr gut arbeiten kann. Bilder entstehen, die man anfassen kann.

Meine Arbeit ist selten mathematisch-linear, eher systemisch-psychologisch.

Manager sind zu 80 Prozent mit einer instrumentellen Vernunft ausgestattet, einer Vernunft, die sich mehr oder weniger auf strikte Regeln bezieht.

Das irritiert natürlich so manchen Manager, weil der Coach die übliche und anerkannte Logik nicht ununterbrochen einhält. Manager sind zu 80 Prozent mit einer instrumentellen Vernunft ausgestattet, einer Vernunft, die sich mehr oder weniger auf strikte Regeln bezieht. Der gute Coach stellt diese in Stein gemeißelten Denkgewohnheiten immer wieder und zielorientiert infrage.

> Erlebnis ohne Erfolgsgarantie

Dirk Osmetz, Stefan Kaduk, Hans A. Wüthrich, Gilching, Neubiberg, seit 2005

Raimund Schöll fordert Reflexion zweiter Ordnung. Wie weit sind wir hier? Tritt unsere Reflexion nicht häufig hinter den Reiz der Macht zurück? Wie oft diskutieren wir über Stellvertreterthemen, um den Kern des Problems aussparen zu können? Würden unsere Mitarbeitenden nicht häufig jeglichen Glauben an uns verlieren, wenn sie unsere Diskussions- und Entscheidungsrunden durch eine Glasscheibe beobachten könnten? Und schließlich: Mit welchen «Rüstungen» umgeben wir uns im wirtschaftlichen Umfeld? Wie sehen die aktuellen Metaphern der Unternehmensführung aus? Wir erkennen irritierende Grundhaltungen. Spontan fallen uns ein: «Personalfreistellung» – angestellte Mitarbeitende wieder in die Freiheit entlassen; «Führungskraft» – ‹Management by Rückgratbrechen›; «Kundenbindung» – glücklich abhängige Kunden in Handschellen; «Auszubildende» – Bildung mit dem Nürnberger Trichter eingeben.

Bescheidenheit – achtsam und ehrlich agieren

Ich erkenne den Preis der Beschleunigung und sehe, dass vieles verloren geht, wenn Züge immer schneller fahren, wenn Landschaften zu verwischten Silhouetten verkümmern. Ich höre aufmerksam zu, treffe maßvolle Entscheidungen und bin ehrlich zu mir selbst. Ich denke plural und sprenge die selbst gefertigten Fesseln der Omnikompetenz. Ich trage die Verantwortung für mein Handeln und lebe mit Überzeugung (m)eine Berufung.

«Ich zweifle jeden Tag, denn glauben heißt nicht wissen», so die verblüffende Aussage des Abtprimas Dr. Notker Wolf auf dem Aventin in Rom. Obwohl im

175

Glauben gefestigt, hinterfragt er täglich die sein Handeln leitenden Regeln. Die 529 von Benedikt von Nursia geschriebenen Regeln gelten nicht absolut, sie sind veränderbar, wenn Rahmenbedingungen, wie beispielsweise kulturelle Voraussetzungen in fernen Ländern, dies erfordern. Durch die Tatsache, dass die Mönche sich in Klöstern zusammenschlossen, entstand das Bedürfnis nach Regeln. Der Begriff «Regula Benedicti» meint nach Dr. Wolf auch «gemeinsam ein Haus bauen, in dem Vielstimmigkeit zur Harmonie führt». Die Benediktiner-Regel zeichnet sich durch Ausgewogenheit und Maß sowie durch eine realistische Haltung aus. Sie nimmt den einzelnen Mönch in die Verantwortung und will nichts anderes, als die Lebenslehre der Bibel in eine praktische Gestalt übersetzen. Dabei geht es um so zentrale Themen wie Gebet, menschliches Miteinander und Arbeit in der Gemeinschaft. Drei reflexive Führungstugenden stehen dabei im Zentrum:

Erstens Gehorsam: Gehorchen, hören, aufmerksam zuhören. Eifrig sein im gemeinsamen Hinhören. Auch der Abt verpflichtet sich zum Zuhören.

Zweitens Demut: Mit beiden Beinen auf dem Boden sein – sich selbst kennen, ehrlich zu sich selbst sein. Jemand, der führen will, muss dienen, nicht herrschen wollen.

Drittens Diskretion: Gabe zur Unterscheidung. Jedem Einzelnen gerecht werden, Extrema vermeiden, maßvolle Entscheidungen treffen und nicht das eigene Maß an andere anlegen.[91]

>>> In der persönlichen Begegnung wird das ausgeprägte Reflexionsvermögen des Abtprimas Dr. Notker Wolf sichtbar. Er hört zu, ist ganz bei seinen Gesprächspartnern und versucht, diese zu verstehen. Achtsamkeit und Bescheidenheit sowie das «Arbeiten» an sich selbst sind stets spürbar.

>>> Andreas Harbig spricht von Selbstreflexion und organisatorischer Reflexion als Basis für ein ausreichendes Maß an Ehrlichkeit zu sich selbst. Er hat er-

«Wer selber glänzen will, ist nicht erleuchtet.» Lao Tse

lebt, dass er auf Grund seiner Unperfektion und der von ihm offenbarten Verletzlichkeit von den Mitarbeitenden in einer außergewöhnlichen Art und Weise getragen, gestützt und als «menschlich authentisch» erlebt wurde.

>>> Die Erlebnisse im Kosovo haben Hauptmann S. zum Nachdenken veranlasst.

«Ich fing an zu hinterfragen! Die Frage nach dem ‹Warum› habe ich mir immer

öfter gestellt. Und ich begann, anders zu entscheiden. Ich wurde achtsamer

und vorsichtiger, habe auch Missionen abgebrochen, weil ich sensibler für die

Nicht immer sind wir in der Lage,

Situation wurde.» Die Reflexion über das eigene Handeln und über das

selbstständig innezuhalten und ehrlich

System hat dazu geführt, dass Hauptmann S. trotz eines abgesicherten Kar-

gegenüber uns selbst zu sein.

riereweges die Bundeswehr verließ – ein souveränes und eigenverantwortli-

ches Handeln, jedoch mit verbindlichen und weit reichenden Konsequenzen.

Entrümpelter Raser – mit Tempomat auf der Überholspur!

George Walliser ist ein typischer Macher, ein vitaler Mittvierziger, weißes

Hemd, die beiden obersten Knöpfe offen, braun gebrannt, lockiges Haar,

immer gut drauf. Er vermittelt den Eindruck, als könne er jedes Problem lösen.

Selbst charakterisiert er sich als jemanden, der immer wieder neue Herausfor-

derungen sucht. Wenn man George Walliser kennen lernt, dann zweifelt man

keine Sekunde daran. Das bestätigt sich auch bei einem kurzen Blick auf sei- 177

nen Lebenslauf. Er hat in sieben unterschiedlichen «Jobs» gearbeitet, quer

durch die Funktionen, quer durch die Branchen: Zementindustrie, Papierpro-

duktion, Büromöbel, Befestigungstechnik usw. Keine neue Aufgabe hatte

etwas mit der vorherigen zu tun. Walliser sucht nicht nur die ständige persön-

liche Veränderung, sondern für ihn ist es eine Überzeugung, dass Veränderung

etwas fundamental Wichtiges ist. Er sei in keinem Gebiet, das er neu betreten

habe, ein Experte gewesen, sagte er uns. Vielmehr hätten ihm immer eine ordent-

liche Portion Selbstvertrauen und sein gesunder Menschenverstand geholfen,

mit neuen Aufgaben erfolgreich zurechtzukommen.

«Für mich ist Führung primär das Herbeiführen eines Commitment, das verstehe

ich als meine Aufgabe: verschiedenste Aspekte – auch emotionale Interessen

und unterschiedliche Charaktere – zusammenzubringen und dann gemeinsam

einen beschlossenen Weg zu gehen. Das ist für mich ganz zentral. Im Gegensatz

zum klassischen Ansatz: Da käme ich rein und würde sagen: ‹So tun wir das!

Habt Ihr das verstanden?›, alle würden nicken, und das wäre es dann.

Ich suche das verbindende, integrierende Element, das Commitment. Dazu muss ich die Menschen mitnehmen. Das heißt, ich muss mich als Führungskraft um Transparenz bemühen. Wenn ich aber so führe, dann habe ich eine Vielfalt an Meinungen und unterschiedlichste Perspektiven zu berücksichtigen. Mehr als mir jemals selbst einfallen würden. Es entsteht ein größerer Variantenreichtum. Ich vergesse weniger, und das Risiko verringert sich. Ich bin z. B. überhaupt nicht risikobewusst, ich ziehe die Dinge einfach durch. Das ist nicht immer gut, und darum hat es Sinn, wenn mir ab und zu jemand auf die Schulter klopft und sagt: ‹Stopp mal, denk über dieses oder jenes nach.›

Wenn ich also so führe, mit Kommunikation und Commitment, dann bekomme *der Preis, den ich dafür zahlen muss, ist abnehmender Speed* ich das bessere Resultat, die bessere Lösung, so einfach ist das! Das hat natürlich seinen Preis, und der Preis, den ich dafür zahlen muss, das ist abnehmender Speed. Das ist schrecklich für mich, denn wenn ich Geschwindigkeit verliere, dann raste ich fast aus – Geschwindigkeit ist mein Leben. Doch im Sinne der besten Lösung lohnt es sich, diesen Preis zu bezahlen.»

Wie passt das zusammen? Ein Macher, der die Überholspur liebt und andererseits das involvierende, kommunizierende und reflektierende Element pflegt?

Er antwortet sehr offen und versucht nicht, den Anschein eines Managers zu erwecken, der schon immer alles wusste. «Ich habe das erst gelernt, ich dachte nicht immer so. Und ich musste das auch lernen, denn ich kam vor ein paar Jah-

Wenn du als Mitarbeiter Staub schluckst, dann resignierst du.

ren an einen Punkt, an dem mir bewusst wurde, dass ich immer mit Vollgas voranpreschte, und die Pferde, die eigentlich hätten mitziehen sollen, die haben nur Staub geschluckt. Mit dem Resultat: Wenn du als Mitarbeiter Staub schluckst, dann resignierst du in deiner Aufgabe, weil du nicht mitziehen kannst.

Es war die Phase, in der ich gerade meine Scheidung hinter mir hatte und wahnsinnig viel gearbeitet habe. Zu viel! Hatte damals auch an Wochenenden das Geschäft immer im Kopf mit mir herumgetragen. Ich hatte das Glück, diesen Coach kennen zu lernen, der mir ganz offen sagte: ‹Wenn du so weiter machst, dann läufst du gegen eine Betonwand. Du hast genau zwei Möglichkeiten: Entweder du fängst an, etwas zu verändern in deinem Leben, oder du knallst *gegen diese Wand.› Zum Glück war er deutlich genug, um mir das aufzuzeigen und mich zu überzeugen.*

Also begann ich, mein Leben zu ändern. Ich habe Frühjahrsputz gemacht. Konkret hörte ich auf, die einschlägigen Managementmagazine zu lesen, denn alles, was da drinsteht, weiß man eh schon, wiederholt sich ständig und bringt einen nicht weiter. Ich bin aus allen Vereinen ausgetreten, obwohl ich entweder Präsident oder Vizepräsident war, habe meine Beziehungskisten auseinander genommen, habe in meinem Bekanntenkreis die ‹Nichtfreunde› ausgesiebt. Abspecken war angesagt!

Auch meine Arbeitswelt war dran: Ich hatte mir Blöcke reserviert, in denen ich strategisch denken konnte, und Blöcke, in denen ich die administrativen Aufgaben erledigte. Ich begann einfach, Schwerpunkte zu setzen. An jedem Freitag hatte meine Sekretärin ‹Termineinstellverbot›. Das habe ich ziemlich konsequent durchgezogen; denn es ist wie mit allen Dingen, die wir uns in unserem Leben vornehmen, meistens scheitern diese guten Vorsätze daran, dass man wieder in sein altes Muster zurückfällt. Aus dieser Veränderung entstand mein neues Motto: ‹Ganz wenig ist ganz viel!›

179

Ich bin der Überzeugung, dass die Komplexität, die sich einem Manager heute in den Weg stellt, schlichtweg nicht handhabbar ist. Du wirst sie nicht in den Griff bekommen, das kannst du nie, nie, auch nicht, wenn der Tag 48 Stunden hätte. Du kommst also gar nicht drum herum, mit Schwerpunkten zu arbeiten.

Auch an der nackten Arbeitszeit habe ich gerüttelt. Ich arbeite jetzt acht, maximal neun Stunden am Tag – nie mehr. Samstag und Sonntag sind immer clean, das habe ich mit meiner Frau so vereinbart und daran halte ich mich.

Wenn ein Manager denkt, er sei unentbehrlich, dann finde ich das einfach nur dumm. Die meisten finden es zwar geil und prahlen damit, wenn sie 60 Stunden und mehr arbeiten, am besten noch sieben Tage in der Woche. Die meiste Zeit geht bei genauem Hinsehen dafür drauf, dass sie unwesentliche Kleinigkeiten machen, die die Mitarbeiter hervorragend und meist besser tun könnten.»

Wenn ein Manager denkt, er sei unentbehrlich, dann finde ich das einfach nur dumm.

George Walliser glaubt, dass er 50 Prozent seiner Energie in Kulturbildung inves-

tieren müsse. Es gehe einfach darum, solch abgedroschene Begriffe wie Empo-

werment oder Vertrauen, bei denen jeder weghöre, mit Leben zu füllen.

> Erlebnis ohne Erfolgsgarantie

Dirk Osmetz, Stefan Kaduk, Meisterschwanden, 2005, Zürich, 2007

Als einer der zentralen, das Leben mit Paradoxien erschwerenden Glaubenssätze gilt die aristotelische Logik, die uns lehrt, dass im Falle zweier einander widersprechender Aussagen mindestens eine falsch sein muss. Das
in diesem Buch geforderte Denken akzeptiert das «Sowohl-als-auch», es
basiert auf einem pluralen Verständnis und nimmt Abstand von der traditionellen Vorstellung, man könne Beobachtungen, Gegebenheiten oder Objekte
in wahr/unwahr, richtig/falsch unterteilen und für komplexe Fragen ein-
deutige Antworten finden. Reflexion lässt uns immer wieder der Tatsache
bewusst werden, dass wir die Konstrukteure unserer eigenen Wirklichkeit

Wir sind die Konstrukteure unserer Wirklichkeit und Wahrheit.

und Wahrheit sind. Wer dies akzeptiert, dem eröffnen sich nach Paul Watzlawick drei fundamentale Dimensionen:[92]

>>> Freiheit: Als Konstrukteur meiner Wirklichkeit steht es mir frei, diese belie-
big zu gestalten.

>>> Verantwortlichkeit: Das gewohnte und bequeme Ausweichen in Schuldzu-
weisungen an andere oder an das «So-sein» der Umstände entfällt.

>>> Toleranz: Das von mir in Anspruch genommene Recht, die Wirklichkeit zu
konstruieren, muss ich auch anderen zubilligen.

Oder mit den Worten von Fritz B. Simon: «Wer die Idee aufgibt, er wüsste,
verliert seine Lernbehinderung. Er kann neugierig seine alten Unterschei-
dungen infrage stellen, um zu ‹entlernen›. Wer das schafft, eröffnet sich
nicht nur den Blick auf eine neu strukturierte Welt, er wird sich auch anders
verhalten und insofern die Welt verändern.»[93]

In der Logik von Heinz von Foerster stellt Führung im Kontext zunehmender
Instabilität und Komplexität eine prinzipiell unentscheidbare Frage dar.
Unentscheidbare Fragen müssen in jeder Kultur neu oder anders beantwortet
werden. Von Foerster unterscheidet zwischen entscheidbaren Fragen und

unentscheidbaren Fragen. In seiner einmaligen Art erläutert er die beiden Begriffe wie folgt: «Es gibt unter Problemen und Fragen solche, die entscheidbar sind und solche, die prinzipiell unentscheidbar sind. Die prinzipiell entscheidbaren Probleme sind gewöhnlich gefragt, wenn ein Rahmen vorliegt, der die Entscheidung schon vorweg nimmt. Z.B. wenn man fragt: ‹Ist die Zahl 2.325.412 durch zwei teilbar?› So benötigen Sie ungefähr eine zehntel Sekunde um die Antwort zu produzieren. Hätte ich Sie aber gefragt: ‹Ist diese Zahl durch drei teilbar?›, dann hätten Sie gesagt: ‹Moment, da muss ich erst nach Hause gehen und Bleistift und Papier holen.› …

Ist die Zahl 2.325.412 durch zwei teilbar? Lässt sich das entscheiden?

Jetzt erwähne ich eine andere Klasse von Problemen: Solche nämlich, die prinzipiell unentscheidbar sind. So z.B. wenn man mich fragte: ‹Sag mal Heinz, wie ist denn das Universum entstanden?› Niemand war dort, niemand hat es gesehen und wenn er uns das erzählt, dann glaube ich ihm das nicht. … Wieso behaupte ich, diese Frage sei prinzipiell unentscheidbar? – Weil es so viele verschiedene Antworten gibt!

Fragen Sie einen Physiker oder einen Astronomen danach, so sagt dieser: ‹Jeder Mensch weiß, wie das Universum entstanden ist: Da war ein Big Bang, genau vor zehneinhalb Millionen Jahren und da plötzlich, bumm!, war das ganze Universum da.› Danke jetzt weiß ich es! Oder man fragt einen anderen, der sagt dann: ‹Wie jedes Kind weiß, da war der liebe Gott, der hat gesagt: Es werde Licht! und peng! da war das Licht da, und in sechs Tagen war das Universum geschaffen, kein Problem.› Oder ich frage den Inder: ‹Sag einmal, wie ist das Universum entstanden?› Der antwortet mir dann: ‹Gar kein Problem, wie jedes Kind weiß: Da ist eine Schildkröte und wieder eine Schildkröte und die nächs- te Schildkröte usw. … Die gehen bis hinunter immer weiter und immer weiter.›

Also wenn Sie nun fragen: ‹Wie ist das Universum entstanden?›, werden Sie Informationen über den Antwortenden bekommen, aber nie darüber, wie das Universum entstanden ist. Es ist eine prinzipiell unentscheidbare Frage. Und bei dieser Art der Fragen haben wir die Freiheit, selbst entscheiden zu können. Nur wir können diese beantworten, denn wir haben ja keine Einschränkungen. Wir entscheiden, wie wir entscheiden wollen, müssen aber die Verantwortung für unsere Entscheidung übernehmen.»[94]

Stellen Sie prinzipiell unbeantwortbare Fragen! Sie werden auf Ihre Frage wenig Inhaltliches erfahren, jedoch sehr viel über denjenigen, der antwortet. So übrigens auch auf die Frage nach «guter Führung», die uns beschäftigt.

Stellen Sie prinzipiell unbeantwortbare Fragen!

Das Nach-, Über-, Vor- und Umdenken darf nicht nur den Philosophen oder Narren vorbehalten sein. Auch für die in diesem Buch propagierte musterbrechende Art der Führung mit einer «anderen Haltung» stellt die Reflexionsfähigkeit ein konstitutives Merkmal dar. Das Angebot an Hilfen zur Selbstreflexion und organisatorischen Reflexion ist vielfältig und durchaus hilfreich. Außer Supervision und Coaching sind auch individualisierte Tools verfügbar. Sinnvoll finden wir alle Initiativen, die eine Reflexion zweiter Ordnung unterstützen. Das Spektrum geht von der Selbstbeurteilung über so genannte Feedback-Varianten bis zum persönlichen Sponsor à la Gore. Entscheidend ist eine Verbindlichkeit, zu der ich mich selbst verpflichte. Manche benötigen dafür einen institutionalisierten Impuls. Anderen ist die intrinsische Motivation Anstoß genug. Keinesfalls lässt sich Selbstverpflichtung dauerhaft erzwingen. Wenn Instrumente Reflexionsimpulse liefern sollen, müssen sie in der Lage sein, Anstöße zum selbstmotivierten Lernen zu geben.

182

Gemeinde Olympiadorf – zwangloses Reflexionsangebot

Über ein Angebot zur Reflexion der besonderen Art berichtete uns Hans-Gerd Schütt in einem persönlichen Gespräch Anfang des Jahres 2005. Herr Schütt ist der Sportbeauftragte der Katholischen Kirche in Deutschland und – so wie wir werden die wenigsten gewusst haben, dass es diese Funktion offiziell gibt – als Olympiapfarrer tätig. Seit den Olympischen Spielen 1972 in München existiert dieses Amt. Er erzählt uns von den Olympischen Spielen 2004 in Athen und seinen Erfahrungen mit Sportlern, die, entsprechend der allgemeinen Tendenz in der Gesellschaft, mit der Kirche nur wenig oder überhaupt keinen Kontakt mehr hätten. Obwohl die Teams in ein professionelles Betreuungsnetz mit

Ärzten, Physiotherapeuten und Psychologen eingebunden seien, spüre er deut-

lich das Bedürfnis der Sportler nach Besinnung und Selbstreflexion, oftmals

auch nach einem Gespräch über Religion und Gott. Sein zwangloses

Gesprächsangebot werde dankbar angenommen, da er in seiner Eigenschaft

als Geistlicher, der 15 Jahre lang klassische Gemeindearbeit verrichtete, einen

gewissen Vertrauensvorschuss genieße und niemanden «bekehren» wolle. Es

überrasche viele, dass die Kirche – auch in der Welt des Sports – den Weg zu

den Menschen suche und nicht, wie ihr vielfach unterstellt werde, sich auf

ihren Binnenraum zurückziehe. Das Besondere, so der Olympiapfarrer, sei die

Qualität dieser Begegnungen. Überwiegend seien die Unterhaltungen sehr

kurz, oft am Rande des Geschehens im olympischen Dorf, meist treffe er die

Sportler auch nur ein einziges Mal, doch fast immer gelinge es ihm, wertvolle

Reflexionsimpulse zu geben. Dabei betont der Olympiapfarrer, dass auch er in

diesen Gesprächen wertvolle Impulse aus anderen Lebenswirklichkeiten

erhalte. Die Begegnungen seien keine Einbahnstraße, es gehe ihm nicht um   183

die einseitige Vermittlung seiner Sicht der Dinge. Keine Chance hätte er, da sei

er sich sicher, wenn er sich in den Vordergrund drängte. Was zähle, seien Unge-

zwungenheit und Freiwilligkeit.

> *Erlebnis ohne Erfolgsgarantie*

Stefan Kaduk, Dirk Osmetz, München, 2005

Zur Veranschaulichung: In einem großen deutschen Chemiekonzern war es

üblich, die Abteilung zu belohnen, in der sich die wenigsten Betriebsunfälle

ereigneten. Lag die erhobene Zahl unter der des Vorjahres, bekam jeder Mit-

arbeiter beispielsweise einen Fernseher und zusätzlich einen Tag Urlaub.

Konnte ferner eine Abteilung den relativen Vergleich mit einer ähnlich

strukturierten anderen Abteilung für sich entscheiden, erhielt die Beleg-

schaft eine finanzielle Vergütung. Ein gut gemeinter Ansatz, der im Kern die

Betriebssicherheit erhöhen und die Vorsicht der Belegschaft fördern sollte.

Es baute sich allerdings ein enormer Gruppendruck auf, und die Mitarbei-

tenden waren von Jahr zu Jahr mehr an den Vergütungen und den Incentives interessiert als an einem Zuwachs an Sicherheit. Die Folge war, dass Listen manipuliert, Betriebsunfälle vertuscht und bewusst in den privaten Bereich verschleppt wurden. Die Konkurrenz zu anderen Abteilungen förderte Schadenfreude über ein etwaiges «Leid» der Kollegen – nicht gerade eine Atmosphäre, in der das reflektierende Lernen (aus Fehlern) eine Chance hat. Die Fremdmotivierung steht über allem, und das in diesem Beispiel eingesetzte Instrument der Incentivierung setzt Anreize für kontraproduktives Verhalten. Dennoch sind Instrumente nicht nutzlos. Zur Impulssetzung werden bei verschiedenen Problemstellungen vergleichende, bewertende und beurteilende Tools benötigt. Es besteht jedoch immer die Gefahr, dass sich Instrumente verselbstständigen und eine Fehlleitung des Handelns provozieren. Was deshalb zwingend benötigt wird, ist eine Haltung der Reflexion, die das Wesen und die Wirkungen des Instruments als solches bewusst macht.

Um Führungskräften zu helfen, eigene Denk- und Handlungsmuster zu reflektieren, initiieren bereits einige Firmen spezielle Projekte, so z. B. «SeitenWechsel® – Lernen in anderen Lebenswelten»[95], «Ulysses» von PricewaterhouseCoopers[96] oder das Angebot von Barton Training[97]. Grundidee dieser Programme ist es, durch Begegnungen mit wirtschaftsfernen Lebenswelten Raum für (Selbst-)Reflexion zu schaffen. Manager, die ihren Arbeitsplatz verlassen haben, um Drogenabhängige in Entzugskliniken zu betreuen oder Obdachlosen bei der Wohnungssuche zu helfen, schildern ihre Erfahrungen wie folgt:

>>> «[…] dass ich in dem von Effizienzen und Leistungsgedanken geprägten Alltag nicht den Blick für die häufig schweren Einzelschicksale und sozialen Konflikte in unserer Umgebung verlieren darf. Schon wie selbstverständlich empfundene eigene Anspruchshaltungen verschieben sich sehr rasch angesichts der manchmal elenden Lebensumstände dieser Menschen.

>>> […] ich landete in einer Welt, in der ganz andere Zustände und Rhythmen herrschen. Es kommt zu einer Wiederentdeckung der Langsamkeit, die in der Sozialarbeit angemessen und notwendig ist, um sich den Menschen, die in einer

schwierigen Situation sind, anzunähern und gemeinsam mit ihnen Ziele zu finden.

>>> […] dass zu einem abgerundeten Leben nicht nur ein erfüllter Job und ein ausgeglichenes Privatleben gehören, sondern auch der Dienst an der Gesellschaft.

>>> […] eine in solcher Intensität vorher noch nie gemachte Erfahrung, die zu deutlich veränderten Blickwinkeln sowohl im privaten als auch im beruflichen Alltag führte.

>>> […] eine unglaubliche persönliche Bereicherung, die ich auf keinen Fall missen möchte.»[98]

Es geht gar nicht so sehr darum, das gesellschaftliche Verantwortungsbewusstsein zu reflektieren. Vielmehr provoziert diese Verfremdung – zumindest für kurze Zeit – eine «Demaskierung» und zeigt die Konturen und Grenzen der eigenen Persönlichkeit auf.

In dem Buch «Die Rückkehr des Hofnarren – Einladung zur Reflexion, nicht nur für Manager», wurde der hohe Reflexionsbedarf auch an «modernen Höfen» betont. Bis Mitte des 18. Jahrhunderts nahm an jedem größeren europäischen Hof der Hofnarr diese Funktion in institutionalisierter Form wahr. Ausgestattet mit dem Privileg der Redefreiheit und unter der Narrenkappe getarnt, beriet er seinen Herrn politisch und animierte zur Reflexion über dessen Herrschaftsverhalten und Führungsstil. Ein Vorschlag zur Wiedereinführung des Hofnarren in Amt und Würden wäre sicherlich keine sinnvolle Lösung, zumal wir ja die modernen, medial präsenten Hofnarren kennen. Sie heißen heute Harald Schmidt oder Stefan Raab – der eine fein und wortgewandt, der andere direkt und brachial. Doch die Wirkung ist begrenzt und bleibt auf dem Niveau bloßer Unterhaltung. Wir benötigen die Funktion des Hinterfragens, der Reflexion; aber diese lässt sich nicht einkaufen, indem man in einer Organisation die Stelle eines «Chief Court Jester» schafft. Die Lösung ist dennoch einfach: Jeder muss sein eigener Narr sein! Narrentum befreit. Wir handeln im Einklang mit unseren Überzeugungen und sind einfach die, die wir sind. Halten

Reflexion in der hier geforderten Qualität ist nicht delegierbar, weder an Instrumente noch an Institutionen.

185

anderen, vor allem aber uns selbst den Spiegel vor und erzeugen dadurch eine Kultur der Ehrlichkeit, der Verlässlichkeit und des Vertrauens.[99]

Das Leben in und mit Paradoxien bedingt regelmäßig eine reflexive Selbstbesinnung. Sie prägt die innere Haltung, aus der letztlich die «andere» paradoxe Form von Führung resultiert. Manager sollten auch reflektierende Philosophen und nicht nur technokratische Synchronschwimmer sein.

Manager sollten auch reflektierende Philosophen und nicht nur technokratische Synchronschwimmer sein.

Sprungkraft durch leisen Mut

Im letzten Kapitel haben wir die Bedeutung der «Denkkraft» herausgearbeitet, indem wir verschiedene Facetten von Reflexion ausgeleuchtet haben. Eines deutete sich dort bereits an: «Unsere» Musterbrecher gaben sich nicht mit einem folgenlosen Räsonieren zufrieden. Vielmehr schärfte sich bei ihnen durch das Hinterfragen von vermeintlichen Selbstverständlichkeiten, Glaubenssätzen oder Geschäftsmodellen das Bewusstsein dafür, dass das Vorfindbare und Naheliegende nur eine von vielen Möglichkeiten darstellt. Und im Zuge dessen konnte sich eine Souveränität entwickeln, die es erlaubt, dem Bestehenden eine Alternative entgegenzusetzen – und zwar nicht nur in Form einer risikolosen Gedankenspielerei.

Reflexion als solche ändert noch nichts, es muss ein Momentum hinzukommen, das mutig die Dinge angeht, die man als veränderungswürdig erkannt hat.

«Leute mit Mut und Charakter sind den
Musterbrecher verfügen über «Sprungkraft», über den Mut, Dinge tatsäch-
anderen Leuten immer sehr unheimlich.»
lich zu tun, vor allem dann, wenn Alternativen erprobt und realisiert werden,
Hermann Hesse
die ganz und gar nicht dem klassisch Erwartbaren entsprechen. Ganz zu

Beginn sagten wir bereits, dass wir uns (leider) den Limitationen des Mediums «Buch» beugen müssen. Das wird auch durch folgendes «Sprungkraft-Erlebnis» deutlich, anhand dessen die Zirkularität und die Untrennbarkeit von Reflexion und Mut erlebbar werden.

Mutige Expedition – Sandkörner statt Börsenkurse

Eine Woche vor Ostern ruft uns Gabriele Fischer an, die Chefredakteurin des Wirtschaftsmagazins brand eins. Wir hatten ihr eine Projektbeschreibung geschickt, und sie wollte mit uns über das Musterbrecher-Thema sprechen. Es ist ein kurzweiliges Telefonat, an dessen Ende wir ein Treffen in Hamburg vereinbaren. Wir kannten bislang nur das Magazin, das Monat für Monat zu unserer Lektüre zählt und kürzlich die Auflage des manager magazins übertroffen hat. Allerdings waren wir sicher, dass eine Redaktion, die folgende Philosophie verfolgt, irgendwie anders sein musste:

«brand eins ist das Wirtschaftsmagazin, das nach den Hintergründen sucht und nach den Zusammenhängen. Wir nehmen scheinbar Vertrautes auseinander und setzen es neu zusammen, wir kreuzen Wirtschaft mit Kultur und Gesellschaft. Unser Angebot ist der Perspektivwechsel – denn neue Sichtweisen sind entscheidend für eine Wirtschaft, in der Kreativität und Wissen die wichtigsten Produktivfaktoren sind.»

Hier war sie wieder, die Reflexion!

«brand eins beschreibt den momentanen Wandel in Wirtschaft und Gesellschaft, den Übergang vom Informations- zum Wissenszeitalter. brand eins zeigt die Bruchstellen, die sich dabei ergeben, und liefert Vorlagen, Ideen und Konzepte für alle, die diesen Wandel aktiv vorantreiben oder von ihm berührt werden.»

Das Interview stand unter einem guten Stern, denn bereits im Flugzeug nach Hamburg steckte in jeder Sitztasche die aktuelle Ausgabe von brand eins, deren Gründerin wir in wenigen Stunden kennen lernen sollten.

Beim Betreten des Büros, das sich in einem grünblau gefliesten Kontorhaus befindet, sind wir überrascht. So hatten wir uns eine Wirtschaftsredaktion nicht vorgestellt. Das Poster vor der Tür im fünften Stock hängt etwas lieblos herunter, trotz der USM-Büromöbel im Eingangsbereich wirkt alles nicht so clean und geradlinig wie das Magazin selbst, das durch formale Konsequenz besticht. Die Menschen, die uns über den Weg laufen, könnten überall arbeiten, nur nicht unbedingt in einer Wirtschaftsredaktion. Spätestens als wir Peter Lau begegnen, der zum festen Kreis der Redaktion gehört, merken wir, wie sehr auch wir von Stereotypen geleitet sind. Er hört eine etwas schwer zugängliche Musik und macht sich nach kurzem Gespräch auf den Weg zu einer Kinopremiere. Schließlich versteht er sich auch als Kulturredakteur. Alles wirkt «professionell improvisiert» oder «improvisiert professionell».

Frau Fischer strahlt bei der Begrüßung und verbreitet ungeheure Energie, völlig frei von Attitüden. Sie sagt, vermutlich unterscheide sich brand eins deshalb so deutlich von den Konkurrenzblättern, weil nicht versucht werde, Rezepte und Lösungen anzubieten. Vielmehr wolle man spannende Geschichten erzählen, und der Leser greife sich das heraus, was ihn interessiere. An die Logik, es gebe ein Problem und dazu eine richtig Lösung, habe in der Redaktion ohnehin noch

191

nie jemand geglaubt: «Es gibt Probleme und viele Lösungen. Egal, wofür du dich entscheidest, du wirst auf neue Probleme stoßen.

Es gab Rezepte, die haben früher vielleicht funktioniert, aber das tun sie heute sicher nicht mehr. Nun sind wir aber weit davon entfernt, neue Rezepte zu erfinden: Wir wissen auch nicht, wie es besser geht. Wir wissen nur, dass wir in eine neue Zeit gehen. Wir verstehen uns als eine Art Expeditions-Truck, der sich durch eine Wüste bewegt. Wir richten unseren Suchscheinwerfer immer wieder nach vorne, haben allerdings auch noch keine Ahnung, wo die Oase ist. Vielleicht gibt es die nicht einmal. Vielleicht haben wir zwei oder drei Sandkörner mehr gesehen als andere. Mehr allerdings auch noch nicht.»

Auf die Frage, wie sie bei dieser Suche Wirtschaft und Management erlebe, sagt Gabriele Fischer: «Was wir im Moment in der Wirtschaft sehen, ist, dass den Menschen alles entzogen wird, von dem sie glaubten, es biete Sicherheit. Ob das nun die Mitarbeiter sind, die ihre Jobs verlieren und vor den Werkstoren stehen.

Oder die Manager, die auf einmal merken, dass sie über Dinge nachdenken

> *Wir verstehen uns als eine Art Expeditions-Truck, der sich durch eine Wüste bewegt. Wir richten unseren Suchscheinwerfer immer wieder nach vorne, haben allerdings auch noch keine Ahnung, wo die Oase ist.*

> *Manager, die auf einmal merken, dass sie über Dinge nachdenken müssen, die sie niemals gelernt haben oder lernen wollten*

müssen, die sie niemals gelernt haben oder lernen wollten. Vor zehn Jahren sprach man bereits vom Umgang mit Ambiguität und Komplexität. Worauf dann die Manager sagten: ‹Ja, klar, Management ist Entscheiden im Ungewissen, logisch, aber ich kann das schon.› Und jetzt plötzlich ist die Unsicherheit wirklich da, und je mehr sie versuchen, sich mit den alten Rezepten zu helfen, desto tiefer rutschen sie in die tradierten Muster, die jedoch nicht mehr helfen.»

Frau Fischer legt Wert darauf, ein Wirtschaftsmagazin herauszugeben, auch wenn man bewusst keine Börsenkurse abdrucke. Man bewege sich in einer Paradoxie zwischen der Leitplanke Wirtschaft und etwas anderem, was man aber nicht näher bezeichnen könne – allenfalls mit «Wirtschaft auf dem Weg ins Unbekannte».

Wenn man Gabriele Fischer so reden hört, wundert es einen nicht, dass sich dieses andere Verständnis von Wirtschaft auf ihre Art des Führens auswirkt. Denn der Erfolg von brand eins mit einer Auflage von 80.000 bis 90.000 verkauften Heften pro Ausgabe ist natürlich nicht allein auf Gabriele Fischer zurückzuführen, sondern auf die Arbeit eines ganzen Teams. Um das zu verstehen, muss man sich die Entstehungsgeschichte von brand eins und den Werdegang von Frau Fischer, die sehr eng zusammengehören, kurz ansehen:

brand eins ist hervorgegangen aus Econy, einem Wirtschaftsmagazin, das 1998 wiederum als Tochter des manager magazins gegründet wurde. Frau Fischer war zu diesem Zeitpunkt beim manager magazin als stellvertretende Chefredakteurin für die wirtschaftlichen Randthemen zuständig, weiche Themen, die die klassisch ausgebildeten Wirtschaftsjournalisten nicht bearbeiten wollten. Bereits nach der zweiten Ausgabe von Econy kam das Aus – trotz großer Resonanz bei Anzeigenkunden und bei den Lesern. Wenn Frau Fischer über diese Zeit spricht, merkt man ihr die Achtung und Wertschätzung gegenüber ihren Kollegen an: «Alle waren bereit, ohne Sicherheit weiter für Econy zu arbeiten, obwohl jeder von uns die Möglichkeit gehabt hätte, sicher unterzukommen oder zum alten Arbeitgeber zurückzukehren. Von den acht Leuten sind heute immer noch sechs da. Alle trugen die unternehmerische Verantwortung.

Darum fühlt sich hier in der Redaktion auch keiner als Angestellter. Ich sage immer: ‹Der einzige Vorgesetzte ist das Heft.› Was ich damit meine: Wir stellen uns immer wieder die Frage, wie wir zum besten Ergebnis für das Heft kommen. Das gilt besonders für die Redaktion. Hier sind die Kollegen frei, kommen, wann sie wollen, arbeiten, wo sie wollen, so, dass sie auf Grund unterschiedlichster Interessen und Voraussetzungen ihr Bestes leisten können. Dieser innere Kreis entscheidet gemeinsam über Schwerpunkte und Themen. Jeder Redakteur ist der Chef im Ring für den von ihm verantworteten Bereich und hat seine freien Journalisten, auf die er zugreift. Gleichzeitig liest jeder die Beiträge des anderen. So sind wir immer gemeinsam bestrebt, die beste Lösung hinzubekommen. Dazu kommt, dass wir ein eher buntes Team sind, mit ausgesprochen unterschiedlichen Charakteren, die durchaus divergierende Grundanschauungen haben. Dennoch, alle lesen jede Geschichte, jeder macht seine Anmerkungen, aber der Verantwortliche entscheidet darüber, was er mit diesen Anmerkungen macht – ob er sie übernimmt oder nicht. Da ist es völlig gleichgültig, ob ich dort etwas angemerkt habe oder jemand anders. Jeder hat das Recht, eine Geschichte infrage zu stellen, eine Diskussion anzustoßen und sogar eine Story zu kippen, egal, wer die Geschichte redigiert hat.»

> Erlebnis ohne Erfolgsgarantie

Dirk Osmetz, Stefan Kaduk, Hamburg, 2005

Stopp! Was nehmen wir an dieser Stelle mit? Zunächst einmal fällt auf, dass brand eins die Erwartungen an ein typisches Wirtschaftsmagazin – bewusst – nicht erfüllt. Dennoch möchte man eines sein, will sich nicht in die inzwischen breit gewordene Palette der Kultur-, Lifestyle- und Gesellschaftsmagazine eingereiht wissen. brand eins hat mutig die Reflexion zum Geschäftsmodell erhoben. Gabriele Fischer und ihr Team gaukeln kein Wissen und keine Lösungen vor, die sie und auch andere nicht haben, die aber gewöhnlich erwartet werden. Sie sehen sich in der Rolle eines Expeditionsteams, das Bilder aus anderen Perspektiven an die Leser übermittelt. Das Angebot lautet: neue Sichtweisen, verpackt in spannende Geschichten; immer auch

193

Berichte über die konkreten Konzepte von Menschen und Organisationen, aber konsequent befreit von einschlägigem wirtschaftlichem Zahlenwerk mitsamt den üblichen Rezepten.

Man könnte mäkeln, es sei an der Zeit, endlich zu handeln, wir bräuchten dringend einfache Lösungen. Denken Sie an Zeitschriften, die mit aller Macht die ultimativen Vergleichstabellen und die zehn besten Verbrauchertipps zusammenstellen! Die Magazinmacher von brand eins haben jedoch den Mut gefunden, dies erst gar nicht zu versuchen, basierend auf der Einsicht, dass es die Logik «vom Problem zur eindeutigen Lösung» nicht (mehr) geben kann. Deshalb passt es nur allzu gut ins Bild, dass sich ein Team zusammengefunden hat, dessen Redakteure ganz verschiedene Grundanschauungen besitzen. Jede Perspektive wird ernst genommen, jeder darf eine bereits fertige Geschichte infrage stellen – trotzdem erscheint das Heft jeden Monat pünktlich. Auf Grund von Reflexion den Mut zum Anderssein aufbringen, mit Mut die Reflexion von Hintergründen wagen, vielleicht lässt sich so das Phänomen «brand eins» beschreiben.

Aber wenden wir uns zwischenzeitlich einmal intensiver dem Begriff zu, um den es in diesem Kapitel hauptsächlich geht. Was ist Mut? Was bedeutet Mut im Management? Der Amerikanistik-Professor Klaus P. Hansen geht davon aus, dass Manager und Geschäftsleute zusammen mit Spitzensportlern sowie Pop- und Medienstars die Trias der Helden unserer Zeit bilden. Bei seiner Analyse von Autobiografien erfolgreicher amerikanischer Industrieller zeigte sich, dass Entschlussfreudigkeit als eines der zentralen Elemente der Managermentalität aufscheint.[100] Die auch heute noch gängige Formel «Lieber schnell und falsch entscheiden als gar nicht» hat bereits Thomas Watson, den Gründer von IBM, bei seinem sicherlich erfolgreichen Handeln geleitet. Sie wurde in dem Buch seines Sohnes, das im Jahre 1990 erschien und die IBM-Firmengeschichte beschreibt, abermals aufgegriffen. Man gerät ins Staunen, dass der Mut zur schnellen und dadurch möglicherweise falschen Entscheidung offenbar mehr geschätzt wird als der zögerliche Versuch, rich-

Man gerät ins Staunen, dass der Mut zur schnellen Entscheidung offenbar mehr geschätzt wird als der zögerliche Versuch, richtig zu entscheiden.

tig zu entscheiden – was immer dann «richtig» heißen mag. Hansen hat herausgefunden, dass Entschlussfreudigkeit und – die beiden anderen Grundpfeiler der Managermentalität – Führungsstärke sowie Intuition im Wesentlichen permanent reproduzierte Kollektivmythen darstellen, die im betrieblichen Alltag keine so große Rolle spielen. «Normale» Organisationen sind mutlos, sie legen großen Wert auf Routinen, standardisierte Arbeitsanweisungen und Ausweichpläne. Diese schwächen freilich die Fähigkeit, couragiert auf das Unerwartete zu reagieren. Selbst so genannte HROs, High Reliability Organizations, also Organisationen, die vordergründig mit Mut assoziiert werden, wie z. B. Flugzeugträger oder Feuerwehrspezialeinheiten, zeichnen sich im Kern nicht durch Mut aus. Letztendlich hängt ihre Funktionsfähigkeit von Achtsamkeit, Sensibilität und Flexibilität ab. Eigenschaften, die nicht das schnelle, draufgängerische Entscheiden in den Vordergrund stellen.[101] Es handelt sich also bei dem klassisch geforderten Mut um ein kaum je erfülltes Stereotyp, das dennoch immer wieder auftaucht: in Stellenanzeigen, Selbstbeschreibungen, Biografien und Wirtschaftsmagazinen. «Sie brauchen Ausdauer und Mut, sind kreativ und flexibel. […] Und sie sorgen für wirtschaftliches Wachstum und Beschäftigung am Standort Deutschland. Beharrlichkeit, Innovationskraft und Verantwortungsbewusstsein – solche Eigenschaften zeichnen erfolgreiche Unternehmer aus.» So schreibt das manager magazin am 20. Oktober 2007 in einem Artikel über die Sieger des Wettbewerbs «Entrepreneur des Jahres 2007».[102] Warum dann diese Mythen, durch die meist noch das Heroische symbolisiert werden soll, dennoch weiterleben, erklärt Hansen mit dem in der Gesellschaft verankerten Streben nach sozialer Anerkennung. Management nimmt zu diesem Zweck eine «ästhetisierte Inszenierung»[103] vor. Wie auch immer man dieses Phänomen weiter erklären könnte, es bleibt festzuhalten, dass Mut zur – zumindest idealisierten – Grundausstattung erfolgreicher Unternehmer und Manager gehört. Doch was heißt Mut in diesem Zusammenhang überhaupt?

Knut Bleichers Randbemerkung: «Zwar äußerte Niklas Luhmann ein ‹Lob der Routine›, dies aber mehr im Sinne der Entlastung des Aufwands bei der Absolvierung von Wiederholungsvorgängen.»

Routinen sind Mutkiller!

In der Bibel kommt der Begriff «Mut» 256 Mal vor.

Es handelt sich dabei um einen sehr abstrakten Begriff, der sich einer klaren Definition entzieht. Mut ist eine subjektive Kategorie und besitzt beliebig viele Facetten. Was für den einen ein mutiger Schritt ist, gehört für den anderen zum üblichen Verhaltensrepertoire. Mut kann für einen jungen Berufseinsteiger vielleicht bedeuten, ein kritisches Statement im Vorstandskreis zu wagen, für einen erfahrenen Vertriebsexperten, womöglich die Listung bei einem Handelspartner zu riskieren, indem er auf die aus seiner Sicht inakzeptablen Konditionen nicht eingeht.

Die Voraussetzung für das Auftreten von Mut ist das Empfinden von Angst oder zumindest Unbehagen. Erst wenn eine Situation, ein Zustand oder ein Ereignis als unangenehm, überraschend, bedrohlich oder überfordernd wahrgenommen werden, rückt Mut als potenzieller «Problemlöser» überhaupt erst ins Blickfeld. Nicht der, der keine Angst verspürt, ist mutig, sondern jener, der sie überwindet.

Reinhold Messner, der wohl bekannteste Bergsteiger aller Zeiten, wird vermutlich von den meisten Menschen als einer der Kühnsten eingeschätzt. Schließlich ist es mutig, entgegen dem Rat sehr vieler Wissenschaftler und Experten, den Versuch zu unternehmen, den Mount Everest ohne Sauerstoff zu bezwingen. Außerdem ist es hinlänglich bekannt, dass sich Messner unzählige Male in lebensbedrohlichen Situationen befand. Umso erstaunlicher ist es, dass sich Messner selbst als ängstlichen Typen bezeichnet, der vor Expeditionen nicht gut schläft, weil er Angst vor Erfrieren, Verdursten oder Abstürzen hat. Diese Angst ist seine Überlebensgarantie. Sie bringt ihn dazu, akribisch Fehler zu suchen, sich möglichst perfekt vorbereiten zu wollen. «Wer keine Angst hat, braucht keinen Mut.» In diesem Spannungsverhältnis bedingt das eine das andere, gilt es, Mut und Angst in eine gesunde Balance zu bringen.[104]

Mut kann sich darin zeigen, dass eigene Überzeugungen gelebt, Selbstverständlichkeiten und alte Routinen hinterfragt werden, das Risiko der Verletzbarkeit eingegangen oder Beharrlichkeit beim Verfolgen von Zielen an den Tag gelegt wird. Aber gefährlich nah liegen auch die entsprechenden Überdosen: Prinzipienreiterei, paralysierende Reflexion des Bestehenden, Selbstschwächung und Sturheit.

Bei der Entstehung dieses Buches haben wir den Begriff des «leisen oder besonnenen Mutes» geprägt. «Leise» deshalb, weil wir dabei im Managementkontext nicht an Hasardeure denken, die mutwillig und dreist lauten Aktionismus pflegen. Wir denken an Mut in einer anderen Ausprägung: unspektakulär, zurückhaltend, unaufdringlich.

Unspektakulärer Mut zeigt sich dann, wenn die Gründe für Angst und Unbehagen reflektiert werden. Wer dies tut, poltert nicht, sondern ist nachdenklich, besonnen, überzeugt und damit überzeugend. Bei unseren persönlichen Erlebnissen mit den Musterbrechern wurde deutlich, dass diese in der Lage sind, sich von Fremdreferenzen zu lösen. Der etwa durch die Branche, durch Managementtechniken oder durch traditionelle Karrierevorstellungen auferlegte Konformitätsdruck ist in einem gewissen Sinne dem Wunsch unterlegen, eigene Überzeugungen zu leben und die eigene Identität «durchzuhalten», ohne einen verantwortungslosen Egoismus zu pflegen.

Musterbrecher sind in der Lage, sich von Fremdreferenzen zu lösen.

Die Essenz von Mut – Mut zur Mutlosigkeit

«Also, ich weiß eigentlich gar nicht so genau, was Mut ist – was meinen Sie eigentlich mit Mut im Führungsalltag? Es ist grundsätzlich schwer, mutiges Verhalten so richtig zu definieren, wenngleich ich – je länger ich darüber nachdenke – davon überzeugt bin, dass man mitunter auch Mut braucht, um erfolgreich führen zu können.»

Dieses Zitat eines meiner Interviewpartner steht repräsentativ für die erste Reaktion der Führungskräfte, die ich im Rahmen meines qualitativen Forschungsprojektes zu ihren Erfahrungen mit Mut im Management befragt habe. Zeitsprung zurück in den Juni 2006: Im Rahmen meiner Doktorarbeit habe ich mir leichtsinnigerweise die offene Forschungsfrage gestellt, welche Relevanz Mut für Führung und Organisationen hat. Inspiriert durch die erste Auflage des vorliegenden Buches, war ich überzeugt, dass sich zahlreiche

Abhandlungen finden lassen müssten. Bereits acht Wochen später stellte ich mir jedoch ernsthaft die Frage, ob ich mich mit meinem Thema «Mut im Management» etwas übernommen hatte. Denn die Suche in der Fachliteratur war nahezu ohne Ergebnis geblieben. Allein die Frage, was denn Mut überhaupt sei, war nicht einfach zu klären. Als Essenz meiner Forschung stellt sich Mut als paradoxes, kontraintuitives Konstrukt dar. Mut ist in der Entstehung und in der Beobachtung paradox, denn der beobachtete Mut entsteht letztlich beim Beobachter selbst. Das bedeutet, dass Sie und ich nicht sagen können, ob jemand mutig ist oder nicht. Lediglich für uns selbst können wir die Frage nach Mut, gemessen an unserer Wertevorstellung, Risikoeinschätzung und emotionalen Bindung beantworten. Mit dieser Erkenntnis erscheinen auch die Stellenanzeigen, mit denen nach mutigen Führungskräften gesucht wird, wenig durchdacht und fraglich.

Aus den Interviews habe ich erkannt, dass Mut gerade in Hierarchien zwar benötigt, exakt dort aber nicht begünstigt wird. Des Weiteren wird erwartet, dass flache Strukturen Mut fördern müssten. Zu meinem eigenen Erstaunen ergaben jedoch meine Untersuchungen, dass dort Mut nicht erforderlich und folglich auch nicht beobachtbar ist. Besonders deutlich wird dies durch die folgenden beiden Zitate von Top-Führungskräften: «Gerade in großen Unternehmen bedarf es einer Menge Mut, um überhaupt zu agieren. Speziell hier ist es so, dass doch relativ viele Führungskräfte ihre Stabilität in den Mühlsteinen der großen Interessen der Unternehmenseinheiten und in politischen Machtspielen verloren haben und nahezu zermalmt worden sind.

Eine andere Führungskraft: «Ich treffe eigentlich immer weniger den Mutigen in Organisationen. Bei jeder wichtigen Entscheidung hat die Führungskraft mit vielen Leuten schon gesprochen, man stimmt sich ab, wägt ab und erlangt so eine gewisse Sicherheit. Wo ist dann da noch der Mut? Welches Risiko geht man tatsächlich ein?» Wenn ich zuvor von Paradoxie und Kontraintuitivität gesprochen habe, so wirkt auch meine letzte Erkenntnis paradox, denn sie betrifft die Entwicklung einer Managementkultur, die der Entstehung

der beobachtete Mut entsteht letztlich beim Beobachter selbst

von Mut förderlich ist: Mut ist im Prozess zur Entwicklung einer diskurs-

orientierten Organisation erforderlich, allerdings nur im Prozess der Entwik-

klung – und nicht im Ergebnis selbst.

> Erlebnis ohne Erfolgsgarantie

Dominik Hammer, München, 2006 bis 2008

Wir sehen Mut als «Sprungkraft» an, die verschiedene Hürden im Umgang

mit Paradoxien überwinden hilft. Trotz der «Buntheit» dieser Hürden lassen

sich grob zwei Kategorien unterscheiden, wobei jedoch die eine nicht ohne

die andere gedacht werden kann:

>> **Mut zur Überwindung kollektiv akzeptierter Wahrheiten**

>> **Mut zum «Durchhalten» der eigenen Identität**

Mut zur Überwindung kollektiv akzeptierter Wahrheiten

Ich folge nicht sklavisch fremden Referenzmustern und orientiere mich

nicht blind an der gängigen Meinung des Kollektivs. Die herrschenden

Prinzipien, Logiken und Best Practices sind für mich keine unverrückbaren

Wahrheiten. Ich stelle ihnen mutig Alternativen entgegen.

In der Managementpraxis greifen wir stets auf ein Bündel von Verhaltens-

optionen zurück, die mehrheitlich für richtig gehalten werden. Wenn wir

Gesprächsrunden im Fernsehen verfolgen, werden uns in der Endlos-

schleife die «richtigen» Konzepte vor Augen geführt. Es erscheint uns in-

zwischen gar nicht mehr notwendig, über die Prämissen dieser Lösungs-

bausteine nachzudenken. Beispielsweise hat die Aussage, dass nur ein

flexibilisierter Arbeitsmarkt bei gleichzeitiger Senkung der Lohnneben-

kosten die «Menschen wieder in Arbeit bringt», gesetzesartigen Charakter.

Natürlich ist dann die Floskel «Mehr Wachstum für mehr Beschäftigung»

nicht weit. Als Wirtschaftswissenschaftler wissen wir, dass diese Zu-

sammenhänge durch theoretische Modelle plausibilisiert werden können

und vielleicht für eine gewisse Epoche Gültigkeit hatten. Hypothesen er-

werben im Laufe der Zeit eine Art «Gewohnheitsrecht». Dies hat der Volks-

Hypothesen erwerben im Laufe der Zeit eine Art «Gewohnheitsrecht».

199

wirt Errol Schlager in seinem Buch «Ökonomie und Ideologie»[105] eindrucksvoll verdeutlicht.

Von welchem Wachstum und welcher Beschäftigung sprechen wir aber, wenn wir die magische Losung «Wachstum schafft Beschäftigung» propagieren? Hat Wachstum überhaupt jemals die Erwartungen an eine Reduzierung der Arbeitslosigkeit erfüllt? Meinen wir quantitatives oder qualitatives Wachstum? Sprechen wir von Arbeit im Sinne des traditionellen Normalarbeitsverhältnisses oder im Sinne eines vom gesamten Lebenskonzept nicht loszulösenden Bausteins?

Vielleicht war es kein Zufall, dass die von uns interviewten Musterbrecher sich selbst zunächst gar nicht als mutig bezeichneten. Sie betrachteten ihr Verhalten als durchaus normabweichend, jedoch nicht als revolutionär.

Ungeschmiert wie geschmiert – die Branchenlogik durchbrechen

Wir besuchten im Februar 2005 ein Unternehmen in Augsburg, das bei nüchterner Betrachtung wenig Anziehungskraft ausübte und kaum Glamour erwarten ließ: einen Generikahersteller, damals Nummer vier im deutschen Pharmamarkt, 160 Millionen Euro Umsatz, 320 Mitarbeitende. Es wirkte alles sehr klassisch, modernes Bürogebäude, L-förmig, die typische Glas-Stahl-Kombination, offener Eingangsbereich mit einigen Kunstwerken.

betapharm hatte sich durch Übernahme von Verantwortung im psycho-sozialen Bereich des Gesundheitswesens einen Namen gemacht. Christine Pehl, 2005 noch Presse-, heute CSR-Referentin bei betapharm, und unsere erste Ansprechpartnerin, erklärte uns, was dahinter steckt: «Unser Selbstverständnis basiert auf der alles bestimmenden Vision, dass wir ein Unternehmen sein wollen, in dem der Mensch im Mittelpunkt steht. Für uns bedeutet Corporate Citizenship, dass wir uns als Unternehmen für das Gemeinwesen engagieren und Mitverantwortung für gesellschaftliche Probleme übernehmen. Dieses ‹bürgerschaftliche Engagement› hat sich auf den psycho-sozialen Bereich der medizinischen Versorgung fokussiert, der bereits 1946 von der WHO neben der rein technisch-funktionalen Versorgung als wichtiger Baustein für die Gesundung genannt wurde.

1997 stieß unsere Niedrigpreisstrategie mit vollkommener Preistransparenz gegenüber den Kunden – zu 95 Prozent waren das Ärzte und Apotheker – an ihre Grenzen. Wir wurden von den Großen der Branche als Konkurrenten wahrgenommen, und die nahmen den Preiskampf auf. Wir waren schnell am Boden angelangt. Peter Walter, unser Gründer und Geschäftsführer, lernte zufällig bei einer Preisverleihung Horst Erhardt kennen, der die Elterninitiative ‹Der Bunte Kreis e.V.› ins Leben gerufen hatte, einen Verein, der seit 1992 chronisch kranke, krebs- und schwerstkranke Kinder und deren Familien im Großraum Augsburg unterstützte. Man beschloss eine Kooperation: Fünf Pfennig pro verkaufter Packung gingen an die Elterninitiative.

Heute haben sich daraus zwölf Projekte entwickelt, die betapharm mit zwei Millionen Euro unterstützt. Das beta-Institut beschäftigt sich umfassend und in zahlreichen Projekten mit Maßnahmen zur Förderung und Stärkung der ganzheitlichen Krankheitsbewältigung. Der Erfolg des Corporate-Citizenship-Ansatzes wird darüber hinaus durch eine von betapharm ins Leben gerufene Stiftung belegt.»

201

Peter Walter, der damalige Geschäftsführer, den wir nach dem Gespräch mit

Ich bin alles andere als mutig.

Frau Pehl trafen, erschien uns auf Grund dieses Engagements als mutig. Darauf angesprochen, antwortete er verwundert «Ich bin alles andere als mutig. Würde niemals aus einem Flugzeug mit einem Fallschirm springen oder mich an einem Bungee-Seil in die Tiefe stürzen. Ich bin wahrlich kein Draufgänger.»

brand eins hatte ihn im Oktober 2004 wie folgt charakterisiert: «Der betapharm-Chef ist ein groß gewachsener 64-Jähriger mit wachen dunklen Augen. Hinter seinem Schreibtisch hängt die Siegerurkunde eines Grießbreikochwettbewerbs neben einem Foto, das ihn mit dem damaligen Bundespräsidenten Johannes Rau zeigt. Walter, Vater von fünf Kindern, wirkt uneitel und bedächtig, ist eher reflektierter Unternehmer denn dynamischer Manager. Er spricht ruhig, geradeaus, herzlich, direkt und gern.»

Was macht also den Mut eines Mannes aus, der in seiner Freizeit an Wettbewerben der Disziplin «Grießbreikochen» teilnimmt?

Peter Walter hatte sich vor einigen Jahren dazu entschlossen, die strategische

Logik der Generika-Branche zu durchbrechen; und das gegen die Überzeugung

der Erstinvestoren, der Zwillingsbrüder Strüngmann, die bereits Hexal gegrün-

det hatten. Noch dazu setzte er auf das Berufsethos der Ärzte und Apotheker,

wollte nicht hinnehmen, dass man diese Berufsgruppe angeblich nur mit klei-

nen und großen Bestechungen für die eigenen Produkte gewinnen kann. Er

war mutig genug, der weit verbreiteten Meinung entgegenzutreten, dass der

Gesundheitsmarkt zu den korruptesten Branchen in Deutschland gehöre.

die strategische
Logik durchbrechen

> *Erlebnis ohne Erfolgsgarantie*

Dirk Osmetz, Stefan Kaduk, Augsburg, seit 2005

Walter gab konsequent die Strategie der Kostenführerschaft auf, obwohl diese prinzipiell als einzig sinnvolle infrage zu kommen scheint. Denn die Strategieoptionen sind begrenzt: Im Markt für pharmazeutische Erzeugnisse gibt es Unternehmen, die forschen und entwickeln. Firmen wie Bayer, Pfizer oder Novartis setzen alles daran, neue Medikamente herzustellen und diese patentieren zu lassen. Unter dem Schirm des Patentschutzes können für einen gewissen Zeitraum höhere Renditen abgeschöpft werden. Wenn dieser Zeitraum abgelaufen ist – das ist in der Regel nach zwanzig Jahren der Fall –, kommt die Zeit derjenigen Pharmaunternehmen, die das Medikament in seiner Zusammensetzung kopieren und es zu einem niedrigeren Preis als Generikum vertreiben. Und natürlich kann man im dann einsetzenden Preiswettbewerb nur überleben, wenn konsequent Skaleneffekte genutzt und Prozesse optimiert werden.

Peter Walter fühlte sich mit dieser Normstrategie nicht wohl. Er hatte den Mut, die gängige Logik zu hinterfragen. Trotz vollkommener Austauschbarkeit der Produkte gelang es ihm, eine Differenzierung der besonderen Art zu realisieren. Und zwar nicht im Stile eines oberflächlichen «Andersseins», sondern durch glaubwürdiges Engagement. betapharm etablierte kostenfreie psycho-soziale Beratungsdienste, wie z. B. den Service betaCare. Der Slogan «Die Medizin kümmert sich um die Krankheit des Menschen, beta-

Care kümmert sich um den Menschen mit seiner Krankheit» ist durchaus ernst zu nehmen, vor allem, wenn man weiß, dass betapharm das Angebot nicht an die Produkte koppelt, die es selbst vertreibt. Es war also gelungen, sich durch authentisches Engagement in einem Feld zu positionieren, das gewöhnlich nur vom Denken in Größenvorteilen geprägt ist. Peter Walter war stolz auf den Weg, den sein Unternehmen gegangen war, das merkte man. Ihn zu gehen, war aus unserer Sicht wesentlich mutiger als die Überwindung zu einem Fallschirmsprung. Natürlich hat sich der Erfolg durch betaCare auch ökonomisch ausgezahlt. Die paradoxe Einsicht liegt jedoch darin, dass er sich niemals eingestellt hätte, wenn das wirtschaftliche Kalkül die alleinige Motivation gewesen wäre.

Bei betapharm hatte man den Mut aufgebracht, sich zu exponieren und von gängigen Branchenphilosophien zu distanzieren. Ebenso wie wir es bei der Schweizer Raiffeisengruppe erleben konnten, die den Mut besitzt, gegen den Trend Geschäftsstellen zu eröffnen und die Zahl der Mitglieder im Aufsichtsrat zu erhöhen.

Es ist erstaunlich, dass sich unser Blickwinkel im Laufe der Zeit derart auf die Mainstream-Lösungen verengt hat, dass über gewisse Entwicklungen überhaupt nicht mehr diskutiert wird. So ärgert es uns vielleicht als Verbraucher, aber als Strategen überrascht es uns keineswegs, dass die Postfilialen in unserer Nähe stets weniger werden und wir stattdessen in der Bäckerei unsere Pakete aufgeben: Kostenreduzierung durch Rückzug aus der Fläche – eine ganz normale und meist auch sinnvolle Strategie. Aber ist sie zwingend? Nein, wie das Beispiel der Raiffeisengruppe zeigt.

Es ist erstaunlich, dass sich unser Blickwinkel im Laufe der Zeit derart auf die Mainstream-Lösungen verengt hat.

Gleichermaßen bedarf es heutzutage keiner Legitimation mehr, die Entlohnung möglichst aller Mitarbeitergruppen und in allen wertschöpfenden Organisationen (Unternehmen, Verwaltungen, Krankenhäuser usw.) an die Leistung zu koppeln. Es ist allerdings legitim zu fragen, was hinter diesen Strategien steht und ob die holzschnittartige Anwendung dieser in der «Community of Practice» gefahrlos durchsetzbaren Konzepte immer richtig ist.

So verweist der Schweizer Sozialökonom Bruno S. Frey darauf, dass sich die Ökonomie in den letzten Jahren wieder verstärkt auf ihre sozialwissenschaftlichen Wurzeln besinnt und deshalb auch wieder das in den Vordergrund rückt, was der Mensch im Sinne einer intrinsischen Motivation einfach aus sich selbst heraus tut. Er plädiert dafür, die derzeit vorherrschende «Pay-for-Performance-Ideologie», die selbstverständlicher Teil des modernen Managementbaukastens geworden ist, zu relativieren und insbesondere kreative und anspruchsvolle Tätigkeiten nicht einseitig an monetäre Anreize zu koppeln.[106] Problematisch erscheint vor allem, dass die Leistungsorientierung auch dort eingesetzt wird, wo gar keine Bewertungsmaßstäbe zur Verfügung stehen. «Wir müssen es eben trotzdem quantifizieren», sagen die Experten und entwerfen mit großem Aufwand Instrumente, die das Unmögliche möglich machen sollen – gemäß dem Credo «You can't manage what you can't measure». Wenn wir einen Moment nachdenken, stoßen wir im Management auf unzählige kollektivierte Wahrheiten, die alle nur einen möglichen Weg beschreiben. Wir haben es mit Kontingenz zu tun. Wagen wir an diesem Punkt einen Ausflug in eine «Szene», von der manche sagen, sie sei der heimliche Regisseur des gesellschaftlichen Geschehens. Wir sprechen vom Fußball, jenem Dauerereignis, das eine solche Tragweite erlangt hat, dass sich die Politprominenz gerne gemeinsam mit den Größen der Branche präsentiert und entsprechende PR-Termine ganz oben auf die Tagesordnung setzt.

Auch in der Welt des Fußballs, die nicht unbedingt arm an einfachen «Wahrheiten» und knackigen Losungen ist, haben sich gewisse Logiken verselbstständigt. Wer sie antastet, den adelte einst die Süddeutsche Zeitung mit der Frage: «Deutschlands mutigster Reformer?» Gemeint war Jürgen Klinsmann, der ehemalige Trainer der deutschen Fußball-Nationalmannschaft.

Wir schauten uns bereits im Sommer 2005 dieses Beispiel an, weil es in besonderer Weise zeigt, wie sehr es irritiert, wenn man Erfolgsmuster radi-

Alles könnte auch anders sein, wir haben das Andere nur nicht mehr im Blick.

kal auf den Prüfstand stellt und von ihnen abweicht. Wir waren uns damals

der Brisanz des Themas durchaus bewusst. Wäre Deutschland bei der Fuß-

ball-WM 2006 nicht ins Halbfinale gekommen, wäre der Beweis erbracht

gewesen: Musterbrechen ist keine Lösung. Ist es so einfach?

Mutig mündig – distanzlos aus der Ferne

Sommer 2004: Schon bei seinem Amtsantritt als Bundestrainer der Fußball-

Nationalmannschaft passierte Ungewöhnliches. Klinsmann forderte damals,

man müsse den DFB auseinandernehmen, um endlich den Fußball reformie-

ren zu können. Eine deutliche Wortwahl, die jedoch auch nur ein rhetorischer

Paukenschlag des «neuen Besens» in einem schillernden Geschäft gewesen

sein könnte. Aber im Laufe der Zeit konnte man den Eindruck gewinnen, dass

hier wirklich etwas verändert werden sollte. «Die Zeiten mit Aufstehen, Früh-

stück, Training usw. sind schon lange vorbei. Da läuft man irgendwann gegen

die Wand», so Klinsmann damals. [107] *Er wolle die Eigenverantwortung stärken,*

nicht mehr vorschreiben, was die Spieler in ihrer Freizeit zu tun hätten, des-

halb solle der seit Jahrzehnten übliche Tagesablauf der DFB-Auswahl aufge-

lockert werden, beispielsweise durch Computerkurse, Medienschulungen oder

Fremdsprachenunterricht.

«Der Spruch, je mehr ich einem Spieler abnehme, desto besser kann er sich auf

Fußball konzentrieren, stimmt schon lange nicht mehr. Im Gegenteil: Je mehr

ich einem Spieler abnehme, desto weniger Verantwortung kann er auf dem

Platz übernehmen», so fasste Klinsmann sein Führungsverständnis zusam-

men. [108] *Er war der Überzeugung, dass den Spielern immer erklärt werden*

müsse, warum etwas gemacht werde. Gute Erziehung heiße Begründung und

Rechtfertigung, jedoch niemals Befehl und Kommando.

Diese Einstellung ist fast unvorstellbar in einer Branche, die nach wie vor –

Otto Rehhagel: «Jeder kann sagen, was ich will.»

zumindest wenn es darum geht, die Zügel anzuziehen – in Kategorien wie «Dis-

ziplin» und «Härte» denkt und deren Trainer gerne im Stil eines Otto Rehhagel

– «Jeder kann sagen, was ich will» – ihre Autorität zur Schau stellen. Das «Prin-

zip Klinsmann» steht andererseits nicht für «Kuschelpädagogik». Der Grad-

205

messer ist mehr denn je die Leistung: «Es gibt kein Recht auf Faulheit, sondern eine Pflicht zur Leistungssteigerung. Wir wollen den mündigen Spieler.» [109]

All das hatten wir mit großem Interesse verfolgt und natürlich auch versucht, Jürgen Klinsmann für ein Interview zu gewinnen. Dies scheiterte unter anderem daran, dass Klinsmann weiterhin in Kalifornien wohnte – für viele ein Ding der Unmöglichkeit. «Klinsmann muss nach Deutschland ziehen», so forderte es der Manager des FC Bayern, Uli Hoeneß, in einem Interview mit der Bild-Zeitung im Mai 2005. [110]

Wer nicht dauernd vor Ort ist, dem wird offenbar nicht zugetraut, einen guten Job machen zu können. Klinsmann war mutig genug, die Distanz zum Tagesgeschäft positiv umzudeuten. Immer wieder betonte er, dass es ihm gefallen habe, sich nicht mit unwichtigen Dingen aufhalten zu müssen und aus der Ferne die Missstände viel klarer erkennen zu können. Entscheidend war für ihn offenbar die Qualität des Kontaktes, die nicht primär durch die räumliche Nähe bestimmt wird.

Die Widerstände, auf die jemand trifft, der couragiert genug ist, die Verkrustung in der Administration und Führung seines Arbeitgebers anzusprechen, typische Elemente des US-amerikanischen Profisports zu erproben (z. B. Mentaltraining) und konsequent auf das Prinzip «Eigenverantwortung» zu setzen, verspürte er deutlich: «In einem Verband wie dem DFB, in dem sich über Jahrzehnte hinweg fast alles mit allem und jeder mit jedem verwoben hat, überrascht das nicht besonders. Ich stoße schon allein deshalb auf Widerstand, weil die Leute befürchten, ich würde ihnen etwas wegnehmen.» [111] *Von Widerstand war während und nach der WM 2006 nichts mehr zu spüren – das Sommermärchen ließ die Kritiker schließlich verstummen.*

> *Erlebnis in der Rückschau, Juli 2006*

Unhaltbare Gummibänder – Teambildung im Trainerstab

Wir treffen uns im Januar 2008 mit Oliver Schmidtlein im Anna-Hotel in München. Er begleitet seit 2004 als Physiotherapeut und Fitnesscoach die Fußball-

Nationalmannschaft und war eine der tragenden Säulen im Betreuerteam der WM 2006. In der Nacht zuvor hatte er lange mit Jürgen Klinsmann telefoniert und von ihm das Angebot erhalten, ab der kommenden Saison für Bayern München zu arbeiten. Dies beschäftigte ihn spürbar, weil die Eröffnung seiner eigenen Praxis, in der er ein ganzheitliches Fitnesskonzept anbieten will, unmittelbar bevorstand und sich die Frage stellte, ob beide Betätigungsfelder überhaupt zu vereinen seien. Wir kamen deshalb zunächst gar nicht auf seine bei der Weltmeisterschaft gesammelten Erfahrungen zu sprechen, sondern unterhielten uns über das Verständnis seiner Rolle als Physiotherapeut. «Eigentlich sehe ich mich mehr als Physiocoach. Ich möchte nicht nur Reparaturwerkstatt sein. Mir geht es darum, den Sportlern dabei zu helfen, einerseits die komplexen Zusammenhänge eines ‹funktionierenden› Körpers zu erkennen und andererseits das Naheliegende, das Praktische, die jeweiligen konkreten Übungsprogramme nicht aus den Augen zu verlieren.» Dafür sei zum einen eine vertrauensvolle Atmosphäre notwendig, der Kontakt zum Spieler auf Augenhöhe, zum anderen sei eine Offenheit für Experimente unerlässlich.

In der Sportwissenschaft vermisse er den Mut, Konzepte und Methoden auch dann auszuprobieren, wenn diese noch nicht in eine akademische Form gegossen und in Studien publiziert worden sind. «Warum müssen viele Dinge erst bis zum Letzten bewiesen werden, bevor sie akzeptiert werden? Ich betrachte das als großes Manko, man verliert dadurch Zeit und bewegt sich oftmals auf einer Sprachebene, die für künstliche Abgrenzung sorgt. Einfache Dinge werden oft nicht als wertvoll angesehen, solange sie nicht kryptisch formuliert sind. Wir hatten damals große Mühe, beim DFB die bestehende Palette an klassischen Fitnesstests um plausible experimentelle Ansätze zu erweitern. Jürgen Klinsmann setzte aber letztlich seine eigene Überzeugung durch und führte ein neues Fitnesskonzept ein.»

Einfache Dinge werden oft nicht als wertvoll angesehen, solange sie nicht kryptisch formuliert sind.

Oliver Schmidtlein spricht damit auch die zunächst belächelten Übungen mit den Gummibändern an, die inzwischen – auch in der Bundesliga – vollends akzeptiert worden seien. «Wenn ich so zurückblicke», sagt Schmidtlein ruhig, *«dann war die gemeinsame Arbeit mit Jürgen Klinsmann bei der WM 2006 und in der Vorbereitungsphase die schönste Zeit meines Berufslebens.»* Es sei eine wirkliche Arbeit im Team gewesen – zwangsläufig, denn Fußball, davon ist der Physiocoach überzeugt, sei eine äußerst komplexe Sportart, in der ein einzelner Trainer niemals alleine alles überblicken und wissen könne. Dies gelte insbesondere für die Vorbereitungsphasen der Nationalmannschaft, denn dort stehe wenig Zeit zur Verfügung, und es käme entscheidend darauf an, bei den Spielern Verständnis für die Methoden zu schaffen, damit Motivation entstehen könne.

«Wir haben stets zusammen im Team entschieden. Klinsmann war immer bereit, Know-how aus den verschiedensten Bereichen zu integrieren. Es wurde ein Psychologe konsultiert, wir erhielten auch von ihm Impulse bezüglich Gestik und Mimik, lernten Präsentationstechniken. Das hat jedem von uns viel abverlangt, und unsere Sozialkompetenz wurde auf eine harte Probe gestellt. Aber es hat sich gelohnt, und wir alle sind daran gewachsen.»

> *Erlebnis ohne Erfolgsgarantie*

Stefan Kaduk, Dirk Osmetz, Edigna Eger, München, 2008

Klinsmann stellte typische Prinzipien und Grundannahmen des Fußballs infrage: «Spieler sind unmündig und faul», «der Bundestrainer muss vor Ort sein» oder «an der Spitze bestimmt nur einer den Weg». Analog dazu sind uns folgende Prämissen aus der Wirtschaft nicht fremd: «Mitarbeiter müssen fremdmotiviert und kontrolliert werden», «Teilzeit funktioniert nicht bei Führungspositionen» oder «am Ende hält immer nur der Vorstand den Kopf hin». Das ist der Alltag. Wer ihm eine Alternative gegenüberstellt, hat den Mut, Grenzen zu überwinden. Diese Grenzen sind aber schwer zu durchbrechen, weil die Anreize des Bestehenden meist sehr hoch sind. Klinsmann hätte es einfacher gehabt, «bewährte» Trainingsmethoden anzuwenden, die Einschlafzeiten zu kontrollieren und einfach so weiterzumachen, wie es alle seine Vorgänger auch getan haben. Harmonie und Sympathie wären ihm auch schon vor der WM sicher gewesen. Klinsmann

Sommermärchen 2006: Jürgen Klinsmann hat alles richtig gemacht!

sagte schon 2005, er habe bei seinem Weg keine Angst vor dem Scheitern. Ähnlich äußerte er sich kürzlich auf die Frage, was denn passiere, wenn sich beim Bayern München die von allen erwarteten Erfolge nicht einstellen sollten: «Nackenschläge werden sicher kommen, und dann kriegst du bei uns alles um die Ohren gehauen, was du anders machst als in den vergangenen 20 Jahren.»[112] Mut hat also offenkundig auch etwas damit zu tun, inwieweit mit einem potenziellen oder tatsächlichen Scheitern umgegangen wird.

Fernsehen ohne Schminke – Mut zur Realität

Es war ein außergewöhnliches Gefühl, als der «Mausmacher», den ich seit meiner Kindheit aus dem Fernsehen kannte, mir die Tür öffnete. Polohemd, Jeans, völlig unkompliziert, die typische Stimme aus den Sachgeschichten, einfach sehr sympathisch. Armin Maiwald ist Miterfinder der wohl erfolgreichsten deutschen Kindersendung, der «Sendung mit der Maus», die seit 1972 sonntags im ersten Programm um 11.30 Uhr ausgestrahlt und im Übrigen von mehr Erwachsenen als Kindern verfolgt wird.

«Während meiner Ausbildung beim Westdeutschen Rundfunk in den 60-er Jahren musste ich zu einem Dreh ins Ruhrgebiet nach Bochum. Wir wollten eine typische Bergmanns-Wohnküche der Region portraitieren. Es war ein gewachsenes, sehr ursprüngliches Ambiente. Der Kameramann sagte nach kurzer Zeit, dass er so keinesfalls drehen könne. Es wurde also alles umgebaut, die Stühle hierhin, der Tisch dorthin. Am Schluss hatte das mit der alten Wohnküche nichts mehr zu tun. Es sah furchtbar arrangiert aus. Das hätten wir genauso gut im Studio nachbauen und uns die Fahrt sparen können.

Für mich war das prägend, denn ich schwor mir: Wenn du jemals in so eine Situation kommen solltest, dann darf so etwas nie passieren. Wenn du anfängst, an den Dingen rumzubasteln, nimmst du der Sache den Schmelz, das Originäre, das Wahrhaftige. Versuche es mit dem gleichen Licht, verstärke es, aber nicht mehr! Insofern ist mir das in Fleisch und Blut übergegangen, auch meinem Team. Kürzlich haben wir in einem Stahlwerk gedreht. Das Problem ist,

209

dass es in einem Moment extrem gleißend hell und im nächsten rabenschwarz

ist. Dieser Gegensatz musste erhalten bleiben. Und das haben wir hingekriegt.

Bei der ‹Sendung mit der Maus› gehen wir auf Entdeckungsreise. Wenn wir ein

Thema angehen, dann wissen wir davon selbst nichts. Es gibt ein grobes Ziel,

dann holen wir kurz Luft, und dann kann es losgehen. Wir sagen auch offen,

wenn bei dieser Entdeckungsreise etwas mal nicht gelingt. Die Geschichte des

Scheiterns wird erzählt. So wie bei dem Versuch mit den Blumen. Wir hatten

davon gehört, dass Blumen zu bestimmten Zeiten ihre Blüten öffnen und

schließen, und wollten wissen, ob das tatsächlich stimmt. Wir haben drei Jahre

und mehrere Anläufe gebraucht, den Pflanzen sogar Eingewöhnungszeit gege-

ben. Nie hat es geklappt! Nichts hat sich getan! Dann haben wir eine Sendung

über das Scheitern dieses Versuchs gemacht. Kinder glauben mehr, wenn das

Scheitern zugegeben wird. Die Maus hat eine ungeheure Glaubwürdigkeit.

Kinder glauben mehr, wenn das Scheitern zugegeben wird.

Ich möchte die Zeit etwas entzaubern. Natürlich benutzen wir Tricks, um eine

Geschichte zu erzählen. Gleichzeitig machen wir alles transparent, um klar

zu machen, dass das Medium Fernsehen vom Menschen gemacht wird. Ich

möchte möglichst präzise Sekundärerfahrungen an die Kinder weitergeben

und eine Grundneugier wecken. Die Sendung will auch bewusst nicht die

Besten und Schönsten präsentieren. Und dadurch unterscheiden wir uns von

den Privatsendern.»

> *Erlebnis ohne Erfolgsgarantie*

Stefan Kaduk, Köln, 2005

Wenn Herr Maiwald, mit mehreren Fernsehpreisen und dem Bundesver-
dienstkreuz ausgezeichnet, einen Film über Wirtschaft drehen wollte, würde
er vermutlich nie solche «Kulissenschieberphrasen» wie «Nullwachstum»
oder «Kostenintensität» verwenden, sondern schlicht von «Stillstand» oder
«teuer» sprechen.

Er hat den Mut, die Dinge beim Namen zu nennen, seine anfängliche Ah-
nungslosigkeit zuzugeben, seinen jugendlichen Zuschauern nichts vorzu-
machen, sie ernst zu nehmen und die Geschichten des Scheiterns zu erzäh-

len. Bei seinen Reportagen handelt es sich um alles andere als ein dröges Bildungsfernsehen in der Nische. Die «Sendung mit der Maus» erreicht durchschnittlich 60 Prozent Marktanteil bei den Drei- bis Achtjährigen. Zusätzlich existiert eine beachtliche Marketingmaschinerie mit Merchandising-Produkten und Bühnenprogrammen. 2006 startete in der ARD die große Samstagabend-Show «Frag doch mal die Maus!», die von bis zu 7,5 Mio. Zuschauern verfolgt wird. Maiwald und die Mausmacher versuchen also ein «Sowohl-als-auch» von Anspruch und Zeitgeist. Sicherlich könnte er jederzeit zu einem Privatsender wechseln, nach dem Prinzip «Mehr desselben» eine tägliche Show produzieren und bis zum Erreichen der Überdosis attraktive Gewinne realisieren. Aber er kann und will es nicht, weil es nicht seinem Wertesystem entspricht.

Mut zum «Durchhalten» der eigenen Identität

Ich bin kein Fähnchen im Wind. Opportunistisches Handeln hat für mich klare Grenzen. Ich stehe zu meinem Ich, meiner eigenen Authentizität, die ich mir immer wieder mutig und mit Blick in den Spiegel erarbeiten muss. Ich habe keine Angst, mich zu exponieren. Ich folge meiner Überzeugung.

211

Wenn kollektiv akzeptierte Wahrheiten reflektiert und überwunden werden sollen, spielt das Durchhalten der Ich-Identität eine große Rolle. Letzteres hat viel damit zu tun, inwieweit es gelingt – wir haben es in der Einleitung dieses Kapitels gesehen und kommen beim dritten «Muster» des Musterbruchs genauer darauf zurück – eine Beziehung zu sich selbst aufzubauen. Unabhängig davon, ob wir einem postmodernen Identitätsverständnis folgen, das das Individuum als Träger einer Fülle selbst wählbarer Identitäten ansieht, oder von der klassischen Einheitsidentität ausgehen:[113] Der Mut zeigt sich darin, inwieweit das eigene Ich mit seinen Überzeugungen und Werthaltungen gelebt wird.

So problematisch der Begriff «authentisch» auch sein mag: Wenn man darunter vereinfachend die Kongruenz von Denken, Fühlen und Handeln versteht, zeichnen sich alle von uns interviewten Musterbrecher durch eine beeindruckende Authentizität aus. Wir konnten den Eindruck gewinnen, dass sie sich nicht von fremden Wertesystemen leiten lassen und es deshalb auch nicht zu einer Diskrepanz zwischen dem aktuellen Lebensinhalt und dem potenziellen Lebenssinn kommt. Sie kapitulieren nicht vor anderen, vermeintlich übermächtigen und selbstverständlichen Referenzmustern. Vielmehr bedienen sie sich ihres eigenen Geistes. Dieser Prozess ist mitunter mühsam, jedoch möglich, auch in einer Konzernumgebung.

Sie kapitulieren nicht vor anderen, vermeintlich übermächtigen und selbstverständlichen Referenzmustern.

Erfolgreich erfolglos – eine mutige Wahl

«Sie können jetzt von mir denken: ‹Der sagt, die Trauben seien ihm zu sauer, und er esse sie deshalb nicht, in Wirklichkeit hängen sie ihm zu hoch!› Doch mein Entschluss gegen eine klassische Führungskarriere in einem Konzern ist eine bewusste und persönliche Entscheidung!» Dr. Rudolf Kreutzer sitzt in seinem geräumigen Büro mit großer Grünpflanze. Seine Aufgaben sind die Risikoanalyse und die Risikoberatung, seine Position ist die eines Ingenieurs und Beraters in der Allianz Zentrum für Technik GmbH, einem Tochterunternehmen der Allianz. Dieses Unternehmen befasst sich mit Schäden aller Art und berät den eigenen Mutterkonzern und andere Großunternehmen bezüglich verschiedener Themen und Fragestellungen zum Risikomanagement.

Obwohl Dr. Kreutzer bereits seit 1977 in diesem Unternehmen arbeitet, führt er formal kein Personal. Doch es geht ihm sehr gut dabei, das ist zumindest der überzeugende Eindruck, der sich in diesem Gespräch einstellt. Ich habe nach wenigen Minuten das Gefühl, da waren jemandem die Trauben einer klassischen Führungsverantwortung wirklich zu sauer. Rudolf Kreutzer hat abgewogen und kam zu der, auf den ersten Blick vielleicht erstaunlichen, persönlichen Entscheidung, einen anderen Weg zu gehen. Die Frage nach dem «Warum» drängt sich mir auf, kenne ich doch nur zu genau die Aussagen von Enddreißigern: «Wenn du bis vierzig keine Führungsverantwortung hast, dann ist das das Ende deiner Karriere im Konzern.» Darauf angesprochen, antwortet mein Gesprächspartner wie selbstverständlich: «Wenn ich mir manche

Führungskräfte in ihrem täglichen Tun ansehe, dann muss ich feststellen, dass es für mich persönlich nicht erstrebenswert ist, Führungsverantwortung in dieser Form zu haben. Leider erkenne ich zu selten echte Freude am Führen, vielmehr ist es eine hohe Last, Verantwortung für eine Reihe von Dingen zu tragen, die man nur bedingt beeinflussen kann. Zwar wird man mit Geld entlohnt, doch das ist, wie wir alle wissen, kein Garant für Lebensglück. Im Gegenteil, zu häufig erlebe ich bei meinen Beratungsmandanten die Schattenseiten klassischen Führens: Entscheidungszwiespalt, Ängste, Einsamkeit, Erschöpfung, Schlafmangel oder gar Genussmittelmissbrauch. Vor diesem Hintergrund war meine Entscheidung gegen eine Führungsposition eine ganz bewusste, denn ich persönlich empfände die Rahmenbedingungen als belastend. Für mich sind die geistige Freiheit und die Beschäftigung mit Inhalten befriedigender.

In meinen Analysen befasse ich mich mit Risiken, und ich versuche, die Fehler unterschiedlichster Art, die Unternehmen machen können, zu erforschen. Dabei stößt man häufig auf die Frage nach den Grundwerten eines Unternehmens. Ein Manager, der seine Hausaufgaben ordentlich gemacht hat, wird sehr schnell folgende Antwort liefern: ‹Der höchste Wert ist, das eingesetzte Kapital bestmöglich zu verzinsen, daran werde ich gemessen.› Und meist kommen dann noch weitere Werte wie Umweltschutz, Sicherheit, Langlebigkeit, Qualität, Schnelligkeit, Genuss, Modernität usw. hinzu.

213

Bei Untersuchungen gescheiterter Unternehmen ergab sich jedoch, dass es nicht diese Werte waren, die zählten. Das Einzige, was einem Großteil der Führungskräfte, die diese Unternehmen in ihre ausweglose Lage geführt hatten, wirklich wichtig war, war die Macht. Sie waren in Krisensituationen bereit, alle Werte, die eben noch gegolten hatten, über Bord zu werfen, alle, bis auf die Macht. Ich habe sehr viele Krisen analysiert, um daraus Schlüsse zu ziehen, glauben Sie mir: Respekt ging verloren, Gerechtigkeit, Vertrauen, … alles vergessen. Woran krampfhaft festgehalten wurde, das war die Macht. Das Streben nach Macht wurde natürlich schon weit früher verfolgt. Ähnlich einem herrschaftsbesessenen König in vergangenen Zei-

Das Einzige, was einem Großteil der Führungskräfte wirklich wichtig war, war die Macht.

ten, scharten diese Führungskräfte nicht diejenigen um sich, die am innovativsten waren oder das beste Ergebnis lieferten. Es sei denn, sie waren dem eigenen Machterhalt dienlich.

Leider wird in Großunternehmen die Personalführung bzw. das Innehaben von Macht prinzipiell am höchsten wertgeschätzt, entlohnt und mit attraktiven Attributen versehen. Da nun in unserer konsumorientierten Gesellschaft viele Menschen großen Wert auf Äußerlichkeiten und materielle Güter legen, streben zu viele nach Führungsfunktionen. Deshalb müssen sich Führende nicht nur um reine Führungsaufgaben kümmern, sondern auch um ihren Machterhalt.

Meine Wahrnehmung ist, dass viele von denen, die ‹nach oben› wollen, ihr Lebensglück an Geld, Beförderung und Einfluss festmachen. Sie übersehen, dass nicht jeder geeignet ist, eine Führungsrolle zu übernehmen. Am wenigsten gestehen sie es sich selbst ein. Und wenn sie dann die nächsthöhere hierarchische Stufe erreicht haben, sind sie immer noch nicht glücklich und wollen immer weiter nach oben. Sie übersehen, dass Sinn im Leben nicht nur in der Rolle des Königs gefunden werden kann, sondern je nach Begabung auch in der Rolle des Mundschenks, Hofmarschalls, Torwächters, Jägers, Falkners, Hofnarren oder Minnesängers. Jede Rolle ist nicht nur wichtig für den Rollenspieler selbst, sondern für das ganze Zusammenleben, für ein gut geführtes Königshaus und das ganze Königreich.

Ich habe mir meinen eigenen Bereich gesucht, und mein Unternehmen billigt mir diesen auch ganz bewusst zu. Ich bin nicht ständig gezwungen, das Spiel der ewigen Beschleunigung mitzuspielen. Ich habe Zeit, Dingen nachzugehen, die mich wirklich beschäftigen, an denen ich Freude habe und von denen mein Arbeitgeber profitiert, weil es das ist, was ich wirklich tun will und am besten kann.» Außerdem habe er einen anderen Weg zu führen gefunden, fährt Rudolf Kreutzer fort. «Sie werden sich jetzt fragen: ‹Wieso führen? Gerade eben hat er noch lange begründet, dass er nicht führt.›

Doch ich führe! Ich führe, und das sogar bewusst und über einen sehr großen Hebel. Ich leite beispielsweise eine eher virtuelle Einheit, das so genannte Center *of Competence for Risk Management. Darin führe ich zwar keine Menschen, bin aber verantwortlich für Forschung und Entwicklung, Weiterbildung und Beratung auf dem Gebiet Risikomanagement. Ich führe Führungskräfte in vielen Beratungsprojekten. Ich verfolge auch Ziele, wenn ich Vorstände berate. Ich nehme durch meine Analysen Einfluss auf deren Entscheidungen, versuche deren Fähigkeiten im Risikomanagement weiter zu entwickeln. Hier muss ich Leistung erbringen. Je mehr ich auf äußere Stimmen und Referenzmuster höre, wie z. B. Medien oder Werbung, desto mehr frage ich mich, ob ich meine Karrierechancen nicht ausreichend genutzt habe, indem ich mich zu wenig angepasst verhalte? Wenn ich aber auf meine innere Stimme höre – und das gelingt mir im Laufe der Jahre immer besser –, dann spüre ich, dass es für mich und für meinen Arbeitgeber sehr wichtig ist, dass ich nicht den klassischen Karriereweg gegangen bin. Auf meinem individuellen Weg können mein Denken, Wollen und Handeln am leichtesten widerspruchslos übereinstimmen. Dabei kann ich meine Kreativität am besten entfalten.»*

Rudolf Kreutzer macht den Eindruck, als hätte er seine Trauben gefunden.

> *Erlebnis ohne Erfolgsgarantie*

Dirk Osmetz, Ismaning bei München, 2004, 2005

Ist es nicht mutig, sich die typischen Referenzmuster von Erfolg und Karriere zu vergegenwärtigen, wie es Dr. Kreutzer getan hat? Die alltäglichen Machtspiele kritisch zu hinterfragen und sich dann bewusst gegen eine Teilnahme zu entscheiden? Sich die Freiheit zu nehmen, die Bausteine des persönlichen Lebensglücks selbst zu definieren?

Natürlich erfolgen diese Schritte weder folgen- noch kostenlos und sicherlich immer mit einem Rest Wehmut, spätestens dann, wenn man die jüngeren Kollegen auf der Karriereleiter an sich vorbeiziehen sieht; dann aber nicht zu resignieren und auf die «Habenseite» der eigenen Entscheidung zu blicken, die Medaille der Führung zu wenden und zu erkennen, dass Führung immer auch ein Führen von «unten» nach «oben» bedeutet, zeugt von großer Selbstbestimmtheit.

Das Durchhalten einer eigenen Identität ist riskant. Wesentlich einfacher ist die Orientierung an Trends und Moden, die auf breite Akzeptanz stoßen. Wer Moden folgt, braucht zwar keine Angst vor unangenehmem Auffallen zu haben. Allerdings verfügt man dann nicht über mehr als eine Standardidentität.[114]

Das Paradoxe ist: Moden folgen dem Trend, sie mitzumachen erfordert keinen Mut - eine eigene Identität hingegen zeugt von Mut, indem sie keinem Trend folgt. «Unsere» Musterbrecher sind keine Modepuppen. Sie folgen mutig der eigenen Identität.

«Unsere» Musterbrecher sind keine Modepuppen.

>>> Statt mehr desselben - Mut zur Vielfalt: Gerd Doege setzt bei seinen Personalentscheidungen auf Pluralität. Für ihn - übrigens selbst Ingenieur - ist eine Monokultur aus Betriebswirten und Ingenieuren keine beruhigende Vorstellung, obwohl sie in der Energieversorgung das klassische Recruiting-Schema darstellt.

>>> Wechselnde Maestros - Mut zur Selbststeuerung: Das Orpheus Chamber Orchestra «enttäuscht» die üblichen Erwartungen an ein Konzerterlebnis und verzichtet auf die Institution «Dirigent».

>>> Eigene Wege gehen - Mut zur Selbstdisziplin: Frau Lembke bleibt berechenbar für ihre Mitarbeiter, richtet ihr Fähnchen nicht nach dem Wind, nur weil es opportun wäre, auf den nächstbesten Trend zu setzen.

>>> Kraft der Unternehmensfamilie - Mut zur Tradition: Victorinox erliegt nicht dem Reiz der Kapitalmärkte, denn man will die räumliche Verbundenheit auch langfristig aufrechterhalten.

Das zirkuläre Verhältnis zwischen den beiden «Mustern» des Musterbruchs «Reflexion» und «Mut» holt uns abermals ein, wie Sie im nächsten Kapitel sehen werden. Es ist eine gewisse «Sprungkraft» nötig, wenn man sich auf das Hinterfragen von Selbstverständlichem einlassen will. Mut lässt aus Gedachtem Sichtbares werden. Und Reflexion verhindert den unüberlegten Sprung, macht Mut zum leisen Mut.

Bindungskraft durch echte Beziehung

Bindungskraft durch Beziehung – wie meinen wir das? Versucht man den Begriff «Beziehung» zu ergründen, so erkennt man eine Reihe von Interpretationen, Dimensionen und Zusammenhängen, in denen der Begriff «Beziehung» gebraucht wird. Eine Beziehung verknüpft zwei oder mehrere abstrakte oder konkrete Dinge oder Personen miteinander. Unterschiedliche

Beziehung in vielen Beziehungen!

Kontexte sind erkennbar: Liebesbeziehungen, Freundschaften, Partnerschaften, Zweierbeziehungen, Kausalbeziehungen, mathematische Relationen. Letztlich betrifft dies auch die philosophische Frage nach der Welt und der Beziehung ihrer Elemente zueinander. Im wirtschaftlichen Kontext benutzen wir den Begriff in ambivalenter Form. Netzwerkbildung, ja – aber zwischenmenschliche Beziehung? Eine solche wäre ein Zeichen mangelnder Professionalität.

Ein augenfälliges Beispiel des «Miteinander-in-Beziehung-tretens» in Form von Netzwerken ist das Internet. Im Dezember 1996 gab es gerade einmal 15.000 de-Domains, zur Jahrtausendwende bereits 3,8 Millionen und im

September 2008 12,2 Millionen. Man gelangt per Mausklick an Daten in einem Umfang, wie es vor zehn Jahren noch unvorstellbar gewesen wäre. Es entstehen neue und andere Beziehungen in alle Teile der Welt hinein, rund um die Uhr. Diese Art der Verknüpfung wird natürlich auch wirtschaftlich intensiv genutzt. Käufer tun sich zu Interessengemeinschaften zusammen, um günstiger an die gewünschte Ware zu gelangen, Dienstleister vernetzen ihr Angebot, um Komplettlösungen anbieten zu können. Die Möglichkeiten scheinen gigantisch.[115] Leider bleibt etwas auf der Strecke, besser gesagt auf der Datenautobahn, nämlich all das, was wir nicht mit Bits und Bytes erfassen können: Wie hört sich die Stimme an, wenn mein Gegenüber aufgeregt oder gelangweilt ist? Wie fest drückt er oder sie meine Hand bei der Begrüßung?

Wie fühlt es sich an, mein Gegenüber?

Beziehungen in der Wirtschaft müssen logisch, transparent und rational nachvollziehbar sein. Sie müssen sich managen lassen, in vertikaler, horizontaler und lateraler Richtung. Vertikales Beziehungsmanagement zeichnet sich dadurch aus, dass das Verhältnis zum Kunden und Lieferanten gemanagt wird. Das horizontale Beziehungsmanagement soll die Relationen zu Mitbewerbern abbilden. Und das laterale Beziehungsmanagement thematisiert die Beziehung zu Medien, zu Behörden, zur Politik oder zur Wissenschaft.

Mit dieser Emotionalität, die mitschwingt, wenn wir von Beziehung sprechen, wollen wir im Wirtschaftsleben eigentlich nichts zu tun haben. Außer-

«Dienst ist Dienst und Schnaps ist Schnaps!»

dem: Was zählt, ist das «Ich», nicht das «Wir»! Persönliche Beziehungen, viel-

«Bewahren Sie sich Ihre nötige Distanz.»

leicht sogar Freundschaften am Arbeitsplatz – das geht zu weit. Beziehungen

«Nehmen Sie sich das nicht so zu Herzen.»

sind nicht angesagt, denn wer sich in Beziehung befindet, riskiert etwas, Vertrauen kann gebrochen, Launen müssen ertragen werden, und die eigene Verwundbarkeit steigt.[116]

Erstaunlich, wenn nach einer Studie der Gallup Organization Punkte wie Anerkennung und Lob, Interesse an der Arbeit des anderen, Unterstützung durch den Vorgesetzten und nicht zuletzt Freundschaft im Beruf für eine Million befragte Arbeitnehmer in einem Zeitraum von über mehr als 25 Jahren ein qualitativ hochwertiges Arbeitsumfeld ausmachen.[117]

220

Ein Symptom für den Wunsch nach Beziehung ist die so genannte «Work-Life-Balance». Es besteht die Forderung nach Balance zwischen Arbeit und Leben. Etwas scheint aus dem Gleichgewicht geraten zu sein und muss wieder in eine gesunde Relation – in Beziehung – gebracht werden. Doch wovon sprechen wir, wenn wir die Balance zwischen Arbeit auf der einen und Leben auf der anderen Seite thematisieren? Das Begriffskonstrukt «Work-Life-Balance» trennt Arbeit und Leben, unterstellt, dass Arbeit nicht Teil des wirklichen Lebens ist. Entscheidend scheint die Balance, nicht aber die Verknüpfung. Der Philosoph Walther Ch. Zimmerli spricht vom «Unfug des Gleichgewichts» und stellt die pointierte Frage: «Arbeitest Du noch, oder lebst Du schon?» Leben und Innovation können nur in Ungleichgewichtszuständen, fern vom Gleichgewicht, entstehen. Gleichgewicht dagegen ist im besten Fall Fließgleichgewicht, im schlimmsten Fall aber Stillstand und Tod. Das Postulat einer Work-Life-Balance ist daher so etwas wie ein hölzernes Eisen, ein Rezept für einen nicht besonders interessanten vorzeitigen geistigen Ruhestand, kurz: nicht viel mehr als eine Formel, die in aller Munde ist, ohne auf dem Weg dorthin notwendigerweise immer durch die dazugehörigen Gehirne gegangen zu sein.[118]

«Arbeitetst Du noch, oder lebst Du schon?»

221

Also nicht die quantitative, über die Uhr messbare Balance zwischen Freizeit und Arbeitszeit muss hergestellt werden, sondern Arbeit als wichtiger Teil des eigenen Lebens sollte in Beziehung zu den anderen Dingen stehen, die man tut.

Lassen Sie uns noch einmal zu einem bereits erwähnten Beispiel zurückkommen: dem Unternehmen betapharm. Dort wird das Gleichgewicht zwischen Leben und Arbeit hergestellt, indem man beide Begriffe als eine Einheit auffasst, ohne sie zu trennen oder explizit zu managen. Dies machte uns neugierig, zumal man sich als Unternehmen durch den eigenen, öffentlich formulierten Anspruch unter Beobachtungsdruck stellt. Das Managementverständnis eines Unternehmens, das sich selbst als «guten Bürger» in sozialer Verantwortung bezeichnet und sich in Beziehung zur Gesellschaft –

Stichwort: «Corporate Citizenship» – sieht, setzt sich folgendes Ziel: «Bei betapharm soll sich jeder als Teil der Gemeinschaft fühlen und Sinn und Freude in der Arbeit finden.»

Differenzierung in der Austauschbarkeit – Leidenschaft als USP

«Eigentlich», so Peter Walter, Gründer und bis 2005 Geschäftsführer von beta-pharm, «habe ich keine Ahnung, wie man richtig managt!» Diese provokative These schmetterte er uns zu Beginn unseres Interviews 2005 entgegen. Direkt und etwas herausfordernd – so erleben wir die Führungspersönlichkeit Peter Walter. Ihm ist Management zuwider, das wird spätestens deutlich, als er über die «Proleten» und «menschlich unzumutbaren Führungskräfte» schimpft, die als Topmanager die Geschicke eines Konzerns zu steuern versuchten, in dem Walter vor seiner Gründung von betapharm bis 1993 tätig war. «Ich möchte mitmachen, stelle mich ans Band, muss mich hineinfühlen in die Mitarbeiter und deren Tätigkeit, um eine Vorstellung davon entwickeln zu können, was zu tun ist. Das gelingt nicht durch den bloßen Soll-Ist-Zahlenvergleich. So kann man managen, nicht führen! Zahlen können helfen, mehr aber auch nicht.» Als Kind der Nachkriegszeit, geboren 1940, hat Walter gelernt, dass es zum Führen gehört, selbst anzupacken. Er möchte die Menschen kennen, mit denen er zusammenarbeitet, wissen, wie die Produktion abläuft, die Bedürfnisse der Kunden ergründen. Das war wohl auch einer der Gründe, weshalb er sich dazu entschloss, das Angebot eines Geldgebers wahrzunehmen und ein Generika-Unternehmen in Deutschland zu gründen – ein Unternehmen, dessen Produkte vollkommen austauschbar sind.

Welche Legitimation sollte ein Unternehmen haben, auf dem Generika-Markt tätig zu werden? Diese Frage stellte sich auch für Peter Walter, doch sie konnte ihn nicht irritieren, denn er war getrieben von einer Vision: «Ich möchte beweisen, dass es möglich ist, ein Unternehmen mit Fairness, Offenheit und Vertrauen zu führen, und dass man auf Grund dieser Philosophie auch erfolgreich sein kann.»

Die Zahlen gaben ihm Recht: Seit der Gründung stetig wachsende Umsätze auf

222

Ich möchte mitmachen, stelle mich mit ans Band, muss mich hineinfühlen in die Mitarbeiter und deren Tätigkeit, um eine Vorstellung davon entwickeln zu können, was zu tun ist.

184 Millionen Euro im Jahr 2006, vom Nobody zur Nummer vier der deutschen Generika-Hersteller aufgestiegen, und das immer wieder mit herausragender Performance in einem von veränderten Rahmenbedingungen und staatlicher Regulierung heimgesuchten Gesundheitsmarkt.

Grundsätzlich ist Walter davon überzeugt, dass der einzige Zweck von Führung darin besteht, Menschen zu gewinnen und zu begeistern, all ihre Energie dafür einzusetzen, den Wettbewerb zu gewinnen. Wie er das umsetzt, stellt uns Peter Walter anhand von fünf Bausteinen dar. «Information» und «Transparenz» trägt er in das unterste der aufeinander aufbauenden Ovale auf dem Flipchart ein. Darauf folgen «Vertrauen» sowie «Integrität» und «Zugehörigkeit» als zweite und dritte Bausteine. In das vierte Oval trägt er den «Stolz» der Mitarbeiter ein, und gekrönt wird das ganze Bild vom letzten Baustein – der «Leidenschaft».

«Wenn ich im Ergebnis möchte, dass Mitarbeiter Leidenschaft für das Unternehmen entwickeln, dann muss ich mit offener und fairer Information beginnen. In dem Pharmakonzern, in dem ich zuvor war, wurde stundenlang darüber diskutiert, wie man wem was sagen soll. Es kam nie jemand auf die Idee, die Wahrheit zu sagen, den Mitarbeitern die Wahrheit zuzumuten. Das konnte ich nicht verstehen. Wenn man jedoch offen, fair, sauber und ehrlich informiert, entsteht daraus Vertrauen. Ich sage nichts, was nicht stimmt, und aus diesem Grund vertrauen mir die Mitarbeiter. Ich gebe auch zu, wenn ich etwas nicht weiß oder wenn ich etwas nicht sagen kann. Aus diesem Vertrauen entstehen Integrität und ein Zugehörigkeitsgefühl.

Da standen wir bereits 1997. Unser Wettbewerbsvorteil war es, dass wir allen Ärzten und Apothekern – da wir zu 97 Prozent nur verschreibungspflichtige Medikamente vertreiben, sind das unsere direkten Kunden – absolute Preistransparenz gewährten. Bis zu diesem Zeitpunkt war das nicht üblich in der Branche. Das war unser Differenzierungsmerkmal bis 1997, doch dann wurden wir als Konkurrent wahrgenommen, und es machte unseren Mitbewerbern keine Mühe, uns in diesem Bereich zu kopieren. In dieser Zeit überlegte ich:

Information

Transparenz

Vertrauen

Integrität

Zugehörigkeit

Stolz

223

‹Was benötigen wir, damit die Mitarbeiter wieder stolz aufs Unternehmen sind und sich als etwas Besonderes fühlen?› Es musste etwas sein, was zu uns passt, es musste mit unserer Kultur kompatibel sein. Und durch einen Zufall kamen wir in Kontakt mit dem ‹Bunten Kreis›, einer Augsburger Elterninitiative, die sich der nachklinischen Betreuung von Familien mit krebskranken Kindern widmet. Die Zusammenarbeit mit dieser Initiative war der Grundstein für unser soziales Engagement. Keine Masche, kein Marketing-Gag, sondern eine Überzeugung, die von fast allen Mitarbeitern getragen wird und die zu unserem strategischen Wettbewerbsvorteil geworden ist, dessen Abschirmbarkeit sehr hoch ist, da er zu einer Leidenschaft unserer Mitarbeiter erwachsen ist.»

In seinen Ausführungen erlebte man jemanden, der reflektiert hatte, der mutig genug war, die Branchenlogik zu durchbrechen; aber vor allem spürte man Beziehung. Beziehung zum Unternehmen, zu den Ärzten und Apothekern, zu der Frage, welche Probleme in Zukunft die Gesundheitsbranche treffen würden, Beziehung zur Gesellschaft und natürlich zu den Mitarbeitern.

Nicht nur die Zahlen stimmten. Wenn man durch das Unternehmen ging, traf man auf selbstbewusste, offene Mitarbeiter in einem Gebäude, das praktisch keine Türen kannte. In Gesprächen mit zwei Mitgliedern der damaligen Geschäftsleitung spürte man Begeisterung für die Idee von betapharm, was vom Management vielleicht auch nicht anders zu erwarten war. Überzeugt wurden wir dann spätestens, als uns ein Mitarbeiter spontan und ohne vorherige Absprache durch das Gebäude führte. Dieser junge Mann, der sich mit seiner Frau, die ebenfalls im Unternehmen arbeitete, die Elternzeit teilte, bot das Bild eines zufriedenen, eigenmotivierten Mitarbeiters, der in Beziehung zu seinem Unternehmen stand. Vielleicht lag der Erfolg von betapharm darin begründet, dass Walter sehr stark auf die Mitarbeit von Frauen setzte. Darauf angesprochen, warum fast zwei Drittel seiner Mitarbeitenden – auch in der Geschäftsleitung – Frauen seien, antwortete Walter durchaus selbstkritisch mit einem Augenzwinkern: «Vielleicht, weil ich kein zweites Alphatier neben mir ertragen hätte!» Doch seine Überzeugung ging tiefer: «Frauen können sich

Frauen können sich mehr für die Werte begeistern, brennen mehr und tun die Dinge der Sache wegen, ohne zuerst zu fragen, was es bringt.

mehr für die Werte begeistern, brennen mehr und tun die Dinge der Sache wegen, ohne zuerst zu fragen, was es bringt. Männer erlebe ich häufiger – nicht immer – genau anders herum.» Peter Walter stellte bevorzugt Mütter ein, denn nach seiner Auffassung würden Mütter prinzipiell nachhaltig denken, ließen sich stärker für neue Ideen begeistern.

Dass sich diese Führungskultur auch in unsicheren Zeiten bewährt, hat betapharm bereits einmal bewiesen. 2004 hat das Unternehmen den Besitzer für 300 Millionen Euro gewechselt und stand unter dem Druck einer Mehrheitsbeteiligung der Investorengruppe 3i. Die Angst der Mitarbeitenden vor einem nur durch finanziellen Erfolg motivierten Weiterverkauf war deutlich spürbar. Mit Dr. Reddy's Laboratories, einem indischen Pharmakonzern, der im März 2006 für 480 Millionen Euro – also mit einer Steigerung um 60 Prozent in nur zwei Jahren - betapharm übernahm, hat man einen Mutterkonzern gefunden, der das soziale Engagement unterstützt, weiter ausbaut und den Erfahrungsaustausch sucht. Ende 2005 ging die Leitfigur Peter Walter mit 65 Jahren in den Ruhestand. Sein Nachfolger, Dr. Wolfgang Niedermaier, lebt die Unternehmenskultur weiter, muss nun jedoch eine Antwort auf eine neues Problem finden: Seit 2007 wurde der Markt für Generika gänzlich auf den Kopf gestellt. Die gesetzlichen Krankenkassen schließen mit Generika-Herstellern so genannte Rabattverträge ab. Nicht mehr die Ärzte und Apotheker sind die eigentlichen Kunden von betapharm, sondern die Kassen, denen durch die Produzenten Rabatte gewährt werden.

Wir beobachten mit Spannung, wie sich die Unternehmenskultur von betapharm vor dem Hintergrund dieser geänderten Rahmenbedingungen und als integrierter Bestandteil eines indischen Konzerns, der global agiert, bewähren wird.

> *Erlebnis ohne Erfolgsgarantie*

Dirk Osmetz, Stefan Kaduk, Augsburg, seit 2005

Ob Beziehungen nach dem klassischen Managementverständnis gesteuert, geplant und gestaltet werden können, müssen wir nach unserer Erfahrung bezweifeln. Nicht zuletzt betapharm hat gezeigt, dass mehr dazu gehört als

225

Strukturen, Prozesse und Werkzeuge. Vielmehr muss Beziehung sehr weit gedacht werden. Die Facetten sind zahlreich und lassen sich in zwei Kategorien unterteilen:

>>> Beziehung zu den anderen

>>> Beziehung zu sich selbst

Beziehung zu den anderen

Ich gehe auf meine Mitmenschen ein, möchte ihre Wahrheiten und Überzeugungen kennen lernen. Ich setze mich mit dem Gegenüber im Kontext meiner eigenen Ansichten auseinander. Für Beziehungen zu Menschen setze ich mich ein, sie haben für mich einen wirklichen Wert.

Die zwischenmenschliche Beziehung besitzt nach neurobiologischen Erkenntnissen eine entscheidende Bedeutung für das menschliche Wohlbefinden. Die Säuglingsforschung zeigt, dass der Abbruch der Beziehung oder die Veränderung der Beziehungsqualität eine massive Aktivitätssteigerung der Stressgene zur Folge hat. Umgekehrt belegen Tests, dass eine positive Beziehung Stress weniger stark durchschlagen lässt.[119]

Aber Beziehungen spielen nicht nur für das Individuum eine wichtige Rolle, sondern auch für das Überleben ganzer Gruppen. In der Evolution sind Bindungen ein mittlerweile wissenschaftlich anerkannter Vorteil. Man geht sogar davon aus, dass soziale Beziehungen erst durch die Evolution entstanden sind. Gruppen, deren Mitglieder in enger Beziehung zueinander standen, waren stark individualisierten, egozentrisch geprägten Gemeinschaften in ihrer Entwicklung stets überlegen und vermochten diese problemlos zu verdrängen. Diese Bindungen erlauben es den Menschen, hochkomplexe Systeme zu bilden, die erst die Grundlage heutigen Wirtschaftens und des technologischen Fortschritts ermöglichen.[120] Vielleicht erinnern Sie sich in diesem Zusammenhang an die Mantelpaviane, von denen uns Herr Keller berichtete, die auf Grund ihres transparenten Entscheidungsprozesses den Mitgliedern der Gruppe, egal welcher hierarchischen Ebene, die Beziehung

Gruppen, deren Mitglieder in enger Beziehung zueinander standen, waren stark individualisierten, egozentrisch geprägten Gemeinschaften in ihrer Entwicklung stets überlegen.

226

zum Problem ermöglichten. Bei aller propagierten Individualität fühlen auch

wir Menschen heute, dass es eben doch nicht genügt, als «Einzeltäter» durch

die Welt zu gehen. Probleme können nur noch selten von Einzelnen gelöst

werden. Die Individualintelligenz reicht nicht mehr aus, Teamintelligenz ist

gefordert. An die Stelle von Entscheidungen Einzelner treten konsensorien-

tierte Gruppenprozesse, in denen Teamentwicklung und Coaching zur zen-

tralen Führungsaufgabe werden.[121] Sicherlich gelingt es, durch entspre-

chende strukturelle Maßnahmen, z. B. Zielvereinbarungen und transparente

Kommunikationsprozesse, diese Teamintelligenz zu fördern. Entscheidend

ist jedoch auch hier, wie Menschen miteinander vernetzt sind, wie sie für-

einander und miteinander Lösungen erarbeiten.

Die Zahl ist offenkundig einer der größten Beziehungskiller! Aber inwie-

fern soll dieses für Logik und Rationalität stehende Phänomen Beziehun-

gen verhindern?

Knut Bleichers

Randbemerkung:

«Der Weg von der Fremdvor-

gabe zur Selbstverpflichtung,

von der Fremdkontrolle zur

Selbstevaluation, weniger

beim Einzelnen als vielmehr

im sozialen Verbund der

eigenen Gruppe oder im

Netzwerk mit anderen, wäre

eine Ideallösung, um dem

Dilemma einer technokra-

tischen zielhierarchischen

Führung zu entgehen.»

Die Zahl ist eines der zentralen Bindungselemente zwischen dem Manage-

ment und dem, was zu managen ist. Leider wird über Zahlen und Statistiken

Die Zahl als Beziehungsstrang mit Grenzen

eine Realität erzeugt, die nur eine sehr eingeschränkte Perspektive auf das

Problem erlaubt. Denn was geht verloren, wenn man Wachstum, Gewinn,

Risiko, Innovationskraft, Kundenzufriedenheit oder Mitarbeitermotivation

nur mit einer Zahl erfassen will? Wie es der Wirtschafts- und Sozialstatis-

tiker Professor Walter Krämer plastisch darstellt, ist die Zahl ein Instrument,

das, richtig manipuliert, eine Illusion der Präzision erzeugt.[122] Diese Aussage

stammt von jemandem, der bis 2004 gewählter Fachgutachter für Statistik

und Fachausschussvorsitzender für die gesamten Wirtschaftswissenschaftler

der Deutschen Forschungsgemeinschaft war! Walter Krämer geht noch weiter

und sagt beispielsweise, dass die Zahl eine Orientierung sei und kein Eigen-

leben führe. Im Kern richtet sich seine Kritik gegen eine auf Unwissenheit

aufbauende Zahlenblindheit. Oder wie der Kollege von Krämer, Professor

Gerd Gigerenzer, Direktor des Max-Planck-Instituts für Bildungsforschung

in Berlin, sagte: «Zahlenblind bedeutet, dass man nicht mit Zahlen umgehen

227

kann, dass man ihre Bedeutung nicht hinterfragen kann. Dabei ist genau das der Witz, das Entscheidende, der Sinn der ganzen Zahl: sich fragen, was sie bedeutet.»[123]

Zahlen erzeugen, richtig manipuliert, eine Illusion der Präzision.

Zahlen erzeugen, richtig manipuliert, eine Illusion der Präzision.

Diese Frage nach der Bedeutung wird im Führungsalltag nur selten gestellt, wie nachfolgende Beispiele zeigen:

>>> Jahr für Jahr erfahren wir, dass Autos immer sicherer werden. Dies wird in Statistiken durch eine sinkende Zahl an Verkehrstoten belegt. Seit Einführung der Verkehrsstatistik im Jahre 1953 lag die Zahl der Verkehrstoten 1969 noch bei ca. 20.000 und sank 2004 erstmals auf unter 6.000. Der signifikante Zusammenhang zwischen verbesserter Knautschzone, Airbag, leistungsfähigeren Bremsen, Stabilitätsprogrammen etc. scheint klar. Wirklich? Vielleicht rührt diese abnehmende Zahl Verkehrstoter unter anderem auch daher, dass seit dem 1. November 1970 die Hubschrauberrettung in Deutschland eingeführt und kontinuierlich ausgebaut wurde.

>>> Die Marktforschung suggeriert, man sei in der Lage, Verbraucherverhalten für die nächsten drei Jahre vorherzubestimmen, um, darauf aufbauend, Absatzprognosen zu erstellen. Wie kommt es aber dann, dass trotz experimenteller Mikrotestmärkte, Verbraucher-Panels und Werbetests der viel beworbene, die Darmflora regenerierende Joghurt mit Vitaminzusatz in der Geschmacksrichtung Aloe vera wieder aus den Regalen der Supermärkte verschwindet?

>>> Als Grundlage für die Steuerung und die Kontrolle eines Unternehmen werden unter anderem Meldungen über den Zustand und die Einsatzfähigkeit von Personal und Material abgerufen, sei es bezogen auf die Zahl einsatzbereiter Fahrzeuge, auf Absenzen oder auf Lagerbestände. Der Führungskraft wird beispielsweise der Krankenstand mittels einer Prozentzahl geliefert. Letztere lässt Rückschlüsse auf die Leistungsfähigkeit oder die Arbeitszufriedenheit der Mitarbeitenden zu. Doch was besagt die reine Krankenstandsquote wirklich, und was bedeutet es ferner, wenn man diese

Quote mit derjenigen eines anderen Unternehmens vergleicht? Wir sind uns des Zusammenhangs bewusst, dass in Zeiten der Rezession Mitarbeitende aus Angst vor dem Verlust des Arbeitsplatzes häufig trotz Krankheit arbeiten. Doch lässt sich ernsthaft behaupten, dass ein Unternehmen A mit einer Absenzquote von fünf Prozent über weniger zufriedene Mitarbeiter verfügt als ein Unternehmen B, das eine Quote von drei Prozent aufweist? Der Rückgriff auf die bloße Zahl birgt Gefahren in sich. Denn vielleicht waren die fünf Prozent in Unternehmen A auf Grund einer Grippewelle tatsächlich krank, jedoch prinzipiell hoch motiviert und zufrieden, während die Hälfte der Absenzen in Unternehmen B durch «Krankfeiern» zu erklären ist. Welchen Wert haben dann eigentlich Statistiken und Vergleiche, wenn man lediglich die «nackte Zahl» betrachtet?

Hinter dem Gewand der «Unfehlbarkeit» von Zahlen bleibt zwangsläufig das verborgen, was sie nicht ausdrücken können. Sie können keine Perspektiven einfangen, können nur Messbares ausdrücken, scheitern an Gefühlen und an Beziehung. Gereinigt von all diesem Ballast, wird dem Entscheider dann die Situation in Form von Tabellen oder Diagrammen dargestellt.

Zahlen schaffen eine vermeintliche Realität, gaukeln Beziehung zu dem vor, was man messen will. Sie verdecken und verhindern damit aber echte Verbundenheit. Die Zahl verleiht ein Gefühl von Sicherheit und Legitimation, denn es wurde alles getan, damit die Vorgaben erfüllt wurden. Führungskräfte können sich also beruhigt zurücklegen, müssen keine Energie in die eigene Verantwortlichkeit stecken. Sollte etwas nicht funktionieren, kann man sich ja auf die Zahlen berufen. Das nächste Mal wird noch genauer gerechnet, werden mehr Testkäufer befragt, wird die Ermittlung der Ausgangswerte präziser durchgeführt. Die Zahl bekommt quasi-religiösen Charakter. «Die Gebote dieses Glaubens: Die Zahl ist der Zweck, der Wert und Sinn. Es gibt keine anderen Werte neben ihr. Du sollst die Zahl ehren, damit du sicher lebst im Business.» [124]

229

«Wer sich nicht glaubt, glaubt an Zahlen.» CP Seibt

Mehr als eine Nummer – Not-wendig, um die Not zu wenden

Wir hatten einen Fernsehbeitrag über eine Hausgemeinschaft demenzkranker Menschen gesehen. Es war frühmorgens, und üblicherweise will man zu dieser Zeit einfach nur unterhalten werden, um seinen Weg in den Tag besser zu finden. Dieser Beitrag vermittelte kaum etwas von dem, was man zu diesem Thema eigentlich erwarten würde. Vielmehr wurden alte Menschen gezeigt, die in bewegender Normalität in einer Gemeinschaft lebten. Wir fanden heraus, dass diese Hausgemeinschaft eine Einrichtung der Caritas ist, und kontaktierten Franz J. Stoffer, den Geschäftsführer der Caritas Betriebsführungs- und Trägergesellschaft mbH (CBT) in Köln. Er nahm sich einen Abend für unser Thema Zeit.

Ein erstes, prägendes Führungserlebnis war in der Zusammenarbeit mit einem ihm vorgesetzten Prälaten bereits viele Jahre zuvor entstanden. Dieser hatte die Angewohnheit, mit Mitarbeitern Gesprächstermine für den frühen Abend zu vereinbaren und diese beliebig oft nicht einzuhalten. Eines Tages gab es wieder so eine Vereinbarung für 17.30 Uhr. Um 18.00 Uhr ging Herr Stoffer unter den entsetzten, aber auch bewundernden Blicken seiner Kollegen aus dem Büro. Er konnte nicht begreifen, dass man in einem christlichen Unternehmen auf diese Weise mit Menschen umgeht. Nach diesem Erlebnis, über das in der Folgezeit nicht ein einziges Mal mehr gesprochen wurde, gab es keine derartigen Gesprächsanordnungen mehr.

Ein vielleicht unspektakuläres Beispiel, aber es prägte das Führungsverständnis von Herrn Stoffer nachhaltig. Man merkt, dass er stolz darauf ist, was seit 1979 entstanden ist. Auch er spricht von Zahlen und Statistiken, spricht davon, dass die CBT, die einen Frauenanteil von 85 Prozent hat, gerade zu den 15 besten Arbeitgebern Deutschlands gewählt wurde und dass sich 94 Prozent der Mitarbeitenden in sehr hohem Maße mit dem Unternehmen identifizieren. Es ist gelungen, bei 50 Prozent der Demenzkranken auf die Verabreichung von Psychopharmaka gänzlich zu verzichten und bei der anderen Hälfte die Dosis um 30 Prozent zu reduzieren. Herr Stoffer ist stolz darauf, dass die CBT modernsten Standards der Unternehmensführung genügt. Man ist ausgestattet mit

Qualitätsleitlinien, führt interne und externe Qualitätsprüfungen der Dienste durch, eine spezielle Pflegedokumentation schafft Transparenz im Pflegeprozess und in der Evaluation der Pflegeergebnisse. Man führt regelmäßige Befragungen von Bewohnern, Angehörigen und Mitarbeitern durch, und es gibt ein institutionell verankertes Reklamationsmanagement. Das Controlling liefert monatliche Berichte über Erlöse, Auslastung, Budgetabweichung, Pflegestufen, Kostenstruktur, und mithilfe der Balanced Scorecard findet ein Ranking der Häuser statt. Gerade vor dem Hintergrund immer knapper werdender Kassen ist das aus der Sicht von Franz J. Stoffer überlebenswichtig.

Das Besondere der CBT und ihres Führungskonzepts erschließt sich jedoch nur, wenn man die Philosophie in der Pflegearbeit beleuchtet und dem zahlen- und faktenorientierten Managen entgegenstellt:

Biografiearbeit:
Unsere Mitarbeiter gehen in die
Wohnungen der alten Menschen,
fotografieren die Schränke,
wie alles drinnen liegt, wie die
Möbel stehen.

«Die ganze soziale Arbeit ist heute nach wie vor von altem Krankenhausdenken geprägt. Bis 10.00 Uhr müssen im Altenheim in der Station alle Aufgaben erledigt sein. Die Mitarbeiter haben ihre festen Dienstpläne. Das alles haben wir verändert. Wir gehen vom alten Menschen aus, wir machen eine klare Biografiearbeit. Wenn der alte Mensch sich nicht mehr äußern kann, müssen wir wissen, wie er früher gelebt hat. Meinen Mitarbeitern erkläre ich dies wie folgt: ‹Wenn Ihr das mit der Biografiearbeit nicht sauber macht, dann steht in meiner Akte drin, er hat immer gerne Fußball geschaut. Jetzt setzt Ihr mich vor das Fernsehgerät, und ich muss Schalke 04 gucken. Dass ich dann renitent werde und den ganzen Laden auseinander nehme, habt Ihr euch dann selbst zuzuschreiben. Da muss nämlich genau drinstehen, er will nur Borussia Dortmund sehen.›

Und diese Präzision haben wir immer mehr verinnerlicht. Wir haben eine eigene Einzugsberatung. Unsere Mitarbeiter gehen in die Wohnungen der alten Menschen, fotografieren die Schränke, wie alles drinnen liegt, wie die Möbel stehen. Wenn ich als Demenzkranker meine Vergangenheit nicht mehr vorfinde, dann räume ich doch den ganzen Laden um. Erst wenn wir das alles wissen, kann ich den Tagesablauf dieser Menschen umgestalten. Wenn ein Mensch bis 11.00 Uhr schläft, dann schläft der eben bis 11.00 Uhr und bekommt dann sein Frühstück.

Das ist so normal, so einfach, wie man es auch zu Hause haben möchte. Das ermöglichen unsere fantastischen Mitarbeiterinnen und Mitarbeiter.

Als Erste in Deutschland haben wir im Jahr 1995 einen kundenorientierten Heimvertrag eingeführt. Bislang waren die immer ausgehend von den Rechten des Trägers formuliert, wir haben zunächst an den Pflichten des Trägers angesetzt. Damals habe ich dafür Prügel bekommen, heute verwenden ihn die Verbraucherverbände als Mustervertrag. Da steht eine Philosophie dahinter, die von der Beziehung zum Menschen ausgeht und nicht von der Institution. Das sagen die meisten zwar, aber letztendlich muss sich in der Vielzahl der Fälle der Mensch nach der Institution richten. Deswegen funktioniert das nicht. Das Eingehen auf die Wünsche der Bewohner setzt eine unglaubliche Flexibilität voraus. Wir versuchen natürlich gleichzeitig auch, die Interessen der Mitarbeiter einzubringen, aber an erster Stelle steht der Bewohner. Die meisten Mitarbeiter leben auf, weil sie nicht nur den Abbau, sondern auch die noch vorhandenen Ressourcen von Menschen erkennen. Es entsteht Freude, und Sinn in der Arbeit wird wieder erkannt. Deshalb haben wir auch keine Rekrutierungsprobleme, gleichzeitig eine Fachkraftquote von über 60 Prozent. Wer allerdings so nicht arbeiten will, der kann mit diesem Konzept auch nicht glücklich sein. Jeder bekommt die Chance, seinen neuen Weg zu finden. Wenn wir aber nach einem Jahr erkennen, dass das nicht gut läuft, dann trennen wir uns auch konsequent.»

2004 hatte die CBT 25-jähriges Jubiläum. Mit einer stolzen Rede von Herrn Stoffer, dem kreativen Motor, der sich zu Recht auch einmal selbst feiert? Nein. Es wurde an jeden Mitarbeiter ein Geldsäckchen mit 25 Ein-Euro-Münzen verteilt, verbunden mit herzlichem Dank für ein Vierteljahrhundert Dienst am Menschen. Sonst nichts.

Herr Stoffer liebt Sprachspiele, etwa dieses: «Neue Führung ist not-wendig, um die Not zu wenden.»

> *Erlebnis ohne Erfolgsgarantie*

Stefan Kaduk, Köln, seit 2005

Herr Stoffer und sein Team hätten die alten Menschen wie Nummern behandeln können. Sie hätten nach bloßem Verteilungsschlüssel eine bestimmte Quadratmeterzahl Wohnfläche zuweisen und die Möbel so platzieren können, dass eine möglichst effiziente Betreuung der Heimbewohner gewährleistet wäre. Man könnte morgens um 7.00 Uhr wecken, und das Personal bekäme nach standardisierter Berechnung Vorgaben für die Pflege der Bewohner. Zuwendung gäbe es gemäß den «Orientierungswerten zur Pflegezeitbemessung». Wie weit wäre Herr Stoffer gekommen, hätte er versucht, sich nur mit Statistiken ein Bild über die alten Menschen zu machen?! Vielleicht hätte er etwas über die Häufigkeitsverteilung gewisser Krankheitsbilder erfahren, über Zimmerbelegung und Pflegezeiten, wohl kaum aber etwas über die Geschichte, die Charaktere und die Potenziale der Bewohner. Ein noch krasseres Beispiel: Im September 2005 ist ein Buch mit dem Titel «Abgezockt und totgepflegt» erschienen. Geschrieben hat es der ausgebildete Wirtschaftswissenschaftler und ehemalige Manager Markus Breitscheidel. Motiviert durch die Recherchen von Günter Wallraff, hat er sich 2001 entschieden, als ungelernter Pflegehelfer in deutschen Pflegeheimen zu arbeiten und seine Erlebnisse zu dokumentieren. Im Klappentext schreibt Breitscheidel:

«Die bittere Wahrheit:

>>> Im Minuten-Zeittakt und wie am Fließband werden wehr- und hilflose alte Menschen von ständig überforderten und schlecht ausgebildeten Pflegekräften abgearbeitet.

>>> Für Zuwendung und menschenwürdige Betreuung ist meist keine Zeit vorhanden. Der Heimbewohner mutiert zum bloßen Kostenfaktor.

>>> Ausbeutung und Überforderung der Pflegekräfte haben dramatische Ausmaße angenommen.

>>> Gefördert und betreut werden nicht die Menschen, wohl aber die Profitmaximierung der Betreiber steht im Vordergrund.

>>> Pflege- und Krankenkassensätze sowie die hohen Unterbringungspauschalen werden anscheinend zweckentfremdet eingesetzt.»

233

In der «NDR Talk Show» vom 2.9.2005, in der Breitscheidel sein Buch vorstellte, schilderte er, dass mit Menschen nach tayloristischem Vorbild umgegangen werde, dass er lange Zeit nicht einmal die Namen der Pflegebedürftigen erfahren habe, sondern dass diese Menschen nur mit der Zimmernummer benannt worden seien. Auf die Frage, wie man diese Probleme lösen könnte, antwortete er, das Entscheidende sei, dass das Pflegepersonal die Zeit und die Möglichkeit bekommen müsse, mit den Hilfsbedürftigen wieder eine Beziehung aufzubauen. Auch uns bestätigte eine ehemalige Mitarbeiterin eines privaten Pflegeheims, dass ihr immer wieder von den Vorgesetzten gesagt wurde: «Unterhaltet euch nicht mit den Leuten, putzt lieber!»

Eigentlich ist schon der Begriff «Pflegeheim» falsch, denn die Mechanik ist folgende: Je höher die Pflegestufe, desto mehr wird bezahlt. Aus rein betriebswirtschaftlicher Sicht muss es also gelingen, möglichst vielen Heimbewohnern die Pflegestufe III zuweisen zu lassen, denn dann zahlt die deutsche Pflegeversicherung am meisten. Durch Zuwendung und Beziehung jemanden wirklich so zu pflegen, dass es ihm besser geht, das passt nicht in die wirtschaftliche Systemlogik.

Hört und liest man dies, dann ist man erleichtert, wenn man jemanden wie Herrn Stoffer gefunden hat, der nicht allein Profitstreben zur Maxime seines Handelns erklärt.

Dieses Umfeld ist mit ein Grund dafür, dass die CBT von seinen Mitarbeitenden zu einer hervorragenden Arbeitgeberin gewählt wurde. Durch Beziehung gelingt es, die Eigenmotivation der Menschen zu stimulieren. Das gilt nicht nur für frustrierte Mitarbeitende im Gesundheitssektor oder für demenzerkrankte Bewohner eines Pflegeheims, die wieder Lebenslust empfinden, das gilt auch für Jugendliche, die längst abgeschrieben sind.

Energie aus Beziehung – Chancen im chancenlosen Bunnyhill

Unser Blick schweift über die Felder zu unserer Rechten. In drei bis vier Kilometern Entfernung sieht man die für fast eine halbe Milliarde Euro neu gebaute Allianz-Arena, in der die Stars des FC Bayern ihre Heimspiele bestrei-

ten. Wie ein UFO liegt sie da. Sie scheint nicht so ganz in die Umgebung zu pas-

sen, zumindest aus der Perspektive, die wir auf dieses Werk moderner Archi-

tektur haben. Wir sind gerade unterwegs ins Hasenbergl, in einen Stadtteil von

München, der im Volksmund auch «Bunnyhill» genannt wird. Das Hasenbergl

gehört – zusammen mit dem ländlichen Feldmoching – zum 24. Stadtbezirk

von München, hat ca. 25.000 Einwohner und gliedert sich nochmals in

Hasenbergl-Süd, -Mitte und -Nord. Wir sind heute zum Hasenbergl-Nord unter-

wegs, zu einem sozialen Brennpunkt mit extrem schlechtem Ruf. Ausländer-

anteil von über 40 Prozent, Menschen aus 30 Nationen treffen hier aufein-

ander, häufig nicht friedlich. Die höchste Jugendkriminalität in München,

Messerstechereien unter 15-Jährigen, Drogendelikte, Prostitution. Darum fah-

ren wir auch mit dem älteren unserer beiden Autos, aus Angst, man könnte viel-

leicht einen unnötigen Kratzer oder Schlimmeres provozieren – so tief sitzen

unsere Vorurteile.

Die Perspektive für die, die hier aufwachsen, ist ernüchternd. Wir werden später

noch erfahren, dass bei einer Umfrage unter Drittklässlern mehr als die Hälfte

als Berufswunsch «Sozialhilfeempfänger» angegeben hat.

Erstaunt sind wir, als wir dann das Hasenbergl-Nord erreichen. Sozialer

Wohnungsbau aus den 60-er und frühen 70-er Jahren, nicht besonders attrak-

tiv, aber ganz und gar nicht abschreckend. Sehr viel Grün, keine Betonwüste,

fast ausschließlich mehrstöckige Wohnblöcke, nur selten Hochhäuser, die zu

erwarten gewesen wären. Und natürlich auch keine brennenden Autowracks

auf der Straße.

Wir wollen zu Susanne Korbmacher, einer Sonderschullehrerin, die seit 20 Jahren

im Hasenbergl an einer Förderschule (ehemals Sonderschule genannt) unter-

richtet. Bisher hatten wir nur telefonischen Kontakt mit ihr, aber wir kennen

den für den Grimme-Preis nominierten Spielfilm «ghettokids», in dem Barbara

Rudnik eine ähnliche Rolle spielt wie Susanne Korbmacher im wahren Leben.

Auch den mehrfach ausgezeichneten Dokumentarfilm «Planet Hasenbergl –

Lichtblicke in der Münchner Bronx», einen Film über den Stadtteil und über

Susanne Korbmacher, haben wir uns in Vorbereitung auf das Treffen angese-
hen und haben von den vielen Projekten gelesen, mit denen Frau Korbmacher
das mediale Interesse auf die Kinder im Hasenbergl lenkt: dem intensivpäda-
gogischen Kreativitätsprojekt «Thealimuta» (Theater-Lieder-Musik-Tanz) und
dem Selbsthilfeprojekt für Kinder und Jugendliche «Lichttaler» sowie dem von
ihr im Jahr 2000 initiierten und seitdem geleiteten Verein «ghettokids – Soziale
Projekte e. V.» Frau Korbmacher beteiligt mittlerweile fast 240 Kinder und
Jugendliche an diesen Aktivitäten, hat 1998 den Verdienstorden der Bundes-
republik Deutschland erhalten und wurde 2003 vom Bayerischen Rundfunk
zur «Bayerin des Jahres» gewählt.

Es ist 16.30 Uhr, wir haben unser Auto geparkt und betreten das Stadtteilhaus
für Kinder und Jugendliche im Hasenbergl, eine Art Jugendzentrum, in dem
unterschiedliche soziale Träger beheimatet sind. Hier haben die «ghettokids»
Räumlichkeiten gefunden, in denen sie die ganze Woche über unterschied-

lichsten Aktivitäten nachgehen können. Genau dies wollen wir uns anschauen
und Frau Korbmacher in Aktion erleben.

Wir werden sehr knapp von ihr begrüßt, sie wirkt gestresst, und wir fühlen uns
fast schon als ungebetene Gäste. Es herrscht wildes Durcheinander, Kinder
und Jugendliche belagern sie, jeder will etwas von ihr, Räume sollen aufge-
schlossen werden, nicht erschienene Jugendliche, die sonst Kurse leiten, müssen
ersetzt, Karten für den öffentlichen Nahverkehr verteilt werden. «Wie viele
Getränke bekommt jeder heute?», «Wer macht heute das Trommeln?», «Können
wir fürs Beat-Boxing in den anderen Raum?» Wir nehmen in Kunststoffsesseln
Platz, wollen nicht stören. Achim Seipt, der hauptamtliche Leiter der Einrich-
tung vom Kreisjugendring der Stadt München und bis 2006 stellvertretender
Vorsitzender des «ghettokids»-Vereins, nimmt sich unser an, erzählt uns eini-
ges über das Haus, die sozialen Träger, die hier beheimatet sind, und über das
Hasenbergl. So ganz blicken wir nicht durch, das mag auch am Geräuschpegel
liegen, der eine normale Unterhaltung fast nicht möglich macht. Nach einer
guten halben Stunde hat sich das Chaos gelegt. Nun hellen sich auch die

Gesichtszüge von Frau Korbmacher auf. Aus den einzelnen Räumen dringt Musik, die Gänge sind leer, die Kids versorgt.

Wir haben eigentlich keine Ahnung, was hier geschehen ist. Frau Korbmacher erklärt es uns kurz: «Der Grundgedanke des Projektes ‹Lichttaler› basiert auf einem zielgruppenorientierten Tauschsystem des Gebens und Nehmens, wobei der Lichttaler als imaginäre Währung das Bindeglied darstellt. Für eine fest-

im Mittelpunkt stehen die Stärken und nicht mehr ihre Schwächen

gelegte Zeiteinheit bieten Jugendliche im kreativen, musischen, sprachlichen, sportlichen, schulischen, sozialen Bereich ihre Dienste an, jeder, was er kann. Der eine trainiert die Kleinen im Breakdance, eine 15-Jährige leitet die Sinti-Gesangsgruppe. Für diese Leistung bekommen die Kids eine vereinbarte Anzahl von Lichttalern. Die verdienten Lichttaler lösen die Kinder und Jugendlichen für ihre eigene Ausbildung ein. Der Junge, der Break-Dance-Unterricht gegeben hat, kann sich davon selbst bei einem Profi weiterbilden oder z. B. einen Computerkurs belegen. Die Kinder haben kein reales Geld in der Hand. Das verhindert Diebstahl und gegenseitige Abzocke.

237

Das Interessante daran ist, dass die Stärken der Kids im Mittelpunkt stehen und nicht mehr ihre Schwächen und Defizite, die sie sonst täglich in der Schule erleben. Hier erfahren viele zum ersten Mal Anerkennung für ihre Leistungen.»

Susanne Korbmacher kann enorme Erfolge vorweisen. Die Jugendlichen erkennen in dem Prinzip «Ich helfe mir selbst, wenn ich anderen helfe» eine neue Chance. Viele konnten, seit sie an den «ghettokids»-Projekten teilnehmen, von der Förderschule auf die reguläre Grund- oder Hauptschule wechseln, manche erhalten einen Ausbildungsplatz, andere machen eine Schauspielausbildung oder studieren sogar. So erzählt uns Jasmin [Name geändert] – sie leitet die Sinti-Gesangsgruppe –, dass sie früher eine echte Schlägerin gewesen sei, sogar Lehrkräfte angegriffen habe, wenn sie ihr nicht gepasst hätten.

Die Kids nehmen mir keine Energie, sondern sie geben mir welche.

Lauter Fünfer und Sechser im Zeugnis, keine Perspektive. Heute – nach zwei Jahren wöchentlich jeweils nur eintägiger «ghettokids-Förderung» – hat sie den qualifizierten Hauptschulabschluss gepackt und eine Lehrstelle in Aussicht – eine echte Erfolgsstory in diesem Umfeld.

Wir fragen uns, wie Susanne Korbmacher diese Jugendlichen «führt», die Projekte «managt» und woher sie die Kraft und die Energie nimmt. Denn es kostet Kraft und Energie, im Schnitt um die 50 Jugendliche an einem Nachmittag von 16.30 bis 22.00 Uhr zu beaufsichtigen, anzuleiten, zu führen, nachdem man schon den Vormittag mit der Unterrichtung von lerngestörten, verhaltensauffälligen Kindern und Jugendlichen zwischen der ersten und neunten Klasse verbracht hat. «Mich haben schon sehr oft meine Kollegen gefragt, woher ich die Energie nähme. Meine Antwort ist immer die gleiche: Die Kids nehmen mir keine Energie, sondern sie geben mir welche. Die Kinder sind meine Tankstelle. Diesen Energiefluss lasse ich zu. Ich reagiere aus der Stimmung heraus, stehe zu den Emotionen. Dazu muss man wissen, welchen Hintergrund die Kids haben. Aus welchen Verhältnissen sie kommen, ein Gefühl dafür entwickeln, was es heißt, wenn man nach Hause kommt und der Vater liegt vollgesoffen im Wohnzimmer oder die älteren Geschwister dealen mit Drogen in der Wohnung.

Das ist nicht immer leicht. Die Kinder zeigen ein Erscheinungsbild, das eine Annäherung auf den ersten Blick sehr schwierig macht. Das liegt natürlich auf der Hand, wenn der Vater Trinker ist und Frau und Kinder brutal schlägt. Andererseits ist es häufig so einfach: Als ich z. B. Jasmin kennen lernte, erzählte sie mir: ‹Ich greife auch Erwachsene an, schlage sie. Auch in der Schule.› Ich schaute ihr in die Augen und sagte, ohne sie zu kennen: ‹Jemand mit solchen Augen, der muss ein wahnsinnig liebevolles Mädchen sein. So helle und wache Augen. Ich würde mir als Lehrerin die Finger danach lecken, dich als Schülerin zu haben›. Sie erwartete die gleiche Ablehnung wie immer, doch da war plötzlich jemand, der ihr so schöne Sachen sagte. Ich hatte nur immer Kurzkontakte zu ihr, fragte: ‹Na, wie geht's?›, interessierte mich für sie, traute ihr etwas zu, respektierte sie, suchte punktuell ihre Nähe. Sie antwortete dann immer ‹Besser, Frau Korbmacher, viel besser. Diese Woche keinen Verweis …› Es braucht so wenig!»

Frau Korbmacher spricht eine Sprache, die die Kinder und Jugendlichen verstehen, sie lässt sich voll auf sie ein. Sie versucht, nicht aufgesetzt deren Redewen-

238

dungen nachzuahmen, aber sie redet klar und deutlich, manchmal auch hart und wählt Worte, bei denen sie sicher ist, dass sie gehört und verstanden werden. Manchmal auch durchaus derb. Sie setzt ihren Körper ein, umarmt, streichelt oder drückt, boxt auch mal freundschaftlich zu, sucht den Augenkontakt und ignoriert Fehlverhalten auch mal ganz bewusst. So kann man sich nur verhalten, wenn man wirklich in Beziehung ist zu den Menschen, mit denen man es zu tun hat. Eine Beziehung, die man sich erarbeiten muss, die in keinem Lehrplan steht und an keiner Universität theoretisch vermittelt werden kann. Nur so schafft sie es, die Stärken zu kennen und gezielt zu fördern – ein einfaches Prinzip der Pädagogik im Umgang mit Erziehungsschwierigen, wie sie uns sagt.

«Ich begebe mich dabei nicht auf die Suche nach den Stärken, sondern die Kinder bieten mir ihre Stärken an. Und die haben sie – wie jeder andere auch. Ich muss die sozusagen nur aufnehmen.»

Susanne Korbmacher tritt in Beziehung, bei aller Gefahr, dass sie enttäuscht wird und dass Jugendliche doch wieder straffällig werden. Auch sie wurde

239

von den Kids schon bestohlen. Dann greift sie mit aller Härte durch, ist vom Einzelnen enttäuscht, überträgt das aber weder auf andere Kids noch auf ihre Überzeugung.

> Die Beziehung zu den Kindern bedeutet nicht, dass ich Konflikten aus dem Weg gehe. Im Gegenteil, ich vermittle ihnen ganz klar, wo meine Grenzen sind. Sie wissen genau, wie weit sie gehen können, und sie wissen, wie ich reagiere, wenn sie diese Grenzen überschreiten.

«Die Beziehung zu den Kindern bedeutet nicht, dass ich Konflikten aus dem Weg gehe. Im Gegenteil, ich vermittle ihnen ganz klar, wo meine Grenzen sind. Sie wissen genau, wie weit sie gehen können, und sie wissen, wie ich reagiere, wenn sie diese Grenzen überschreiten.»

Dennoch: Die meisten würden mit ihr und vermutlich auch für sie durchs Feuer gehen, sagt sie uns, weil sie alle eine echte Beziehung zueinander haben.

> *Erlebnis ohne Erfolgsgarantie*

Stefan Kaduk, Dirk Osmetz, München, seit 2005

Sicherlich lässt sich die Arbeit mit sozial benachteiligten Kindern und Jugendlichen nicht ohne weiteres auf den Führungsalltag in einem Wirtschaftsunternehmen übertragen. Ein paar diesbezügliche Fragen haben sich uns dennoch gestellt:

>>> Kennen wir die wirklichen Stärken der Mitarbeitenden in unserem direkten Umfeld?

>>> Wie oft nehmen wir uns Zeit für die Mitarbeiterinnen und Mitarbeiter, bemühen uns um eine verständliche Sprache, interessieren uns für ihr Umfeld?

>>> Wie oft zeigen wir Vertrauen und Verbundenheit durch kleine Gesten, wie einen Händedruck, einen anerkennenden Klaps auf die Schulter oder ein aufmunterndes Lächeln?

Vielleicht verhindern das von Effizienz geleitete Vorgehen und die logisch-rationalen Prämissen im Management den Aufbau von Beziehungen in einer Art, wie sie von Frau Korbmacher gelebt werden.

Beziehung zu sich selbst

Ich akzeptiere mich, bin ehrlich zu mir und verstecke mich nicht hinter einer Maske. Ich mache mir nichts vor und bin mir meines Tuns bewusst.

240

Die geschilderten Erlebnisse im Hasenbergl-Nord verdeutlichen eine weitere Dimension der Beziehung: Der erlebte Negativalltag der Kinder wird aufs eigene Weltbild übertragen. Die vorgelebten Muster werden übernommen, die empfundenen eigenen Schwächen werden durch Gewalt ersetzt. Das Hauptziel von Projekten wie «Lichttaler» ist deshalb die Aktivierung und Selbstbewusstwerdung des in jedem Kind oder Jugendlichen vorhandenen Potenzials an positiven Fähigkeiten und Fertigkeiten. Es soll die Erfahrung vermittelt werden, dass jeder Kompetenzträger ist. Diese Kompetenzen zu entdecken, ist ein erster großer Schritt und verlangt die Auseinandersetzung mit der eigenen Person. Durch Hilfe zur Selbsthilfe soll der Kreislauf von Armut, Bildungsdefiziten, Gewalt und Kriminalität durchbrochen werden. Damit haben die Projektinitiativen von Frau Korbmacher neben der Förderung des sozialen Umgangs – der Sozialkompetenz – die Aufgabe, eine bewusste Beziehung zu sich selbst aufzubauen. Wir haben daraus gelernt, dass Beziehung mehr ist als nur Beziehung zwischen Individuen. Es beginnt auch und vor allem bei der Beziehung zu sich selbst.

Beziehung zu sich selbst muss im Kontext der beiden anderen Begriffe «Reflexion» und «Mut» gesehen werden. Reflexion der eigenen Prämissen hilft mir, mich kennen zu lernen. Sie bringt mich dazu, im Spiegel mein eigenes Bild zu erkennen. Die Ehrlichkeit in der Selbstreflexion ist der erste und entscheidende Schritt, den vermutlich alle «unsere» Musterbrecher gegangen sind. Dass dies nicht ohne eine gehörige Portion Mut geschehen kann, ergibt sich allein daraus, dass ich, reflektiere ich ernsthaft über mich, die Maske fallen lassen muss. Es ist mutig, in das eigene Gesicht zu schauen, sich die eigenen Schwächen einzugestehen, sich etwa hinzustellen und zu sagen: «Ich habe alle meine Mitarbeiter verletzt.» Es ist mutig, die eigene Rationalität zu hinterfragen oder sich einzugestehen, dass man trotz jahrelanger Ausbildung bei der Anwendung dieses Wissens zunehmend ein ungutes Bauchgefühl hat. Wenn man nicht mehr an die antrainierten Prämissen glauben will, zeugt das von großer Beziehung zu sich selbst, die aus Mut und Reflexion erwächst. Umgekehrt ermöglicht diese Beziehung zu sich selbst auch wiederum erst Mut und Reflexion.

Dee Hock, Gründer von Visacard, hat in seinem Buch «Die chaordische Organisation» gefordert, dass gute Führung sich zuerst mit der Führung der eigenen Person befassen solle, dann komme das Führen von Vorgesetzten, anschließend das der Gleichgestellten. Dann bleibe nämlich keine Zeit mehr für die Führung der Unterstellten.[125] Hock plädiert also dafür, sich mehr mit der eigenen Person zu befassen. Frau Lembke, Managerin in einer großen deutschen Bank, hat sich dieses Motto zum eigenen Lebensprinzip gemacht.

Vermutlich ist die Beziehung zu sich selbst das Entscheidende. Es ist jedoch schwierig, sich seine eigenen Stärken und Schwächen einzugestehen, sich mit den eigenen Ängsten auseinanderzusetzen und eine Beziehung zu sich selbst aufzubauen. Deshalb versuchen wir, immer zuerst die anderen zu steuern oder zum Nachdenken und Handeln zu bewegen, obwohl wir den «kausalsten» Hebel an uns selbst ansetzen könnten.

Mut, Reflexion und Beziehung sind miteinander vernetzt. Sie können nicht losgelöst voneinander betrachtet werden und sind die drei (!) Seiten ein und derselben Medaille.

Wie kannst du zu deinem Bruder sagen: Bruder, erlaube, ich will den Splitter herausziehen, der in deinem Auge ist, während du selbst den Balken in deinem Auge nicht siehst? Heuchler, ziehe zuerst den Balken aus deinem Auge! Und dann wirst du klar sehen, um den Splitter herauszuziehen, der in deines Bruders Auge ist. Lukas 6,43

241

Gespielte Beziehung – Beziehung zum eigenen (Trauer-)Spiel

Wir haben eine außergewöhnliche Schauspielschule in Berlin besucht, mit der Leiterin und Gründerin Vera Kamaryt ein langes Gespräch geführt und Studenten bei der Schauspielausbildung beobachtet.

Frau Kamaryt hatte sich intensiv auf unser Gespräch vorbereitet und sogar einige Seiten Brainstorming in ihren Computer getippt. Sie redete ruhig, hörte intensiv und sehr nachdenklich zu, fragte immer wieder nach und bemühte sich darum, uns einsichtig zu machen, was sie sagen wollte. Schnell kam sie auf den Punkt, erklärte uns, was der Kern all dessen ist, was sie in ihrer Schule lehrt:

«In seinem Denken und Handeln ist immer der Mensch selbst das Instrument aller seiner gestalterischen Prozesse, ganz gleich, ob es sich um die Arbeit einer Forscherin, eines Schauspielers oder eines Kochs handelt. Wir müssen also die Frage nach der Qualität dieses ‹Instrumentes›, also nach dem Menschen, stellen, nicht nur in der Kunst, sondern auch in allen Feldern des gesellschaftspolitischen Lebens, die Wirtschaft eingeschlossen. Diese Bereitschaft fehlt im Bildungswesen fast vollständig. In der Lehrerausbildung nimmt die Förderung von Empathiefähigkeit und Selbstreflexion zu wenig Raum ein, in der Medizin lehrt man am toten Gewebe, und an den Wirtschaftsuniversitäten wie auch in Führungskräftetrainings ist die eigene Substanz, die Beziehung zum ‹Ich›, kaum ein Thema – oder sie wird sehr fragwürdig behandelt.»

Frau Kamaryt, die erst vor wenigen Jahren dem Namen ihrer Schule den Zusatz ‹… und unternehmerische Fähigkeit› gab, sieht eine starke Entkopplung der Manager von der sie umgebenden Realität. Und das erheblich deutlicher, seit sie diese Berufsgruppe berät.

«Führungskräfte der Wirtschaft beherrschen oft einwandfrei die Regeln der Rhetorik, haben aber von dem Menschen, mit dem sie täglich kommunizieren und für den sie ihre Produkte herstellen, gar kein Bild. Ohne dieses menschenkundliche Wissen können keine sozialen Beziehungen entstehen. Diese bilden jedoch die Basis einer humanen und gesunden Wirtschaft. Und es ist auch wieder

das fehlende Bild vom Menschen, das die Wirtschaft daran hindert zu erkennen, dass nicht der allgemein mit Geld assoziierte Kapitalbegriff, sondern die menschliche Fähigkeit das eigentliche Kapital bildet. Auch Führungskräfte haben in dieser Hinsicht so gut wie keine Orientierung erhalten, weder in der Schule noch im Studium. In Sitzungen werden viel zu oft nur Statements verkündet. Jeder versucht sein Gesicht, besser gesagt: seine Maske zu wahren; die Angst sitzt allen im Nacken. Bloß keinen Fehler eingestehen! Von einer ehrlichen Auseinandersetzung mittels offener Kommunikation kann kaum die Rede sein.

Mir wurde auch klar, dass ein umfangreiches Potenzial an Fähigkeiten brachliegt und bei jungen Menschen stark unterentwickelt ist. In der Industrie wird seit Jahren z. B. ein Mangel an Sozialkompetenz und Kreativität beklagt, aber es fehlt an entsprechenden Ideen und Methoden, was zu tun ist, um dieses Defizit auszugleichen. Die wenigen vorhandenen Ansätze können nur ein kleines Pflaster auf einer riesigen Wunde sein – etwas Grundsätzliches bewirken können sie am Ende doch nicht. Man glaubt, Kreativität sei eine Gabe, die nur wenige besäßen.

243

Das alles ist ein verhängnisvoller Irrtum! Kreativität ist eine der elementarsten Fähigkeiten jedes Menschen, und diese zu entwickeln, müsste zu den wichtigsten Zielsetzungen der Bildung gehören. Kreativität lässt sich nicht erzwingen. Sie braucht den Humus der Freiheit, um gedeihen zu können.

In unserer Schule steht die Arbeit an der Stimme und der Sprache im Mittelpunkt, und das aus einem wichtigen Grund: Diese beiden Elemente bilden die menschliche Substanz. Die Studenten lernen aus der Stimme, das eigene Bild zu erkennen, dieses in seiner Unvollkommenheit zu akzeptieren und an seiner Umgestaltung zu arbeiten. Eine sehr mühsame, aber lohnende Arbeit.» Als sie uns das sagt, können wir sehr wenig damit anfangen. Es wird uns klarer, als wir später sehen, wie sich eine Schülerin gemeinsam mit ihrer Lehrerin wenige Sätze aus dem bürgerlichen Trauerspiel «Kabale und Liebe» von Friedrich Schiller erarbeitet. Wir sehen ein Selbstgespräch von Luise, der zwischen ihrer Liebe zu einem Adligen und dem Standesdenken des 18. Jahrhunderts hin- und hergerissenen tragischen Hauptdarstellerin.

Die Schülerin sitzt im Scheinwerferlicht, den Körper in Spannung versetzt, die Hände in die Hüften abgestützt. Der Rest des Raumes ist stockdunkel. Den Blick hat sie fast unnatürlich starr auf einen Punkt gerichtet. Selbstbewusst schön und dennoch innerlich leidend wirkt sie auf uns. Wir sehen von unserem Platz aus nur sie, nicht die Lehrerin. Die Schülerin sammelt sich sekundenlang, bevor sie in ihrer Rolle lebt. Dann beginnt sie mit einer sehr klaren Sprache. Manchmal, nach nur wenigen Worten, bricht sie, unzufrieden mit sich selbst, ab, oder sie wird sehr ruhig von der Lehrerin unterbrochen. In dem Moment ist sie wieder eine ganz normale, fröhlich wirkende junge Frau, aus der die Anspannung weicht. Sie fällt in ihre alltägliche Sprache zurück, streift die Tragik ihrer Rolle ab.

Es folgt ein reflektierender Dialog mit der Lehrerin. Sie sprechen über den Spannungsbogen, den die Schülerin nicht gehalten habe, dass sie ab dem zweiten Abschnitt des Satzes die Beziehung zum Text wie auch das Mitgefühl

für die Figur verloren habe. Sie reden über das, was sie empfand, als sie dieses oder jenes sagte. Und immer wieder, in einer sehr warmen Art, fragt die Lehrerin: «Verstehen Sie, was ich meine?» Die Schülerin bejaht nur, wenn es wirklich so ist, ansonsten fragt sie nach, bemüht sich zu verstehen, um die Anregungen in den nächsten Versuch einzubauen. Sie will lernen, will besser werden. Die Lehrerin wirkt sehr kompetent, sehr nahe, alles andere als kalt-distanziert. Es geht um die Verbesserung der gemeinsamen Sache, nicht um Machtkampf, Schuldzuweisung oder um Rechtfertigung, warum man etwas so oder so sieht. Jede neue Idee gilt grundsätzlich als ein Gewinn, ganz gleich, ob sie aufgegriffen oder verworfen wird.

Die Beziehungsfähigkeit ist Teil des Konzepts der Schule. Wir erleben eine offene, ehrliche Beziehung und Hingabe der Schauspielerin an sich selbst, an ihre Pädagogin, an das Stück, an die Rolle; und die Bereitschaft, sich in diesem Moment voll einzubringen. Die Entfaltung einer solch umfassenden Beziehungsfähigkeit bildet das Fundament des Ausbildungskonzeptes. Sie beginnt im Kleinen: Der Unterricht dient primär dazu, die Effektivität der Leistung eines jeden Einzelnen zu überprüfen. Gemeinsam mit den Lehrkräften bestim-

men die Schüler die nächsten Aufgaben. Sie fassen am Ende des Unterrichts

die Stunden zusammen, um nochmals etwaige Missverständnisse auszuräu-

men. Lehrkräfte unterstützen die Selbstreflexion der Schüler, helfen beim Finden

der nächsten Ausbildungsschritte. In so genannten Ringgesprächen haben die

Studenten ein festes Mitspracherecht. Es herrscht absolute Transparenz hin-

sichtlich der Methodik. Die dritten und vierten Jahrgänge entscheiden über

die Auswahl neuer Pädagogen gemeinsam mit ihren Lehrkräften. Es wird kon-

struktive Kritik eingebracht.

> *Erlebnis ohne Erfolgsgarantie*

Stefan Kaduk, Dirk Osmetz, Berlin, seit 2005

Vermissen nicht auch Sie diese außerordentliche Intensität der Beziehung mit dem eigenen Tun in der abstrakten Wirtschaftswelt? Hätte die Schauspielschülerin nicht bereits das Lernziel erreicht, wenn sie ihren Text fehlerfrei hätte rezitieren können? Wie viel Zeit nimmt sich Management, um Themen wirklich zu durchdringen und mit ihnen in Beziehung zu kommen?

Leidenschaft und Grenznutzen vertragen sich nicht. Gemäß dem Prinzip des abnehmenden Grenznutzens hätte die Schauspielerin einen Satz wohl kaum mehr als zweimal wiederholt. Die Schauspielstudentin hinterfragte jedoch immer von Neuem ihre eigene Wahrhaftigkeit und die Authentizität ihrer Umsetzung des Textes.

Täglich begleitet uns eine Beziehungslosigkeit zum eigenen Tun. Wenn Stellenbeschreibungen erstellt werden, um nur noch dem Verfahren und der Vorschrift gerecht zu werden, wenn miteinander unvergleichbare Mitarbeitende durch ein Beurteilungssystem in ein Performance-Raster gezwängt werden, wenn Kennzahlen zum Selbstzweck werden, dann fehlt der Bezug zu dem, was man tut.

Vielleicht ist das auch Grund für die häufig beklagte Abgehobenheit oberer Führungsetagen, die Daniel Goeudevert in seinem Buch «Mit Träumen beginnt die Realität» so treffend beschreibt:[126] «Man ist fast immer mit den-

245

Leidenschaft und Grenznutzen vertragen sich nicht.

Die eigene Beziehung zur Tätigkeit, zu dem, was man tut.

selben Leuten zusammen, trifft Entscheidungen in Sitzungen, die stereotyp, steril und höchst akademisch ablaufen. Man weiß nicht mehr, wie viel ein Pfund Butter kostet oder wie man seine Tochter im Handballverein anmeldet.» Weiter sagt Goeudevert: «Man ist, wenn einen der Beruf derart einspannte und abschirmte, vieler normaler Fähigkeiten, die die Verbindung zum wirklichen Leben stiften, enteignet, beraubt. Man wird, trotz der vielen Menschen um einen herum, einsam und autistisch, geradezu monströs: ein artifizielles Geschöpf, ein Kunstwesen, das sich in einer kleinen, abgeschlossenen Welt, in einer Art Luxusghetto bewegt. Es ist darüber hinaus eine Welt, die sich gern mit der Aura der Unfehlbarkeit umgibt.» Seine Analyse der Realitätsentfremdung gipfelt in den Worten: «Alles, worüber man debattiert, wird von Stäben und Mitarbeitenden so vorbereitet und so versachlicht, dass das Gefühl, persönlich mal einen Fehler gemacht zu haben, gar nicht mehr entstehen kann.»

Wie wir gesehen haben, ist das Thema der Beziehung vielschichtig: Beziehung zu sich, zu den Menschen, die einen umgeben, Beziehung zu dem, was wir tun, womit wir uns beschäftigen. Wir konnten nur einige, uns wichtig erscheinende Aspekte zu diesem Thema ausführen. Abschließend soll eine Führungskraft vorgestellt werden, die auf sehr unspektakuläre Art und Weise konsequent eine Beziehung zu sich und ihrem Umfeld lebt.

Be-Greifbar dank Stallgeruch – Haltung ohne Pose

«Es fasziniert mich, zusammen mit Menschen Dinge voranbringen zu können und mich immer und immer wieder zu fragen: Haben wir wirklich das Beste getan, haben wir all jene, die partizipieren können und wollen, in diese Prozesse mit einbezogen? Es geht darum, ein Unternehmen zu erleben und weiterzuentwickeln, in dem es Spaß macht, dabei zu sein, in dem die Lust im Vordergrund steht – ein Unternehmen, in dem man eine gemeinsame Zukunft verfolgt, in dem ein verantwortungsvolles Arbeiten möglich ist, in dem ein offenes Klima, Wertschätzung und Achtung herrschen. Die Mitarbeiter und Mitarbeiterinnen sollten von einem positiven Virus befallen sein und sagen: ‹Es ist

Die Mitarbeiter und Mitarbeiterinnen sollten von einem positiven Virus befallen sein und sagen: «Es ist super, mitmachen zu können!»

super, mitmachen zu können!› Das gelingt aber nur, wenn alle mit einbezogen sind, wenn alle in Beziehung sind. Davon ist mein Führungsverständnis stark geprägt. Voraussetzung ist für mich einerseits ein permanentes Hinterfragen meiner eigenen Maßstäbe, und andererseits bemühe ich mich, offen zu sein, Menschen zuzuhören, Ideen aufzusaugen und weiterzuentwickeln, Mitarbeitende zu fördern, sie zu Vorschlägen und Kritik aufzufordern. Das ist entscheidend, denn nur so weiß ich mich in einem Boot mit ihnen.

Einmal pro Woche nehme ich mir einen halben Tag Zeit, um durch den gesamten Betrieb zu gehen. Ich benötige den Stallgeruch. Dieser halbe Tag ist mir heilig. Ich möchte die Probleme spüren können, möchte erleben, wie es den Mitarbeitern geht. Ich möchte begreifen können – und in dem Wort ‹begreifen› steckt ‹greifen› drin. D. h. ich versuche, für die Schwierigkeiten, Fragen und Nöte meiner Mitarbeitenden da zu sein, denn die sind genau so wichtig wie meine eigenen Probleme.

Ich muss greifbar sein.

nen Probleme. Ich muss greifbar sein, denn nur so fassen die Mitarbeitenden Vertrauen und bringen sich ein. Sei es, wenn es darum geht, eine neue Kaffeemaschine anzuschaffen oder einen Prozess zu verbessern.»

So das Credo von Dr. Urs Rickenbacher, dem ehemaligen Geschäftsführer der USM U. Schärer Söhne GmbH Deutschland, später COO der USM Group und heute Mehrheitseigner und CEO der Lantal-Gruppe. Lantal ist ein weltweit führendes Unternehmen in Design, Herstellung und Vermarktung von Textilien und Dienstleistungen für den internationalen Luft-, Bus-, Bahn- und Schiffsverkehr mit knapp 400 Mitarbeitern.

«Wir haben seit gut einem Jahr so genannte ‹Mittagsanlässe›. Das sind offene, vollkommen freiwillige Veranstaltungen, zu denen jeder Mitarbeitende – vom Lehrling bis zur Geschäftsleitung – eingeladen ist. Dauer ist eine Stunde, die Hälfte der Zeit geht auf das Konto der Firma, die andere Hälfte auf das Konto der Mitarbeitenden. Inhaltlich trägt jemand – nicht immer eine Führungskraft – ein interessantes Thema aus der Firma vor. Begonnen hatte ich mit der Frage ‹Wer ist Lantal? Was sind unsere Werte und Visionen?›, zum nächsten ‹Mittagsanlass› haben andere Mitglieder der Geschäftsleitung zu Themen aus

ihrem Bereich vorgetragen. Wir machen diese Anlässe in zwei Werken, und es kommen, trotz der absoluten Freiwilligkeit, jeweils zwischen 60 und 80 bzw. 100 bis 120 Mitarbeitende. Und Sie können mir glauben, ich hatte durchaus zu Beginn Zweifel, ob das von den Mitarbeitenden angenommen wird. Das Schöne neben den Inhalten, die besprochen werden, ist, dass der Lehrling neben dem Verwaltungsrat sitzt, der Weber in Arbeitskleidung neben dem Buchhalter im Anzug. Bei den ersten Veranstaltungen war die Diskussionsbeteiligung noch etwas gering, doch mittlerweile kommen immer mehr, und es bringen sich alle ein, Probleme werden offen diskutiert, andere erhalten einen Einblick in die Herausforderungen sonst weniger bekannter Bereiche. Es entstehen Nähe, Vertrauen und Beziehung.»

Urs Rickenbacher ist eine Führungskraft, die Beziehung lebt. Dies beginnt im Kleinen, wenn er seine Kunden oder Gäste mit natürlicher Herzlichkeit begrüßt, und geht weiter im Umgang mit seinen Mitarbeitern. Ein Beispiel, das einige

Jahre zurückliegt, zeigt, wie ehrlich er mit sich selbst in Beziehung ist: In seiner Zeit als Geschäftsführer bei USM leitete er ein Projektteam, das die Einführung einer unternehmensweiten Software zu realisieren hatte. Seit einigen Wochen hakte das Projekt. Selbst unter Zeit- und Kostendruck suchte Urs Rickenbacher nach den Gründen. In einer stillen Minute fiel es ihm wie Schuppen von den Augen: Er selbst war das Problem! Sein fachlicher Beitrag war bis dahin nur gering, denn wenn er ehrlich war, musste er sich eingestehen, dass er sich nur bedingt in der Thematik auskannte. Aber noch viel schlimmer war die Tatsache, dass das Projektteam durch ihn blockiert wurde. Man erwartete sein Urteil und seine Entscheidung. Die formale Verantwortung als Chef blockierte die Übernahme der Verantwortung durch die anderen. Als er das erkannt hatte, entließ er sich aus dem Projekt und übergab die Verantwortung an das Team. In wenigen Wochen kam es zu einem erfolgreichen Abschluss.

Es beeindruckt, wenn eine Führungskraft den Fehler bei sich sucht – und auch findet. Herr Rickenbacher verlor dadurch nicht sein Gesicht, wie man es in einem solchen Fall hätte erwarten können.

Neben der Reflexion und dem leisen Mut ist dieses Verhalten für uns ein Zeichen von Beziehung zu sich selbst. Die Bereitschaft zu Nähe zeichnet ihn auch bei Lantal aus. 20 Tage Führungskräftetraining finden unter seiner persönlichen Leitung statt. «Nur so können wir an konkreten Inhalten arbeiten, die tägliche Praxis in die Überlegungen mit einbeziehen und uns über gemeinsames Commitment gegenseitig verpflichten. An den Dingen, die wir hier beschließen, möchte auch ich gemessen werden. Ich erwarte, nein, ich verlange, dass ich darauf hingewiesen werde, wenn ich von der besprochenen Linie abweiche. Und ein positives Zeichen für die Einhaltung der Wertebasis unserer Kultur ist es, dass ich tatsächlich kritisiert werde. Natürlich kann ich das nicht alleine leisten und werde durch die für den Bereich HR verantwortliche Mitarbeiterin unterstützt.»

Mit Beziehung zu den Mitarbeitenden wurde Urs Rickenbacher bereits von Kindesbeinen an sozialisiert. Sein Vater, selbst Unternehmer, hatte einen respektvollen und nahen Umgang mit den Angestellten und Arbeitenden

249

vorgelebt. In vielen Jahren während seines Studiums erfuhr er, was es heißt, stupideste Arbeiten auszuführen, war in Beziehung mit der so genannten «einfachen» Arbeit. Beim Schweizer Militär begann er, kritisch die eindimensionale und autoritäre Führung zu hinterfragen. In einer seiner frühen beruflichen Tätigkeiten in Asien wurde er mit einer Philosophie konfrontiert, in der die Mitarbeitenden stark in die Entscheidungsfindung eingebunden wurden, im Gegensatz zur top-down-orientierten Führung westlicher Prägung. Der beziehungsvolle Umgang mit Menschen wurde für Urs Rickenbacher zur Maxime.

Wenn man die Menschen mit im Boot haben will, dann darf man nicht erwarten, dass alles geradlinig verläuft, dass man als Führungskraft diese Prozesse zu jedem Zeitpunkt kontrollieren könnte.

«Wenn man die Menschen mit im Boot haben will, dann darf man nicht erwarten, dass alles geradlinig verläuft, dass man als Führungskraft diese Prozesse zu jedem Zeitpunkt kontrollieren könnte. Was entsteht, ist vielmehr ein permanentes Aufeinander-abstimmen, ein Sich-finden, ein Absprechen, ein Miteinander-entscheiden, ein Sich-Zwischenzielen-stellen und ein Sich-erneut-in-den-Prozess-begeben.

Das alles gelingt nur, wenn man ein positives Bild vom Mitarbeitenden hat.

Ich gehe grundsätzlich davon aus, dass die Menschen nur das Beste für das

Unternehmen wollen. Das klingt vielleicht naiv, dennoch bin ich mit der über-

wiegenden Mehrheit der Mitarbeitenden gut gefahren, habe damit absolut

positive Erfahrungen gesammelt. Häufig hört man, dass es eine Grenze gibt.

Zuviel Beziehung werde ausgenutzt, man mache sich zum Spielball seiner Mit-

arbeiter. Meine Erfahrung war eine andere: Viele Menschen, mit denen man in

Beziehung ist, ohne ein zuvor ausgesprochenes ‹Aber›, schätzen das. Sie über-

Es kommt eine ganz andere Komponente hinzu: Partnerschaft, die auf Vertrauen basiert, mitunter Freundschaft.

schreiten die Grenzen nicht. Es kommt eine ganz andere Komponente hinzu:

Partnerschaft, die auf Vertrauen basiert, mitunter Freundschaft.»

Dr. Urs Rickenbacher benötigt keine Beziehungssurrogate, er sagte uns, er ver-

zichte bei Lantal auf Stellenbeschreibungen und Funktionendiagramme, weil

die Basis in seinem Unternehmen ein Wertegefüge darstelle, das auf Offenheit,

Vertrauen, Respekt, einer positiver Haltung und Vor-Sorge – auch gegenüber

250

den Mitarbeitenden – basiere. «Fünf Begriffe, die man so oder ähnlich in vielen

Leitbildern finden kann», so sagt er uns, «doch wir sind einen sehr langen

und zeitintensiven Weg gegangen, diese Werte herauszuarbeiten. Als ich vor

zweieinhalb Jahren zu Lantal kam, fragte ich, was denn die Werte seien, die

Lantal seit 1886 ausmachten und ein Unternehmen kennzeichneten, das nun

schon in der dritten Generation in Familienbesitz sei. Man konnte mir darauf

keine bündige Antwort geben. Man beschrieb mir meistens Urs Baumann, den

Inhaber und heutigen Vorsitzenden des Verwaltungsrats. Werte waren aber de

facto da, das war zu spüren, man hatte sie nur nirgends aufgeschrieben. Also

setzte ich mich zwei Tage mit dem Eignerehepaar Urs und Renate Baumann

und der gesamten Geschäftsleitung zusammen, und wir kamen auf diese fünf

Offenheit, Vertrauen, Respekt, positive Haltung und Vor-Sorge

bereits erwähnten Werte. Danach reflektierten wir darüber, ob es das nun sei,

und präzisierten jeden der fünf mit zwei Sätzen. Nun konnten wir sagen, genau

dafür steht Lantal, auch in Zukunft. Anschließend diskutierte ich das Erarbei-

tete mit den weiteren Führungsebenen, Änderungen waren möglich, wurden

allerdings nur in Nuancen vorgenommen. Über einen Prozess der Reflexion *und Kommunikation sind wir dann diese Werte mit sämtlichen Mitarbeiten-*

den über alle Bereiche aus allen Funktionen jeweils zwei Tage durchgegangen

und haben die zentrale Frage gestellt: ‹Was bedeutet jeder dieser Werte für das

tägliche Arbeiten in der jeweiligen Position bei Lantal?› An diesen Werten wol-

len wir in all unserem Tun gemessen werden, daran richten wir unsere Vision,

unsere Strategie, die Struktur, das Branding etc. aus.»

> *Erlebnis ohne Erfolgsgarantie*

Hans A. Wüthrich, Dirk Osmetz, Stefan Kaduk, Bühl, Langenthal, seit 2002

«Logbuch konsultieren – Reise rekapitulieren»

Wir haben Sie eingeladen, uns auf eine Expedition in die Welt von Manage-

ment und Leadership zu begleiten. In der Absicht, irritierende Eindrücke zu

provozieren, führten wir Sie auch an «Orte», die etwas abseits liegen. Wir

«Wenn jemand eine Reise tut, so kann er was erzählen.» *Matthias Claudius*

ließen Sie teilhaben an unseren Begegnungen mit außergewöhnlichen Per-

sönlichkeiten, die bei uns Betroffenheit und nachhaltige Erlebnisse ausge-

löst haben. Nicht zuletzt ging es uns auch darum, den wertvollen Kern von

251

zum Teil «verbrannten», dauerpräsenten und oft als Alibi missbrauchten

Begriffen und Konzepten freizulegen, etwa Selbststeuerung oder Vertrauen.

Die auf unserer Expedition mehr oder weniger zufällig «gefundenen»

Musterbrecher verkörpern für uns keine Erfolgsbeispiele, die es unkritisch

Logbuch unserer Begnungen mit Musterbrechern

nachzuahmen gilt. Sie illustrieren lediglich eine mögliche Art des Lebens

mit und in Paradoxien und vermitteln Impulse für unser Postulat: «Führung

neu leben!» Wie bei jeder Expedition dieser Art entscheiden die Mitreisen-

den über die zu fotografierenden Motive und Eintragungen in das Tagebuch.

Tage der Gewissheit über das Ende der Gewissheitsgesellschaft

Auch wenn man es oft hört, bleibt es dennoch von Bedeutung: Die zuneh-

mende Vernetzungsdichte steigert unaufhaltsam die Komplexität in Wirt-

schaft und Gesellschaft. Die Welt, die Einfachheit, Sinn und Orientierung

verspricht, suchen wir vergebens – alles ist «under construction». Die Zeit

der Stabilitäten ist vorbei. Wenn wir nicht in pathologische Zustände geraten wollen, dann müssen wir uns neue Ordnungen in der Unordnung suchen. Wir geben vertraute Stabilitäten auf und sind fähig, mit Unsicherheit und Instabilität sicherer umzugehen. Wir verzichten auf den Beweis und geben dem Möglichen die Freiheit.

Tage des Abschieds von den glorreichen Sieben

Im Umgang mit der zunehmenden Komplexität setzt das Management einseitig auf Reduktionsstrategien. Die Denkmuster, mit denen man den Führungsalltag zu meistern versucht, heißen Linearität, Kausalität und verzögerungsfreie Rückkopplung. Die sieben reflexhaft angewandten Muster – Führung muss steuern; Führung muss kontrollieren; Führung muss standardisieren; Führung muss rational entscheiden; Führung muss den kurzfristigen Erfolg suchen; Führung muss beschleunigen und Führung muss sich an Rahmenbedingungen orientieren – haben im Umgang mit der zunehmenden Komplexität begrenzte Wirkung. Wir sind nicht Marionetten unserer Reflexe und können uns jederzeit durch kritische Reflexion von den sozialisierten Führungsmustern distanzieren. Wir entscheiden uns bewusst, nicht in unsere Vorurteilsfallen zu tappen.

Tage der paradoxen Logik

Gefordert ist ein Musterbruch im Denken, die Veränderung der inneren Haltung gegenüber Führung. Dieser Musterbruch meint das Erkennen der Begrenztheit des reflexhaften Handelns, wobei das Gleiche auch für den Gegenreflex gilt. Zu überwinden gilt es die zweiwertige Logik, die uns lehrt, dass im Falle zweier, einander widersprechender Aussagen mindestens eine falsch sein muss. Gefordert ist kein digitaler Flic-Flac, kein «Entweder-oder», sondern eine Haltung des «Sowohl-als-auch». Wir sind uns der Grenzen einer digitalen Logik bewusst und lassen uns auf den Augenblick ein. Wir sehen im Dritten, im «Sowohl-als-auch», eine Chance.

Tage der Inspirationen durch Musterbrecher

Musterbrecher sind in der Lage, mit Paradoxien zu leben, also die Nicht-Steuerbarkeit zu steuern, der vertrauten Kontrolle zu misstrauen, Vielfalt als Standard zu definieren, rational(e) Gefühle zuzulassen, kurzsichtig weit zu blicken, im Beschleunigen innezuhalten und sich selbst als den größten Sachzwang zu akzeptieren. Wir nutzen Freiheitsgrade und Spielräume und werden durch eigene Erfahrungen zum Paradoxievirtuosen. Wir finden unseren eigenen Weg.

Tage des eigenen Musterbruchs

Drei verbindende Prinzipien kennzeichnen unsere Musterbrecher: verbindliche Reflexion – mehr sehen, sensibler wahrnehmen, achtsam und ehrlich agieren; leiser Mut – Mut zur Überwindung kollektiv akzeptierter Wahrheiten und Mut zum Durchhalten der eigenen Identität; echte Beziehungen – Bindungskraft zu sich selbst und zu anderen. Dies sind einfach und trivial klingende, aber mächtige Begriffe, denn sie erschließen die so entscheidend andere Haltung. Wir perfektionieren nicht die technokratischen Führungsfähigkeiten, sondern arbeiten kontinuierlich an der eigenen Haltung. Wir experimentieren und lassen uns durch Unerwartetes inspirieren.

Befreiende Experimente statt lähmender Routinen

Mit Haltung zur Balance

>>> Reflektiere und spüre, dass du mit
deiner gewählten Gangart das Pferd
zu Tode geritten hast!

>>> Habe den Mut, aus dem Sattel und
vom hohen Ross zu steigen!

>>> Gib das Reiten nicht auf, sei mit dem
nächsten Pferd in Beziehung und
gehe achtsam mit ihm um!

>>> Reite es mit einer anderen Haltung,
reite es nicht zu Tode!

Und was tun wir, wenn wir merken, dass wir ein totes Pferd reiten?

>>> Wir besorgen eine stärkere Peitsche.

>>> Wir wechseln die Reiter.

>>> Wir besuchen andere Orte, um zu sehen, wie man dort tote Pferde reitet.

>>> Wir erhöhen die Qualitätsstandards für den Beritt toter Pferde.

>>> Wir richten eine unabhängige Kostenstelle für tote Pferde ein.

Natürlich ist dieses Bild ironisch überhöht. Aber es hilft zu erkennen, dass wir im Management mit den stets gleichen Instrumenten, etwa mit Kontrollsystemen, Benchmarking, Best Practice oder Qualitätsmanagement, immer wieder – und mit mehr Nachdruck – der Probleme Herr werden wollen. So versuchen wir durch ausgeklügelte Anreizsysteme zu motivieren, wenn wir das Engagement der Mitarbeitenden bemängeln. Oder wenn die Kontrolle versagt, verstärken wir wie selbstverständlich die entsprechenden Systeme. Statt zu unterbrechen, handeln wir also meist nach dem Prinzip «Mehr desselben». Wir versuchen, das «Falsche» noch professioneller zu machen. Dies geschieht meist in bester Absicht. Denn eigentlich hat niemand gewollt, dass sich Organisationen inzwischen, und das ist die Folge der intensiven Beschäftigung mit «toten Pferden», mehr mit sich selbst als mit den eigentlichen Aufgaben befassen. In guter Absicht zu handeln mag ehrenwert sein, doch leider mit fataler Folge, wenn wir uns die Effekte ansehen, die in nahezu allen Organisationen beklagt werden: Mitarbeitende ohne Leidenschaft, mangelndes Unternehmertum, berstende Bürokratie, Egoismen und Einzelkämpfertum, fehlender Spaß an der Arbeit, Vertrauensverlust in die Führung, mangelnde Kreativität und fehlende Innovationskraft. Die geschilderten Phänomene lassen Organisationen erstarren und zeigen deutlich, dass «Absteigen» angesagt ist. «Absteigen» bedeutet: Prämissen hinterfragen, eigene Denkmuster verändern und den alltäglichen Wahnsinn in seiner Absurdität erkennen.

Wir versuchen, das «Falsche» noch professioneller zu machen.

Ist der Dreck nur ein Problem des alten Besens?

Der alltägliche Wahnsinn – professionell und omnikompetent

*Sieben Führungskräfte erwarten gut vorbereitet ihren Projektsponsor, den Ab-
teilungsleiter Herrn C. Sie sind Teilnehmende eines Management-Develop-
ment-Programms einer deutschen Großbank und bearbeiten in einem Zeitraum von sechs Monaten das selbst gewählte Projekt «Vertriebsmanagement
Privat- und Individualkunden». Ziel ist ein neues Vertriebsmanagement, das
die Produktivität im Filialvertrieb steigern soll. Von zentraler Bedeutung ist
dabei der Vertriebskreislauf. Dieser besteht aus standardisierten wöchent-
lichen Gesprächen über alle Vertriebsebenen, aus der Vereinbarung und der
Umsetzungsbegleitung konkreter Maßnahmen sowie dem Controlling aller
Aktivitäten mithilfe des Vertriebssteuerungstools.*

*Mit 40-minütiger Verspätung erscheint Herr C., flankiert von zwei Mitarbei-
tern, zum Meeting. Er repräsentiert das Klischee der dynamischen Führungskraft: sportlicher Typ, Mitte 40, gebräunter Teint. In geschliffener, mit Angli-
zismen angereicherter Sprache und eloquent erläutert er in der Vorstellungsrunde*

ausführlich seinen Erfahrungshintergrund in einer renommierten internationalen Consultingfirma und sein aktuelles Tätigkeitsspektrum in der Bank.

Dann kommt der Moderator des Workshops zu Wort. Sichtbar ungeduldig folgt der Topmanager den einleitenden Ausführungen. Bevor der Moderator den geplanten Sitzungsablauf vorstellen kann, unterbricht er ihn: «Lassen Sie uns zum Thema kommen!» In einem Monolog schildert Herr C. seine eigenen Vorstellungen zum geplanten Vertriebstool, obwohl er eigentlich der Projektsponsor sein sollte, der dem Team unterstützend zur Seite steht. Am Flipchart skizziert er das erwartete Projektergebnis und die aus seiner Sicht «einzig sinnvolle» Vorgehensweise. Die zaghaften Einwände einzelner Teammitglieder empfindet er offenkundig als lästige Unterbrechung. Er reagiert mit knappen Kommentaren. «Nehmen Sie meine Flipcharts und Sie haben bereits 80 Prozent ihres Projektauftrags erfüllt!»

258

Die Welt von Herrn C. ist eine kausale Welt. Er kennt alle relevanten Fragen und hat auch gleich die jeweils richtigen Antworten parat: «Der Filialleiter muss sich als Vertriebsantreiber und Motivator sehen. Treffe ich diesen bei meinen Filialbesuchen im Büro an, so ist dies bereits suspekt für mich. Er gehört an die Front, und bei der für den Erfolg unseres Hauses so entscheidenden systematischen Form des Vertriebsmanagements hat er jederzeit zu wissen, was seine Untergebenen konkret tun, ob sie die vereinbarten Vertriebsziele erreichen und ihre kostbare Zeit für die Bank sinnvoll einsetzen. So einfach ist das Geschäft!»

Der wuchtige und irritierende Auftritt unseres Alphamannes lässt sich mit seiner egozentrischen Persönlichkeitsstruktur erklären. Schockierend aber war für mich diese Beobachtung: Die sieben Teammitglieder ließen sich erstaunlich schnell von der vermeintlichen Omnikompetenz blenden. Opportunismus siegte über Mündigkeit. Unkritisch, ohne zu merken, wie stark man sich dabei verbiegen musste, folgte man der Argumentationslinie von Herrn C. Dies war überraschend, hatte sich doch das Team in der Vorbereitung für dieses Sponsorgespräch bemüht, die zentralen Fragen zu erkennen. Der ursprüngliche Ver-

such, der Themenstellung in ihrer differenzierten Form gerecht zu werden, war wie weggefegt. Wichtige Diskussionspunkte, beispielsweise die Frage nach dem Menschenbild, auf dem diese Form der Vertriebssteuerung basiert, und welche Auswirkungen der Hochdruckverkauf bei Bankkunden haben kann, waren vollständig vergessen. Stattdessen versuchten sieben mündige Führungskräfte mit langjähriger Berufs- und Führungserfahrung, den Vorstellungen eines «Alleswissers» zu entsprechen, der seine ihm zugedachte Rolle als «Entwicklungshelfer» in einer imperialen vordemokratischen Haltung auslebte.

Drei Fragen stehen im Raum: Ist dies professionelle Führung? Kann eine Großbank mit dieser «Topmanagement-Spezies» und angepassten, sich ad hoc selbst entmündigenden Führungskräften den zukünftigen Herausforderungen gerecht werden? Ist das Geschäft wirklich so einfach?!

Als stillem Beobachter dieser Szenerie blieb mir am Ende nur eine Möglichkeit: Ich musste dieses Erlebnis beim Joggen rausschwitzen.

> *Erlebnis ohne Erfolgsgarantie*   259

Hans A. Wüthrich, Frankfurt am Main, 2005

Kultivierte Unehrlichkeit – Beurteilung als Rollenspiel

In gemütlichem Ambiente und bei einer guten Pizza unterhalte ich mich an einem Samstagabend mit einem Freund, der als Manager in einem Schweizer Pharmakonzern arbeitet. Kurz vor dem Aufbruch beklagt sich P., dass er am nächsten Tag die Mitarbeiterbeurteilungen für seine Unterstellten ausfüllen müsse und er diese Führungsaufgabe wie keine andere hasse. Die spürbare Betroffenheit überrascht mich, und deshalb frage ich nach möglichen Ursachen.

«Auch dieses Jahr», so mein Freund, «muss ich als Leiter die 20 Mitarbeitenden meiner Forschungsgruppe – auf der Basis des konzernweiten Beurteilungssystems – bewerten. Dieses Jahr allerdings wurde das System ergänzt. In Anlehnung an das von Jack Welch bei General Electric offensichtlich erfolgreich praktizierte Prinzip muss ich, zusätzlich zur normalen Beurteilung, ‹Outperformer› und ‹Underperformer› ausweisen. Dabei beträgt das Kontingent

der Outperformer zwanzig , der Underperformer zehn und dasjenige der tragenden Schicht siebzig Prozent. Diese starre Regelung geht von einer proble-
matischen Gleichverteilung aus. Es wird konkret erwartet, dass ich bei jeder
Beurteilung vier Mitarbeitende als Outperformer und zwei als Underperformer
ausweise.» Auf meine Rückfrage, ob er in seinem Team nicht klare Leistungsunterschiede feststellen könne, antwortet P. wie folgt: «Selbstverständlich gibt
es auch bei uns Leistungsunterschiede. Diese aber in vergleichender Form zu
bewerten und in Performer-Kategorien einzuteilen, ist meines Erachtens nicht
sinnvoll, ja geradezu gefährlich.

Das im Konzern spürbare Klima der Angst verhindert die aus meiner Sicht einzig sinnvolle Intention der Mitarbeiterbeurteilung, nämlich individuelles
Lernen zu ermöglichen.» Ich rate P., die Einteilung einfach zu verweigern, da
er diese, offensichtlich aus innerer Überzeugung, nicht verantworten kann.

Das im Konzern spürbare Klima der Angst verhindert individuelles Lernen.

«Die Verweigerung würde mir umgehend als Führungsschwäche ausgelegt
werden», meint P. und sinniert weiter: «Mein Vorgesetzter, mit dem ich mich
über die Problematik unterhalten habe, exkulpierte sich resignativ mit der
Aussage, dass es sich um eine Konzernvorgabe handle, die für alle Führungskräfte verbindlich sei. Ich solle mir einfach nicht zu viele Gedanken machen.»
Wir bestellten noch etwas zu trinken und vertieften unser Gespräch. Dabei
erzählte mir P., dass er das Problem in der Abteilung mit seinen Mitarbeitenden besprochen habe und unter anderem die nachfolgende Reaktion diskutiert
worden sei: «Praktisch einstimmig raten mir meine Mitarbeitenden», erklärte
mir P., «die Out- und Underperformer nach einem definierten Rotationsprinzip
zu benennen. Bei jeder Beurteilungsrunde trifft es also vier andere Out- und
zwei andere Underperformer.»

Die kreative Energie für den Systembetrug ist unendlich groß!

> Erlebnis ohne Erfolgsgarantie

Hans A. Wüthrich, Kaiseraugst, 2007

Diese Beispiele stehen stellvertretend für den alltäglichen Führungswahn-
sinn in Organisationen. Die Opportunitätskosten getroffener Führungsent-
scheidungen werden nur selten bedacht. Im ersten Beispiel haben wir von

Herrn C. gehört. Er operiert – leider stellvertretend für viele Manager – nach den im ersten Kapitel aufgeführten glorreichen Mustern des Managements: Er steuert, kontrolliert, standardisiert, handelt rational und sucht den kurzfristigen Erfolg. Der Komplexität des Geschäfts wird er keinesfalls gerecht. Das vermeintlich professionelle Beurteilungssystem im Beispiel von Herrn P. fördert letztendlich den Betrug des Systems durch seine Mitglieder, und wie das Beispiel zeigt, sind der Kreativität dabei kaum Grenzen gesetzt. Eine Kultur der Unehrlichkeit entsteht, die gewaltige Energien für Dinge bindet, die nichts mit Wertschöpfung zu tun haben. Darf es uns wirklich überraschen, wenn Organisationen mehr und mehr an Enthusiasmus verlieren und förmlich zu erstarren drohen?

Was hat sich hier abgespielt? Es wurde in beiden Fällen auf der Grundlage klassischer Muster gehandelt. Doch wie müsste man sich alternativ dazu Führung in der im dritten Kapitel dargestellten «anderen» Haltung konkret vorstellen? Was hätten «unsere» Musterbrecher in diesen Beispielen des täglichen Wahnsinns vielleicht anders gemacht? Beginnen wir mit Herrn C., unserem omnikompetenten Top-Manager aus dem ersten Beispiel, der noch nicht einmal ein kleines Fragezeichen hinter den offenkundig alltäglichen Wahnsinn setzt.

Was würde also ein reflektierender Herr C. tun? – Er prüft die Anfrage und entscheidet sich bewusst und mit aller Konsequenz für die Mitwirkung als Sponsor. Er tut dies aber nicht, um der Rollenerwartung an das Topmanagement zu entsprechen, sondern weil er davon überzeugt ist, dass das Projekt eine sinnvolle Form des Management Development darstellt und für die Bank ein Nutzen entstehen kann. Im geschilderten Meeting tritt er achtsam und bescheiden auf. Als Ausdruck seiner Wertschätzung nimmt er sich bewusst Zeit, hört konzentriert zu, ist ganz bei den jungen Führungskräften und denkt über ihre Ideen nach. Herr C. baut eine Beziehung zu dem Projektteam auf, dem er immerhin als Sponsor – und nicht als «Lösungsgeber» – verpflichtet ist. Eine eigenständige Vorgehensweise des Projektteams wird akzeptiert. Er unterstützt somit in erster Linie nicht durch Antworten, sondern durch intelligente Fragen. Damit löst er sich vom anmaßenden Anspruch auf die Deutungshoheit der Aufgabenstellung. Durch das Ablegen der «Maske» gewinnt Herr C. enorm an Sympathie. Kontraproduktive Distanz baut sich ab. Führung wird jetzt nicht mehr monokausal interpretiert. Die Projektmitarbeiter lassen sich nicht unwidersprochen entmündigen, sondern tragen selbstbewusst ihre berechtigten Anliegen vor und setzen die vereinbarte Arbeitsweise um. Herr C. denkt in Beziehungen, auch zu den Produkten und zu den Kunden. Er möchte selbst mehr sehen und fordert die Nachwuchskräfte auf, unkonventionelle, überraschende, nicht zwingend seine Meinung bestärkende Lösungsansätze zu suchen. Dabei ist er bereit, auch seine impliziten Glaubenssätze auf den Prüfstand zu stellen. Etwa das Menschenbild, welches zur Annahme führt, dass Vertriebsmitarbeitende – auf Grund fehlender intrinsischer Motivation – in einer rigiden Art und Weise geführt und kontrolliert werden müssten. Dank eines leisen Mutes hinterfragt Herr C. die von der Branche und der Profession kollektiv akzeptierte Wahrheit – optimale Marktausschöpfung durch straffe Vertriebssteuerung – nicht nur rhetorisch. Er hat die Courage, auf die eigene Lebens- und Problemlösungsfähigkeit des Systems zu vertrauen. Es werden kreative neue Lösungsansätze erarbeitet, die nicht ein «Mehr desselben» bedeuten.

Genau an diesem Punkt hätte auch die Geschichte von Herrn P. einen anderen Ausgang finden können. Zwar wurde hier über den «Irrsinn» eines erzwungenen Performance-Rankings reflektiert und mithilfe der Betroffenen eine Lösung erarbeitet, die das System ad absurdum führt. Allerdings fehlte – verständlicherweise – Herrn P. auch der Mut, den zu unproduktiven Rollenspielen führenden Beurteilungsprozess wirklich zu missachten. Vielleicht wäre es ihm aber gemeinsam mit einem stärkeren Vorgesetzten, der dem Rollenspiel mit kritischer Haltung begegnete, gelungen, das Top-Management für die Nebenwirkungen des Verfahrens zu sensibilisieren –

Mut wird – überraschenderweise – häufiger belohnt als gemeinhin angenommen.

262

und gegen seine Einführung zu opponieren. Unsere Erfahrung hat gezeigt, dass den so genannten «oberen Etagen» die fatalen Auswirkungen vieler gut gemeinter Regelungen gar nicht bewusst sind. Dieses Nichtwissen aber ist einer Ignoranz und dem fehlenden Mut zuzuschreiben, sich im Vorfeld der Einführung einer solchen Regelung dem Dialog im Unternehmen zu stellen.

Frage: «Was ist das Gegenteil von gut?»

Antwort: «Gut gemeint!»

Musterbrecher hätten ihre Beziehungsstärke ausgespielt, denn sie stehen mit Menschen, ihren Kollegen und Vorgesetzten, stärker in Beziehung als mit vermeintlich professionellen Systemen.

Diese «Wahnsinns-Beispiele» sind einerseits hilfreich, weil sie plakativ sind, andererseits gefährlich, weil das dargestellte Verhalten automatisch auf massive Ablehnung stoßen wird. Deshalb ist auch der etwas subtilere «Alltagswahnsinn» von Interesse, weil dort die Muster besser «getarnt» sind. Man muss bei ihnen genauer hinschauen, um das Drehbuch rekonstruieren zu können.

263

Der subtile tägliche Wahnsinn

>>> In einem großen deutschen Versicherungskonzern war es selbstverständlich, dass Mitarbeitende während ihrer Dienstreise ihre Kleidung auf Kosten der Firma reinigen ließen. Einige wenige Mitarbeiter nutzten diesen Service aus und nahmen ihre Schmutzwäsche von zu Hause mit, um auch diese auf Firmenkosten waschen zu lassen. Das Management reagierte auf diesen Missbrauch mit einem firmenweiten «Wäscheerlass»: Wäsche waschen – nur jeden zweiten Tag ein Hemd oder eine Bluse.

Führung mit anderer Haltung erkennt dagegen auch die Opportunitätskosten der Kontrolle. Sie sieht, dass sich mit dieser Entscheidung die Masse der Vertrauenswürdigen unnötig überwacht fühlt und es sich in diesem konkreten Fall mit einer «Hand voll» Betrügern souverän leben lässt, da diese in jeder Konstellation genügend Energie für einen kreativen Systembetrug entwickeln würden. Sie misstraut dieser Kontrolle, weil sie auf einem anderen Menschenbild beruht.

>>> Unser Begleiter auf einem Firmenrundgang lobte die moderne Gebäude-architektur, die eine Philosophie von Offenheit, Teamorientierung und ungehinderter Kommunikation widerspiegeln soll. Atrium, großzügige Begegnungsräume und Glasfronten statt Türen. Allerdings befand sich – wie so oft – die Vorstandsetage im obersten Stockwerk und war nur über einen separaten Aufzug und nach Voranmeldung zugänglich.

Führung mit anderer Haltung erkennt die Tragweite der Symbolik. Sie grenzt sich nicht kategorisch ab und gibt sich nicht unantastbar. Sie baut Hürden ab und ist prinzipiell erreichbar. Sie hat keine Angst vor Stallgeruch und ist mutig genug, die elitäre Distanz aufzugeben.

>>> Der Abteilungsleiter M. hat den ihm unterstellten Bereich über die von der Geschäftsleitung beschlossene Anpassung der Produktpalette zu informieren. Obwohl er nicht hinter der strategischen Entscheidung steht, hält er es als loyale Führungskraft für eine Selbstverständlichkeit, diesen Entscheid mit gespielter Überzeugung mitzutragen.

Führung mit anderer Haltung erkennt die Absurdität einer Loyalität, die keine Widersprüche und keine eigenen Gedanken vorsieht. Sie versteht Loyalität nicht als blinden Gehorsam, sondern als ehrliche, differenzierte Ausein-andersetzung mit dem Vorgesetzten und dessen Führungsentscheidung. Sie ist nicht bereit zum maskierten Rollenspiel.

>>> Herr W. wird nach Abschluss seiner Promotion zu einem Vorstellungsge-spräch eingeladen. Zum Termin erscheinen zwei Personalverantwortliche und der Linienmanager. Nach einem nur scheinbar lockeren Geplänkel zwi-schen den beiden Personalern fragt einer von ihnen Herrn W. nach seinem Lieblingsfußballverein. Die Frage interpretiert Herr W. als «Assessment-Falle», die ihn aufs Glatteis führen und in die Unprofessionalität treiben soll.

Führung mit anderer Haltung erkennt die Peinlichkeit des Drehbuchs. Das Spiel «Schauen wir mal, ob er gleich in die erste Falle tappt» findet nicht statt. Keiner der Beteiligten wird zum Schauspieler und verliert durch das Ver-fangensein in konventionellen Referenzen die Beziehung zu sich selbst. Sie klammert sich nicht an einen Standardprozess, sondern nutzt die Sponta-

neität des Augenblicks, immer auf der Suche nach Beziehung.

Mit einer anderen Haltung passiert nichts Weltbewegendes. Musterbrecher

eröffnen ein Kick-off-Meeting nicht mit Bogenschießen, tragen keine ver-

meintlich lustigen Comic-Krawatten und laufen auch nicht im Handstand

in die Sitzung. Sie hätten also nichts Spektakuläres getan, wie nachfol-

gendes **Mosaik ausgewählter Schlüsselbotschaften «unserer» Muster-**

brecher zeigt:

Manager sind zu 80 Prozent mit einer instrumentellen Vernunft ausgestattet, einer Vernunft, die sich mehr oder weniger auf strikte Regeln bezieht.
[Raimund Schöll] Und jetzt plötzlich ist die Unsicherheit wirklich da, und je mehr
sie versuchen, sich mit den alten Rezepten zu helfen, desto tiefer rutschen sie
in die tradierten Muster, die jedoch nicht mehr helfen. *[Gabriele Fischer]* Beängstigend war, wie die Führung an den antrainierten Mustern festhielt und
sich nicht flexibel auf die andere Realität einstellen konnte und wollte.
[Hauptmann S.] Ich bin der Überzeugung, dass die Komplexität, die sich einem
Manager heute in den Weg stellt, schlichtweg nicht handhabbar ist. Du wirst
sie nicht in den Griff bekommen, auch nicht, wenn der Tag 48 Stunden hätte.
[George Walliser] Man muss akzeptieren, dass ein Unternehmen, das ich als
natürliches System betrachte, nicht mit der Regelmäßigkeit einer Maschine
funktioniert. Betrachte ich das Unternehmen als etwas Lebendiges, dann
gibt es auch Abweichungen und Unregelmäßigkeiten, wie sie das Leben nun
einmal hat. *[Johann Tikart]* Wenn man die Menschen mit im Boot haben will,
dann darf man nicht erwarten, dass alles geradlinig verläuft und dass man
als Führungskraft diese Prozesse zu jedem Zeitpunkt kontrollieren könnte.
[Dr. Urs Rickenbacher] Geführt wird über Kommunikation und nicht mittels
Direktiven. Im Spannungsfeld zwischen Vielfalt und Einheit ringen die
direkt Betroffenen in dauernden Abstimmungsprozessen gemeinsam um
beste Lösungen. *[Pierin Vincenz]* In sozialen Kontexten, wie sie Unternehmen
darstellen, kann man sich nur im Konsens mit allen Beteiligten bewegen.
[Frank Wilhelmi] Menschen, die sich respektiert fühlen, übernehmen Verantwortung. *[Jaime Lerner]* Wertschätzung von oben nach unten erzeugt Loyalität
von unten nach oben. *[Beate Lembke]* Ich bin überzeugt davon, dass Mitarbeiter, die sämtliche Informationen erhalten, nicht umhin kommen, die volle
Verantwortung zu tragen. *[Klaus Kojoll]* Es entstehen Transparenz und Beziehung zu den Entscheidungen. Wir lernen dazu, erhalten andere Blickwinkel
und reflektieren unsere Entschlüsse. *[Ulrich Loth]* Dieses System der absoluten Transparenz von Entscheidungsprozessen habe ich auch in einem Unternehmen umzusetzen versucht. Ich schlug der Geschäftsleitung vor, ihre Sitzungen wie in einem Theater oder Boxring durchzuführen. *[Dr. Robert Keller]*
Ich fing an zu hinterfragen! Die Frage nach dem ‹Warum› habe ich mir immer
öfter gestellt. Und ich begann, anders zu entscheiden. Ich wurde viel achtsamer und vorsichtiger. *[Hauptmann S.]* Je mehr ich mich hinter dieser Maske der
Perfektion verstecke, unantastbar, kühl, distanziert und immer kontrolliert,
entsprechend den Klischees eines «coolen Managers», desto unglaubwürdiger werde ich. *[Andreas Harbig]* Ich bin wahrlich kein Draufgänger. Ich möchte
mitmachen, muss mich hineinfühlen in die Mitarbeiter und deren Tätigkeit,
um eine Vorstellung davon entwickeln zu können, was zu tun ist. Das gelingt
nicht durch einen bloßen Soll-Ist-Zahlenvergleich. Zahlen können helfen,
mehr aber auch nicht. *[Peter Walter]* In weiten Kreisen der Führung hat sich
die Überzeugung verbreitet, man könne mit Controlling führen. Das ist ein

265

totaler Irrglaube. *[Jürgen Daum]* Ich benötige den Stallgeruch. Ich muss greifbar sein. *[Dr. Urs Rickenbacher]* Ich muss den Menschen, meinen Mitarbeitern, den mir Anvertrauten, mit Emotionen, viel Zeit und ohne Distanz begegnen. Dazu nehme ich meine Gesprächspartner auf die gleiche Ebene, mit dem Ziel, ihm oder ihr die Zuwendung zu geben, die mein Gegenüber erwartet, als hätte ich in diesem Moment nichts anderes zu tun. *[Abtprimas Dr. Notker Wolf]* Ich bin nicht ständig gezwungen, das Spiel der ewigen Beschleunigung mitzuspielen. *[Dr. Kreutzer]* Da steht eine Philosophie dahinter, die von der Beziehung zum Menschen ausgeht und nicht von der Institution. *[Franz J. Stoffer]* Es geht im wahrsten Sinne des Wortes um die «Re-Humanisierung» der Arbeit und des Managements respektive der Welt. Wenn die Beziehung zu mir nicht mehr stimmt, dann stimmt auch meistens die Beziehung zu den anderen Menschen nicht mehr. *[Andreas Harbig]* Der Beruf ist etwas, wo man sich als Mensch wiederfindet. Man kann nicht zweigeteilt sein. Ich kann nicht während der Arbeitszeit ein bestimmtes Menschenbild vertreten und dann nach Hause gehen und dort ein ganz anderes Menschenbild haben. Der Mensch sollte genauso arbeiten, wie er ist. *[Gerd Doege]*

In der Industrie wird seit Jahren ein Mangel an Sozialkompetenz und Kreativität beklagt. Man glaubt, Kreativität lasse sich managen. Aber Kreativität lässt sich nicht erzwingen. Sie braucht den Humus der Freiheit, um gedeihen zu können. *[Vera Kamaryt]* Ich begebe mich nicht auf die Suche nach Stärken. Ich muss sie nur aufnehmen. *[Susanne Korbmacher]*

Neu gelebte Führung setzt nur an der Haltung an, die die Basis zum Umgang mit der Paradoxie zwischen glorreichen Mustern und deren utopischen Gegenentwürfen bildet. Haltung hilft, sich innerlich zu festigen, um mit der äußeren Unsicherheit besser umgehen zu können.

Sind Sie damit jetzt zufrieden? Entspricht das Ihrer Erwartung an ein Buch über Führung, von dem man sich immer auch Lösungen erhofft? Wenn Sie uns als Leser bis zu dieser Stelle gefolgt sind, sind wir sicher, dass Sie von uns keine Patentrezepte erwarten.

Haltung hilft, sich innerlich zu festigen, um mit der äußeren Unsicherheit besser umgehen zu können.

Entsprechend der Logik unserer bisherigen Ausführungen können wir Ihnen nur paradoxe Haltungshilfen anbieten. Paradox deshalb, weil es «Muster» des Musterbruchs in Form definierter Regeln nicht gibt und wir kein neues Führungskonzept präsentieren können und wollen. Unsere Haltungshilfe lautet deshalb: Bekanntes mit anderer Haltung tun!

Haltung entsteht im Prozess immer wieder neu. Sie ist keine einmal erlernte Fähigkeit. Haltung ist nur erlebbar, nicht modellierbar, denn Modellierung zwingt Haltung in ein Raster, in dem Lebendigkeit verloren geht.

Was kann ich als Führungskraft aber dennoch tun? Ich kann bewusst an meiner eigenen Haltung arbeiten. Sie für andere, mein Umfeld, erlebbar machen. Erlebbar wird mein Musterbruch, meine neu gelebte Führung im

266

reflektierten, mutigen und beziehungsvollen Umgang mit Paradoxien. Das klingt trotz der zahlreichen Beispiele auf den letzten 200 Seiten immer noch ein wenig abstrakt. Deshalb wollen wir Ihnen im letzten Abschnitt dieses Buches den Schlüssel für die Arbeit an der anderen Haltung skizzieren – es geht um die Kraft des Experiments.

267

Experimentieren statt Duplizieren

Nicht nur bei der Rekonstruktion unserer Erlebnisse mit Musterbrechern, sondern auch im Rahmen der beratenden Begleitung verschiedener Organisationen haben wir erkannt, dass Experimente ein mächtiges Mittel sind, um am konkreten Musterbruch zu arbeiten. Das Experiment unterscheidet sich vom klassischen Projektdenken fundamental. Experimente sind ergebnisoffen – und nicht dogmatisch vorstrukturiert. Sie entstehen im betroffenen System und zeigen dort ihre irritierende Wirkung. Es erfordert den Mut des Managements, sich auf einen Prozess mit unbekanntem Ende bewusst einzulassen und aus diesem zu lernen. Dieser Mut fehlt häufig, da das Denken in der gewohnten Projektlogik mit Kick-Offs und Meilensteinen sowie Konzeptions- und Implementierungsphasen nicht nur jahrelang trainiert wurde, sondern vor allem auch risikoloser erscheint. Wer als Führungskraft Best Practices nach allen Regeln der Projektkunst kopiert, muss keine Angst haben, dass er im Falle des Scheiterns zur Rechenschaft gezogen wird. So spielt es keine Rolle, wenn man feststellen muss, dass trotz wohlklingender

Experimente sind nicht dogmatisch vorstrukturiert.

Projektnamen – diese sind beliebig austauschbar – Veränderungen nicht gelebt werden. Einen anderen, weil experimentellen Weg beschreiten Musterbrecher. Blicken wir zurück:

>>> Svenska Handelsbanken – Experiment «Budgetverzicht»: Der ungewöhnliche Schritt von Jan Wallander, die zentralen Planungs- und Steuerungsabteilungen der Bank zu zerschlagen und auf Kontrolle durch starren Soll-Ist-Abgleich zu verzichten, war ein mutiges Experiment und ein Verstoß gegen die Branchenlogik.

>>> Andreas Glemser – Experiment «Führungsverzicht»: Viele sprechen von Selbstorganisation, hier wurde die Tragfähigkeit der Idee radikal erprobt. Andreas Glemser überließ die Führung seines Unternehmens für vier Monate seinem Team – ohne in der Zwischenzeit irgendeinen Kontakt zu halten.

>>> Orpheus Chamber Orchestra – Experiment «Wechselnde Führungsverantwortung»: Kaum jemand glaubte im Jahr 1972 daran, dass es dem Cellisten Julian Fifer gelingen würde, seine Idee vom Orchester ohne Dirigenten so nachhaltig zum Leben zu erwecken, dass später sogar ein Grammy gewonnen werden konnte.

>>> Curitiba – Experiment «In Gemeinsamkeit gegen die Bürokratie»: Jaime Lerner riskierte es, Menschen zu vertrauen, die er nicht kannte. Er startete mutig den Versuch, mit Respekt und Wertschätzung auf die kollektive Intelligenz der Bürger zu bauen. Gemeinsam fing man einfach an, baute etwa eine Fußgängerzone an einem Wochenende, schuf Fakten.

>>> Schindlerhof – Experiment «Verletzbarkeit durch Transparenz»: Warum dürfen eigentlich die Mitarbeiter nicht sämtliche Zahlen ihres Unternehmens kennen? Klaus Kobjoll stellte sich die Frage und fand darauf keine Antwort. Er ließ es darauf ankommen und schuf absolute Transparenz, die zu einer klügeren Art der Kontrolle führte.

>>> betapharm – Experiment «Verantwortung statt Preiskampf»: Austauschbare Produkte werden nur über den Preis verkauft. Dieses «Gesetz» gilt oft, aber

eben nicht immer. Man kann auch, so wie betapharm, daran glauben, dass Kunden, Marktpartner und Mitarbeiter ein ehrliches soziales Engagement schätzen. Das Experiment ließ etwas Entscheidendes entstehen: Sinn, der auch zu unternehmerischem Erfolg führte!

>>> Robert Keller – Experiment «Öffentliche Sitzung»: Mitarbeitende können den Besprechungen der oberen Führungskräfte wie in einem Boxring zusehen. Nicht jede Organisation verträgt diese besondere Art der Öffentlichkeit, denn Transparenz gibt Rollenspielen keine Chance.

Experimente sind ergebnisoffen, sie können auch scheitern. Wir verstehen den Begriff des Experiments nicht im streng wissenschaftlichen Sinne. Führung entzieht sich unserer festen Überzeugung nach jeglicher messbarer Beurteilung. Die Suche nach Kausalitäten ist vergeblich. Demzufolge wäre es geradezu widersinnig, die experimentellen Ansätze mit der Forderung nach Reproduzierbarkeit und mit ähnlichen Kriterien zu konfrontieren.

Es geht um ein Wagnis, um ein unsicheres Unterfangen, um einen Versuch, von dem man noch nicht weiß, wie er ausgehen wird. Dennoch ist Experimentieren nicht mit fahrlässigem Herumprobieren gleichzusetzen. Denn selbst Andreas Glemser, der seine Firma «alleine» ließ, bereitete diesen Schritt sorgfältig vor. Experimente sind mutig, aber haben mit russischem Roulette nichts zu tun. Wir sind wieder beim «Sowohl-als-auch».

271

«Das Experiment veranlasst die Wirklichkeit hervorzutreten.»
Elisabeth Noelle-Neumann

Der Prozess des Experimentierens lässt sich nicht in bestimmte, voneinander klar zu trennende Schritte unterteilen. Dennoch lassen sich idealtypisch drei Phasen herausarbeiten, die – genau genommen – simultan ablaufen. Wir nennen diesen Prozess «Musterbrecher-Experimentierzyklus».

Die bestehenden Ordnungen und Logiken in unseren Organisationen muten seltsam stabil an. Manchmal scheint es, dass sie in ihrem kulturellen Kern umso unverrückbarer sind, je mehr die Veränderungs- und Reformrhetorik um sich greift. Es sind die Selbstverständlichkeiten, die wir nicht mehr hinterfragen. Letztlich nehmen wir die Muster, in denen wir gefangen sind, einfach nicht (mehr) wahr – so skurril sie aus einer gewissen Distanz auch erscheinen mögen. Wir müssen uns also die Mühe machen, die eigene Systemrealität wirklich zu verstehen und die dominanten Muster zu reflektieren.

Diese Forderung wird nicht auf Ablehnung stoßen. Vielleicht verweisen Sie jetzt spontan auf die mit großem Aufwand durchgeführte Mitarbeiterbefragung oder die jüngst analysierte Unternehmenskultur. So wertvoll diese Analysen auch sein mögen, ein Phänomen tritt dabei systematisch auf: Man erhält nur Antworten auf die Fragen, die man aus seiner Perspektive, durch die Brille der eigenen Muster gestellt hat. Man könnte auch sagen: Die Art des Fragebogens sagt viel über den Fragenden, aber wenig über den Befragten aus. Hinzu kommen weitere Schwächen, die vor allem bei den verbreiteten quantitativen Verfahren zu Tage treten: Was bringt die Erkenntnis, dass 67,54 Prozent der Mitarbeitenden fehlende Transparenz bemängeln? Sie bringt nur etwas, wenn die zentrale Frage, wie transparente Führung überhaupt verstanden wird, nicht unbeachtet bleibt. Vordergründig wird fehlende Transparenz mit Informationsdefiziten gleichgesetzt, und das Reaktionsmuster lautet: Mehr Informationen über alle erdenklichen Kanäle! Die Musterreflexion zeigt jedoch, dass mit der Forderung nach mehr Transparenz «lediglich» mehr persönliche Nähe und echtes Interesse für das eigene Tun an der Basis gemeint sind.

Das Erkennen der eigenen Muster muss also an einem anderen Punkt ansetzen. Im Zuge der Fremdbeobachtung eignen sich beispielsweise narrativ-systemische Interviews, die nach einer Auswertung zu Hypothesen

272

Die Art des Fragebogens sagt viel über den Fragenden, aber wenig über den Befragten aus.

verdichtet und an die Beteiligten zurückgespiegelt werden. Auch unternehmensbezogene Selbstbeobachtungen, etwa in Form einer Fotoexkursion, lassen sich für die Anamnese einsetzen. Mitarbeitende werden gebeten, Fotos von abstrakten Themen zu machen, deren bildliche Umsetzung überhaupt nicht auf der Hand liegt. Exemplarische Aufgabenstellungen sind etwa: «Fotografieren Sie Ihre Führungskultur», «Machen Sie Bilder erlebter Leidenschaft» oder «Dokumentieren Sie Misstrauen». Als Ergebnis rufen diese Fremd- und Eigeninterpretationen wertvolle Reflexionen hervor, und die Absurditäten des Führungsalltags werden erlebbar. Der Think-Tank eines Finanzdienstleistungskonzerns beauftragte uns, das Thema «Exzellenz» in seinen unterschiedlichsten Facetten im Rahmen eines Forschungsprojektes zu begleiten. Wir schlugen ein Experiment der Mustererkennung vor und forderten dazu auf, die eigene Exzellenz zu fotografieren. Das Ergebnis nach einer Woche: Ein Drittel der Mitarbeitenden weigerte sich, fotografierend durchs Unternehmen zu laufen, zumal der Auftrag ja sowieso nicht durchführbar sei. Ein weiteres Drittel übergab uns typische Hochglanzbilder aus der PR- und Marketing-Abteilung. Das letzte Drittel hatte sich dann tatsächlich auf den Weg gemacht und selbst fotografiert. Auf keinem Bild war auch nur ein Mensch zu sehen.

Fotoexkursion: ein interessanter Ansatz, um über die dominanten Muster in einer anderen Art zu reflektieren.

Unabhängig von den konkreten Methoden, die wir in unserer weiteren Forschung vertiefen werden, geht es um die Beschäftigung mit drei Fragestellungen, die als Prämissen hinter den sieben Führungsmustern stehen:

>>> Welches Bild haben wir von den Menschen in unserer Organisation? Werden sie als unmündig betrachtet und müssen deshalb – denken Sie an das einleitende Beispiel vom Zähneputzen zurück – permanent kontrolliert und mit Anreizen «gefüttert» werden? Oder trauen wir ihnen die Eigenverantwortung zu, dass sie ihre Arbeit motiviert und gewissenhaft ausführen und sich selbst kontrollieren können?

>>> Wie wird mit Komplexität umgegangen? Wird unter Einsatz des Management-Instrumentariums und der glorreichen Führungsmuster mit aller Macht versucht, das «Übel Komplexität» zu reduzieren? Oder werden Unschärfe und Vielfalt akzeptiert?

>>> Welche Erwartungen werden an die Rolle einer Führungskraft gestellt? Herrscht das Bild von den mächtigen und umfassend informierten Entscheidern vor, die das Unternehmen «von oben» steuern und Lösungen geben können? Oder verbindet man Führung mit Beziehungsgestaltung und dem Stellen von Fragen, die das Unternehmen weiterbringen?

Alternative Muster erleben – Irritation durch kontraintuitive Erlebnisse

Oftmals ergeben sich bereits aus der Phase der Mustererkennung Ansatzpunkte für Ideen zum Experimentieren. Zur Verstärkung dieses Effektes eignen sich kontraintuitive Erlebnisse, die außerhalb des Unternehmens angesiedelt sind. Als hilfreich und im positiven Sinne irritierend haben sich für uns unter anderem Hospitationen bei Organisationen erwiesen, die bereits experimentiert und Ansätze einer musterbrechenden Führung entwickelt haben. Der Charakter dieser Hospitationen geht weit über Arbeitsbesuche und «Best-Practice-Touren» hinaus. Es geht um das buchstäbliche Erleben der Führungskultur einer anderen Organisation, die durchaus in einer fremden Branche «zu Hause» sein kann. Entscheidend ist dabei die gute Vorbereitung, die Mustererkennung im Vorfeld, in der die Hospitanten für die Beobachtungen sensibilisiert werden. Sie führen ein Tagebuch des Staunens, entwickeln ein Drehbuch zur Dokumentation gefährlicher Selbstverständlichkeiten, oder sie quantifizieren die Opportunitätskosten aller Kontrollsysteme; sie lernen, das Undenkbare zu denken und wundern sich über den vermeintlich professionellen Managementalltag. Sie haben die drei Fragen nach dem Menschenbild, nach dem Umgang mit Komplexität und nach der Rollenerwartung im Gepäck und können damit achtsamer die Effekte von Experimenten beobachten. Derartige Inspirationen können in gewisser Weise auch simuliert werden, wenn man sich von außergewöhn-

lichen Experimenten inspirieren lässt, die bereits dokumentiert wurden.

Experimentelle Ent-Regelung – Zeitautonomie schafft Leistungsträger

Natürlich zählt nur das Ergebnis. Schön spielen und trotzdem absteigen, das ist nur auf den ersten Blick und auch nur dann charmant, wenn es keine Haltungsnoten gibt. Sprüche dieser Art sind hinlänglich bekannt. Auch im Business sagen alle Beteiligten, dass nur das zähle, was letztendlich an Messbarem herauskomme. Demzufolge wird mit der Vorgabe von Zielen gearbeitet, von deren Erreichen man die Bezahlung abhängig macht. Die alte Arbeitswelt mit ihrem Montag-bis-Freitag-Takt und ihrer «Nine-to-five-Logik» scheint überwunden. Aber wie so oft wandelt sich zunächst das Reden über etwas, ohne dass alte Logiken im Kern wirklich angetastet werden. Somit ist es gar nicht so leicht, das Revolutionäre in dem zu erkennen, was sich seit 2001 im Firmensitz des knapp 140.000 Mitarbeiter zählenden amerikanischen Electronic Discounters Best Buy abspielt. Dort experimentiert man mit einer Idee, die inzwischen unter dem Etikett «Results-Only Work Environment» – kurz: ROWE – bekannt geworden ist. Im «Kaufhaus der Freiwilligen»[127], wie es die ZEIT kürzlich so treffend nannte, wurde nicht nur die Stechuhr abgeschafft. Man macht sich dort vergeblich auf die Suche nach jeglichem Regelwerk, das die Koordination und die Zusammenarbeit von Mitarbeitenden sicherstellen soll. Cali Ressler und Jody Thompson, Personalmanagerinnen bei Best Buy und als Protagonisten der Idee inzwischen auch über das eigene Unternehmen hinaus beratend tätig, definieren ROWE wie folgt: «Each person is free to do whatever they want, whenever they want, as long as the work gets done.»[128]

Das klingt zunächst ein wenig nach Sozialromantik, fast würde man eine Utopie dahinter vermuten, wenn man den Aspekt der Leistung außer Acht ließe. Genau dieser Leistungsaspekt ist es jedoch, der ROWE auszeichnet. Es spielt keine Rolle, wann jemand seine Aufgaben an welchem Ort erledigt oder ob er an einer Sitzung teilnimmt – solange das Ergebnis stimmt. Springen wir zurück zu den Anfängen des Experiments. Es war 2001. Cali Ressler war 24 Jahre alt.

Ihre Zeit am College lag noch nicht lange hinter ihr. Als Neuling bei Best Buy engagierte sie sich in einer Projektgruppe, die sich Gedanken darüber machte, wie man die Firma zu einem «Employer of Choice» machen könnte. Während ihre Kollegen sie darüber aufklärten, wie man am geschicktesten mit Zeitkonten jonglieren und auf Knopfdruck ein geschäftiges Gesicht aufsetzen kann, wenn einem der Chef begegnet, nahm sie genau jene Absurditäten des Arbeitsalltages in Angriff. Die nüchternen Zahlen taten ihr Übriges dazu: eine Mitarbeiterfluktuation von über 50 Prozent sowie immense Kosten für Rekrutierung und Ausbildung sowie für die Kompensation von Arbeitszeitverlust von etwa 100.000 Dollar.[129] Zunächst entstand ein «Alternatives Arbeitsprogramm», ein Pilotprojekt und Vorläufer des späteren ROWE, das in einer Abteilung mit 320 Mitarbeitenden getestet wurde. Die Vorgabe lautete: Flexibilität und Zeitautonomie für jeden, nicht nur für Führungskräfte. Nicht alle waren begeistert, aber die Mehrheit der Mitarbeitenden hatte auf mehr Autonomie geradezu gewartet. 2003 kam Jody Thompson ins Unternehmen. Man knüpfte an das Pilotprojekt an und entschloss sich, noch einen Schritt weiter zu gehen. ROWE wurde geboren. Wie sehr diese Zeit mit Ausprobieren und Lernen während des Prozesses zu tun hatte, zeigt sich darin, dass man zunächst von ‹Results-Oriented Work Environment› sprach. Dieser Begriff war schwächer, er bot Rückzugsmöglichkeiten und hatte eher den Charakter einer Absichtserklärung.

Zwei Jahre später schließlich hatte man den Mut, sich ausschließlich den Resultaten zu verpflichten – auch in der Konzeptbezeichnung. Seitdem wächst die Zahl der Abteilungen und Gruppen stetig, die nach der ROWE-Idee arbeiten. Was als eine Art «Untergrundbewegung» begann – und eben nicht als von der Unternehmensspitze lanciertes Projekt – hatte bereits 2005 eine kritische Masse erreicht. Es sei für diejenigen, die noch nach altem Muster arbeiteten, dann zunehmend schwerer geworden, sich dem Wandel zu entziehen, so Ressler und Thompson in ihrem aktuellen Buch. Das Experiment, das so harmlos begann, hat durch fortwährendes Erproben und Anpassen dazu geführt, dass *nunmehr über 4.000 Mitarbeiter am Firmensitz von Best Buy in Minneapolis, das sind etwa zwei Drittel der dortigen Gesamtbelegschaft, nach dem ROWE-Prinzip arbeiten. Dieser Schneeballeffekt, der mit der Inkubation im Jahre 2001 begann, ist für sich schon erwähnenswert. Zu einem auch wirtschaftlich erfolgreichen Experiment wurde es schließlich, weil die durchschnittliche Produktivität pro Mitarbeiter um 35 Prozent stieg. Währenddessen sank die Rate freiwilliger Kündigungen um 52 Prozent in der Logistikabteilung und um 90 Prozent in der Online-Sparte. Nicht unerwähnt soll dabei bleiben, dass die Zahl der unfreiwilligen Kündigungen um 50 bis 70 Prozent stieg.[130] Hier zeigt sich der «harte Pol» der ROWE-Idee: Man kann sich eben nicht mehr hinter einer Fassade der Geschäftigkeit und hinter Regelungen verstecken. Denn es kommt nicht darauf an, publikumswirksame Dauerpräsenz zu demonstrieren, sondern die Aufgaben zu erledigen. Man darf gespannt sein, wie bei Best Buy der Schneeball weiterrollt, denn der nächste Experimentierschritt erreicht die Märkte in der Fläche. Auch das «einfache» Verkaufspersonal soll nach ROWE arbeiten? Das kann doch nicht funktionieren! Oder doch? Niemand wird es wissen, wenn man nicht damit experimentiert …*

> *Erlebnis mit Inkubationseffekt*

Sommer 2008

Es sind Organisationen wie Best Buy, aber natürlich auch die bereits angesprochenen Musterbrecher wie W. L. Gore & Associates, betapharm, Schindlerhof oder die Initiative Ghettokids, von denen man Impulse für eigene musterbrechende Experimente erhalten kann. Dabei steht jedoch «nur» die Inspiration im Vordergrund. Dem ROWE-Prinzip etwa liegt eine anspruchsvolle Haltung zu Grunde, die bei einem positiven Menschenbild beginnt. Ein bloßes und unvorbereitetes Kopieren der vordergründigen Eckpfeiler dieser Idee würde scheitern, wenn man über die rein instrumentelle Ebene nicht hinausginge. Zudem wären ROWE oder eine Selbstkontrolle à la Schindlerhof möglicherweise für manche Organisationen aus unterschiedlichsten Gründen einfach nicht geeignet. Denn eines ist deutlich hervorzuheben: Der

Knut Bleichers

Endbemerkung:

«Wir arbeiten in Strukturen

von gestern an Problemen

von morgen mit Menschen,

die mit den Erfahrungen von

vorgestern das Gestern

geschaffen haben und das

Morgen in ihrer Organisation

nicht mehr erleben werden.»

Punkt, von dem an von einem Experiment gesprochen werden kann, ist nur individuell zu definieren. Für manche Organisationen wäre eine rein ergebnisorientierte Strukturierung der Arbeit ein Vabanquespiel, das als Experiment eine Überforderung darstellte – für andere vielleicht bereits so nah an der gelebten Unternehmenskultur, dass es zu hoch gegriffen wäre, überhaupt von einem Wagnis zu sprechen. Unabhängig davon lohnt es sich, Experimente aus anderen «Biotopen» im Zuge von Hospitationen «live» zu erleben oder zu rekonstruieren.

Neue Muster erproben – auf dem Weg zum eigenen Musterbruch

Die Reflexion der eigenen Muster, ergänzt um Impulse aus mehr oder weniger fremden Domänen, führt zu einer Reihe von Vorstellungen über mutige und sinnvolle Experimente im eigenen Umfeld. Im Gegensatz zur Logik von Projekten und groß angelegten Veränderungsprozessen beginnen Experimente nur in Teilen der Organisation, in einem bestimmten Bereich, vielleicht sogar nur in einem einzigen Team oder in der Führungsnachwuchsgruppe. Dort werden – auf der Grundlage einer vorbehaltlos freiwilligen Selbstverpflichtung – einzelne Akteure gefunden, die als Experimentatoren fungieren. Die Freiwilligkeit ist dabei entscheidend, da man die Freude am Erproben des Neuen genauso wenig verordnen kann wie Leidenschaft oder Kundenorientierung.

Der Musterbruch besteht – wir hatten eingangs darauf hingewiesen – nicht darin, mit irgendetwas um des Brechens willen zu brechen. Demzufolge knüpfen wir auch das Experimentieren wiederum an die etwas anspruchsvollere Idee des Paradoxen, an die Haltung des «Sowohl-als-auch». Folgende Experimentierszenarien zeigen, was damit gemeint ist:

>>> Experiment:

Bodennähe

Unreflektierter Fehlschluss:

«Meine knappe Zeit benötige ich für Strategiearbeit.»

Unsere Intention:

Wieder eine echte Beziehung zur Realität im Unternehmen herstellen

Vorgehen:

Gehen Sie zu Fuß durch die Organisation. Stellen Sie Ihren Schreibtisch in die Lagerhalle oder ins Großraumbüro. Begleiten Sie Ihren Außendienst, nehmen Sie Kundenreklamationen selbst entgegen … Die Möglichkeiten für Experimente sind unerschöpflich.

Chance:

Dieses Experiment kann zu neuer Bescheidenheit führen!

>>> Experiment:

Transparenz schafft Vertrauen

Unreflektierter Fehlschluss:

«Das müssen wir im kleinen Kreis diskutieren.»

Unsere Intention:

Provozieren von Verantwortungsübernahme durch Transparenz

Vorgehen:

Halten Sie möglichst alle Sitzungen öffentlich ab! Reflektieren Sie über die Wirkungen dieser Maßnahmen mit Sitzungsteilnehmern und «Zuschauern».

Chance:

Dieses Experiment kann Fassaden zum Einsturz bringen!

>>> Experiment:

Selbstbestimmte Mündigkeit

Unreflektierter Fehlschluss:

«Man muss die Wurst höher hängen, sonst springt keiner.»

Unsere Intention:

Erleben, wie Mitarbeiter über ihren eigenen Leistungsbeitrag kompetent urteilen können

Vorgehen:

Schaffen Sie die technokratischen und vermeintlich objektiven Prämiensysteme ab! Lassen Sie über einen offenen, basisdemokratischen Entscheidungsprozess die Mitarbeitenden selbst über die Verteilung der Boni und Prämien bestimmen.

Chance:

Dieses Experiment kann intrinsische Motivation hervorrufen!

>>> Experiment:

Ohne Eingriff alles im Griff

Unreflektierter Fehlschluss:

«Am Ende hält ja doch nur einer den Kopf hin.»

Unsere Intention:

Selbstorganisation provozieren und sich von ihrer Wirkung positiv überraschen lassen

Vorgehen:

Delegieren Sie über einige Wochen hinweg konsequent alle Entscheidungen, die Sie aus juristischen Gründen nicht selbst treffen müssen! Aber nicht nur unkritische, unliebsame oder Routineentscheidungen. Greifen Sie in den dann einsetzenden Prozess nicht ein und akzeptieren Sie jede getroffene Entscheidung. Beobachten Sie genau, auf welche Weise das System mit Ihrem Führungsverzicht umgeht.

Chance:

Dieses Experiment kann zu einer höheren Entscheidungsqualität führen!

Mit Experimenten lässt sich Systemrealität radikal verändern. Sie tragen dazu bei, Energien freizusetzen und Organisationen lebenswerter zu gestalten. Dazu erforderlich sind Führungskräfte, die ihre Rolle als «Ermöglicher» und nicht als «omnikompetente Silberrücken» verstehen. Sie tragen zu einer komplexitätsgerechten Neuausrichtung von Management bei und legen das Pathologische von Führung offen. Sie schaffen Biotope für musterbrechende Experimente und lassen sich durch die freigesetzten Kreativpotenziale überraschen. Und sie geben kaum noch Antworten, sondern stellen primär paradoxe Fragen – beispielsweise diese sieben, die sich letztlich wie ein roter Faden durch das gesamte Buch gezogen haben:

>>> Wie viel richtungsloser wird der Kurs der Organisation durch gezielte Steuerung?

>>> Wie sehr gleiten uns die Dinge durch Kontrolle aus der Hand?

>>> Wie viele neue Sonderfälle werden durch Standardisierung hervorgebracht?

>>> Welche lähmenden Gefühlsausbrüche erzwingt Rationalisierung?

>>> Wie viel Zukunft verlieren wir Tag für Tag durch kurzfristigen Erfolg?

>>> Wie behäbig werden unsere Organisationen, indem wir sie beschleunigen?

>>> Warum steigt fortwährend der Rechtfertigungsdruck, obwohl wir allen Sachzwängen gerecht werden?

Tage der neu gelebten Führung

Bekanntes mit anderer Haltung …

Amöbe: Auch Wechseltierchen genannt, ist ein Einzeller, dem eine feste Gestalt fehlt. Die Fortpflanzung geschieht ungeschlechtlich durch einfache Zellteilung. Die A. ist in der Lage, sich schnell ändernden Umweltbedingungen anzupassen. **Assessment-Center:** Mithilfe eines A. sollen Personalauswahl, Potenzialermittlung und Weiterbildungsbedarf objektiviert werden. Seine prognostische Validität ist nicht unumstritten, dennoch erfreut sich das A. in der Praxis großer Beliebtheit. Aber selbst wenn die Validität bei 0,81 liegt – was heißt das? Was bringt es, Struktur und Ablauf eines A. immer weiter zu verfeinern? Wie viel Normierung verträgt Ihr Unternehmen überhaupt? Haben Sie zumindest den Mut, den Glauben an die Objektivität und Treffsicherheit einer Personalauswahl endgültig aufzugeben (> Job Description). Bauen Sie Ihr Unternehmen mit kantigen Steinen, Kugeln rollen weg. **Bauchgefühl:** Das B. entscheidet – Rationalität ist ein Begriff, den man verwendet, um sein Handeln zu legitimieren (> Justiziabilität). **Budgets:** B. werden im Voraus geplant, auf der Grundlage von etwas, was schon längst vorüber ist. Sie sind starre Größen und gelten als unverzichtbares Tool einer professionellen Unternehmensführung. B. mutieren zu vermeintlich selbstsprechenden und sich selbst legitimierenden Steuerungsgrößen. Sie stehen für eine Haltung des Misstrauens und stellen ein Machtin-

strument dar, mit dem Kontrolle ausgeübt wird. Aber mit Zahlenverliebtheit kommen wir nicht weiter. Führung im Zeichen von > Komplexität braucht weiterhin B., aber wir sollten den Mut haben, ihr Rationalitätsimage über Bord zu werfen und die Dinge hinter den Zahlen zu sehen. **Bunnyhill:** Stadtteil von München, lohnenswerter Abstecher von der Allianz-Arena aus (> Stallgeruch). **Corporate Citizenship:** Ein ausgezeichnetes Konzept, das das bürgerschaftliche Engagement eines Unternehmens dokumentieren soll. Umso besser, wenn es nicht im Zusammenhang mit dem Kerngeschäft steht. Starten Sie eine solche Initiative! Aber nur dann, wenn Sie eine Beziehung zu dem besitzen, wofür Sie sich engagieren. «Street Credibility» kann die beste Werbeagentur nicht erzeugen. C. ist keine Strategieoption, mit der Sie planen können (> Planung). Sie wird jedoch zu einer, wenn nicht das vordergründige Kalkül Regie führt. **Diversity Management:** Lassen Sie mutig Vielfalt als Standard zu und profitieren Sie von Unterschiedlichkeit! Es spricht nichts dagegen, diese Bemühungen als D. zu bezeichnen und zu systematisieren. Aber bevor Sie einen Diversity-Beauftragten installieren und auf den Selbstläufereffekt hoffen, sollten Sie die gelebten Beziehungen hinterfragen. Wer sich hinter Quoten versteckt, wird im Zweifel nicht merken, dass er sich bereits zu exkulpieren versucht. **Empowerment:** E. gilt als Zaubermittel bei wenig motivierten Mitarbeitern und bildet eine der Kernvokabeln in Unternehmensbroschüren. Es meint die Ermächtigung von bislang weniger Mächtigen durch Mächtigere. Nennen Sie es E. oder ganz anders – oder kommen Sie ohne jeglichen Begriff aus. Wir verstehen darunter den Mut, auf die Fähigkeiten und das Engagement der Mitarbeiter vorbehaltlos zu vertrauen; nicht jedoch die offizielle Weitergabe von Verantwortung für etwas, was bereits an anderer Stelle vorverantwortet wurde. E. macht Führung nicht überflüssig, nur anspruchsvoller – oder einfacher, je nachdem, wie Sie die Dinge sehen (> Loyalität). Erlebnisse, beeindruckende: interviewähnliche Episoden mit Musterbrechern im Zeitraum von Januar 2000 bis August 2008. Sie erbrachten den keinem Messinstrument zu entlockenden empirischen Beweis für die prinzipielle Möglichkeit des Lebens in Paradoxien und jenseits eines reflexhaften Handelns. Experimente: Der Wahlslogan Konrad Adenauers aus dem Jahr 1957 («Keine E.!») scheint auch als Richtschnur für die Entwicklung von Organisationen herzuhalten. Ein Projekt jagt das andere, eine Initiative löst die vorhergehende ab. Dabei soll alles sauber durchgeplant (>Planung) sein, vom Ziel über den Mitteleinsatz bis hin zu den Meilensteinen. Jegliche Überraschungen sollen ausgeschlossen werden. Natürlich funktioniert das nicht, insbesondere das «Managen» der > Unternehmenskultur scheitert nach der typischen Projektlogik. E. sind die intelligenteren Projekte, weil sie ergebnisoffen sind und tatsächliche Veränderung ermöglichen. Führungsleitlinien: Sie halten im Idealfall das fest, was alltäglich ohnehin erlebbar ist. Die Stärke von Leitlinien sollte darin liegen, dass sie ein Commitment bewirken und die Inhalte präsent halten. Bringen Sie den Mut auf, Festgeschriebenes zu reflektieren und daran Kritik zu üben! Marktgetriebene Standardleitlinien sind wertlos, ihnen fühlt sich niemand verpflichtet. F. sind etwas Dynamisches, sie entstehen aus dem Prozess heraus immer wieder neu. Geschäftsprozessoptimierung: Wer Prozesse nicht optimiert, macht seine Hausaufgaben nicht. Gestalten Sie Prozesse auf jeden Fall so effizient wie möglich. Aber bringen Sie die Souveränität auf, den Schablonen zu widerstehen. Nicht immer heißt schneller auch besser, nicht immer ist schlank auch schön. Was woanders zur Optimierung führte, ist vielleicht an dieser Stelle nicht lebensfähig. Beobachten Sie, ob Sie und Ihre Mitarbeiter noch in Beziehung zu dem sind, was sie tun. Ob Prozesse glatt ablaufen, entscheidet nicht das Flussdiagramm (> Restrukturierung). Glorreiche Sieben: Helden aus einer Zeit, in der Gut und Böse bekannt waren und die Beherrschung des eigenen Handwerkszeugs den Garanten für den Erfolg darstellte. Planung, Steuerung, Kontrolle und Weiteres. Wir haben viel davon gesprochen. Was vermutlich zu keinem Zeitpunkt glorreich war, sollte es in Zukunft auf keinen Fall sein. Harte Pole: Trotz aller Flexibilität gibt es unumstößliche Punkte, die erfüllt sein müssen. Diese können etwa Liefertreue oder Reaktionsschnelligkeit auf Anfragen sein. Dabei ist es nahezu gleichgültig, welche es sind. Aber stricken Sie ein Netz, das nicht nur aus Stahlseilen besteht.

H. sind behutsam auszuwählen. Es sollten nur wenige sein, vielleicht nur einer. Und ob das, was gestern noch ein harter Pol war, auch morgen noch einer sein muss, sollte immer wieder zur Disposition gestellt werden dürfen. Täglich und von jedem. **Jeder kann sagen, was ich will:** Eine Aussage, die dem Fußballtrainer Otto Rehhagel zugeschrieben wird, sie steht offenkundig im Widerspruch zur Idee des > Empowerment. **Job Description:** Jede(r) möchte wissen, was auf ihn (sie) zukommt. Personalbedarfs- und -einsatzplanung ist sinnvoll, weil Qualifikationen besser zugeordnet werden können. Nur: Wir könnten auch darüber nachdenken, ob Menschen nicht in der Lage sind, ihren Stärken gemäß eigene Wege zu finden und eigene Beziehungen zur Tätigkeit aufzubauen. Finden wir doch den Mut, Stellenbeschreibungen als Tool, nicht als Grundlage für das Justiziable und als Gradmesser für Defizite einzusetzen! **Justiziabilität:** J. ist der Schmierstoff der Verkrustung und der Bürokratie (> Wahnsinn, der alltägliche). **Komplexität:** Ambivalenz, Unschärfe, Vielfalt, Optionalität und Dynamik. Wie Wasser lässt sich K. nicht komprimieren. Je ausgefeilter unsere vermeintlich rationalen Verfahren werden, umso subtiler schlagen sie zurück. Vielleicht sollten wir endlich unseren Anspruch auf K.-Beherrschung infrage stellen und couragiert mit den Paradoxien des (Wirtschafts-)Lebens umgehen. Das ist immer noch etwas anderes, als vor K. zu kapitulieren. Sie halten das dennoch für eine Bankrotterklärung? K. ist der Igel im Wettlauf gegen den glorreichen Hasen. Versuchen Sie doch mal, die Kosten für den zwangsläufig fehlschlagenden Versuch auszurechnen, die Laufgeschwindigkeit des Hasen zu optimieren. **Loops:** Begriff aus dem Englischen, der u. a. für Zyklen oder Schleifen steht und als Extremerfahrung bei der Anfertigung eines Buches gelten kann, das sich mit Paradoxien beschäftigt. **Loyalität:** Jedes Arbeitsverhältnis basiert auf einem gewissen Maß an L. Führungskräfte und Mitarbeiter müssen sich auf die jeweils anderen verlassen können – Fürsorge und Treue lauten die Verpflichtungen. Der Begriff der L. wird jedoch weit überdehnt, wenn er zum Ausdruck bringen soll, dass mit großer Überzeugtheit auch Entscheidungen gegen die eigene Überzeugung verkauft werden sollen. L. ist nur dann etwas wert und Zeichen für eine belastbare Beziehung, wenn der Austausch eigener Standpunkte möglich ist. Insofern schließt L. ihr Gegenteil mit ein, freilich in Form einer reflektierten Illoyalität. **Management by:** Hinter den M.-Konzepten verbirgt sich eine unüberschaubare Zahl klassischer (z. B. Delegation, Objectives) und pseudodifferenzierender, modischer Techniken (z. B. Management by Champignons: Mitarbeiter im Dunkeln lassen, sie mit Mist bewerfen, und wenn sie die Köpfe strecken diese abschneiden). Diese Konzepte suggerieren, es gebe eine passgenaue Anweisung, einen richtigen Stil für das Führen. Da ständig neue M.-Konzepte auftauchen, scheint der richtige Weg immer noch nicht gefunden worden zu sein. Wir sollten keine Energie in die weitere Suche stecken; denn den Masterplan zum Managen kann es nicht geben. Das «Muster» des Musterbruchs lautet: verbindliche Reflexion, leiser Mut und echte Beziehungen. Monokultur: Für manche das gute Gefühl, alles zur Wahrung der Rationalität getan zu haben (> Assessment-Center), für andere eine beunruhigende Vorstellung (> Diversity Management). Musterbrecher: Personen, Konzepte, Ideen, Erlebnisse, Gedanken, Visionen – sämtliche Inspirationen und Irritationen, die uns dabei helfen, uns unserer verfestigten Muster bewusst zu werden und diese gegebenenfalls zu überwinden. Nachhaltigkeit: Zählt zu den Begriffen, die inzwischen einen Impfschutz gegen Kritik und die Lizenz zur Allzeitverwendung erworben haben. Natürlich wollen wir weder Ölfässer in Badeseen noch kurzfristigen Opportunismus sehen. Echte N. bedenkt die gedanklichen Limitationen mit, die durch ein Festhalten an langfristiger > Planung und purem Bestandsdenken erzeugt werden. Die Kunst besteht darin, die Beziehung zu den eigenen Wurzeln und Bewährtes für die Zukunft zu erhalten – und gleichzeitig den Mut zu haben, sich von Optionen der Gegenwart nachhaltig irritieren zu lassen. Normstrategie: Es ist hilfreich, wenn wir auf bereits Bestehendes zurückgreifen können. Beispielsweise auf die Denkleistung eines Michael Porter und seine generischen Grundstrategien. Andere haben weitergedacht und diese miteinander ver- **285** knüpft, sodass sie nicht mehr so nach N. aussehen. Dennoch ist in der Praxis Strategiekonformismus an der Tagesordnung, weil man sich damit nicht exponieren muss. Reflektieren Sie das von Ihnen verfolgte Geschäftsmodell konsequent und entwickeln Sie Alternativen, zu denen Sie wirklich stehen können. Befolgen Sie bestehende Regeln, indem Sie gleichermaßen im Rahmen des Verantwortbaren mutig dagegen verstoßen (> Musterbrecher). Omnikompetenz: Die Metapher lautet: Der Mann im Cockpit trifft, mit allen Daten versorgt, die richtige Entscheidung. Eine irrsinnige Vorstellung! Besser: Reflexion der eigenen Grenzen, Mut zu Fehlern, Beziehung zum System! Paradoxie: Widerspruch, scheinbar falsche Aussage, die bei genauerer Betrachtung auf etwas Drittes hinweist. Eine P. kann nicht aufgelöst werden – wir wissen nicht, ob sich der Barbier von Sevilla selbst rasiert oder nicht. Pferde, tote: Inhalt des Instrumentenkoffers eines vermeintlich professionellen Managements. P. sind zu vergleichen mit einem 80-er-Jahre-Gag des Komiker-Urgesteins Otto Waalkes: «Kommt ein Mann mit einem halben Hähnchen unter dem Arm zum Notarzt und fragt: ‹Ist da noch was zu retten?›». Planung: Auch wenn wir in der Ungewissheitsgesellschaft leben, wird P. nicht gänzlich über Bord geworfen. Wir müssen planen. Gleichwohl löst sich der alte Anspruch auf analytische Durchdringung der Zukunft auf. Akzeptieren Sie neu auftretende Widersprüche: Planen Sie, aber in dem Bewusstsein, dass Sie letztlich nicht alles planen können. Institutionalisieren Sie Strategiearbeit, aber ermöglichen Sie gleichermaßen verteilte und permanente Strategieverantwortung. **Quartalsreporting:** Immer populärer werdende Ausprägung des Trends zu Beschleunigung und zu kurzfristigem Denken. Das Tagesreporting rückt offenbar näher. Wir können nicht anders? Doch! Irgendetwas geht immer. Zwar in Grenzen, aber jeder trägt letztendlich die > Verantwortung für die Entscheidung, ob er sich den Sachzwängen beugt oder nicht. «Nein» zu sagen gelingt nicht ohne Courage, aber wer in Beziehung zu dem steht, was er tut, wird diesen Mut aufbringen. **Reflexe, erworbene:** Automatismen zur Komplexitätsreduktion – antrainierte Reflexionsblockaden. **Restrukturierung:** R. ist zielführend, wenn es schnell gehen muss. Manchmal ist die Strategie des Bombenwurfs angesagt. Aber warum werden die neuen «Würfe» so selten gelebt? Weil wir nicht am Reißbrett den Wandel vollziehen können. Dieser gelingt vermutlich deutlich leiser und nachhaltiger in und mit einer > Unternehmenskultur, die keine Paukenschläge nötig hat. Menschen sind nicht resistent gegen Veränderung. Zumindest dann nicht, wenn sie nicht zu Spielbällen degradiert werden. **Stallgeruch:** S. ist für manche die unerträgliche Nähe zur Basis, für andere Sinn stiftende Erdung, um «be-greifbar» zu sein. **Synergie-Effekte:** Die Idee ist bekannt – eins und eins ist mehr als

zwei. Aber wie sieht das Gebilde aus, in dem sich die S. entfalten sollen? Überlegen Sie einmal, was vielleicht auf der Strecke bleibt und wie hoch die Opportunitätskosten sind. Finden Sie mit einigen > harten Polen mutig Ihren Weg zwischen produktiver Redundanz und effizientem Größenvorteil. Manchmal gilt eben auch: «2 x 2 = grün». **Transparenz:** Offene Bücher, jeder bekommt alles mit, Entscheidungen werden sichtbar gemacht, das Volk sieht beim Regieren auf die Finger – verklärter 68-er-Kitsch? Nur dann, wenn man den Zuschauern Unmündigkeit attestiert. Wer in Unternehmen T. wagt, macht sich verwundbar, wird aber auch merken, dass man auf das Bedürfnis nach Selbstkontrolle vertrauen kann. Stellen wir uns ernsthaft folgende Frage: Wie viel > Loyalität wird uns wohl noch entgegengebracht, wenn wir eine «stufengerechte Informationspolitik» betreiben, ganz in dem Glauben, wir müssten entscheiden, was die Mitarbeiter verstehen und vertragen können? Würden Sie sich in einem grandiosen Versteckspiel freiwillig melden? Wohl kaum. Erst der Mut zur Transparenz lässt beziehungsvolles Miteinander möglich werden. **Uhr:** Taktgeber für den > Wahnsinn, der alltägliche. **Unternehmenskultur:** Ein äußerst prominentes Thema in Theorie und Praxis, mit dem sehr unterschiedlich umgegangen wird. Manchen ist U. ein echtes Anliegen, andere erliegen der verführerischen Ansicht, dass sie technokratisch gemanagt werden kann. Nur zwei Botschaften zu einem sehr weiten Feld: Erstens gibt es aus unserer Sicht keine vorher festzulegende Soll-Kultur. Und zweitens brauchen wir den Mut, eine U. zu ermöglichen, die ihre Besonderheiten reflektiert und diese dadurch reproduzieren, verändern oder infrage stellen kann. Verantwortung: Jeder ruft nach Verantwortungsbewusstsein. V. für was oder wen eigentlich? Für meine Mitarbeiter, für das Unternehmen, für die Gesellschaft? Auch, aber in erster Linie gilt es, die Verantwortung für das eigene Denken und Handeln zu übernehmen. Für das Befolgen oder Nicht-Befolgen von Regeln, für die eigene Lebensbalance, für das Mitspielen in oder das Ausbrechen aus dem alltäglichen Wahnsinn. Die Beziehung zu uns selbst ist der Anfang – und viel wertvoller als eine blumige Übernahme der «Gesamtverantwortung». Wahnsinn, der alltägliche: Resultante der gnadenlosen Präsenz glorreicher Führungsmuster. Wir stecken mitten drin und machen kräftig mit. Das Täter-Opfer-Bild gilt nicht mehr. Wir alle sind für den W. mitverantwortlich! Waterline: Bei allem, was du tust, überlege dir zwei Dinge. Erstens: War es bei Erfolg den Aufwand wert? Zweitens: Kannst du bei Misserfolg die Folgen tragen? Bohre deine Löcher über der Wasserlinie! Work-Life-Balance: Gegenstand aktueller Diskussionen um die Vereinbarkeit von Arbeit und Nicht-Arbeit. Mithilfe der W. soll mit Flexibilität dafür gesorgt werden, dass den Anforderungen der heutigen Arbeitswelt entsprochen werden kann. Könnte es aber sein, dass die Trennung von Arbeit und Leben, von der man auch bei W.-Ansätzen nach wie vor ausgeht, gar nicht sinnvoll ist? Hinter dieser Frage versteckt sich kein neoli- 287 berales Dogma, kein Wunsch nach grenzenloser Verfügbarkeit von Humankapital und Selbstausbeutung, sondern vielmehr die Überzeugung, dass es um die jeweils individuelle Lebensbalance geht, die Arbeit als Teil des selbstbestimmten Lebens versteht. Die alternative Botschaft heißt: couragiert die Beziehung zum eigenen Leben finden – und nicht die Grenzen zwischen Arbeit und Leben managen. Zahlenblindheit: Zahlen erzeugen, richtig manipuliert, eine Illusion der Präzision. Sie verdecken und verhindern das In-Beziehung-sein. Zehn Minuten: Zeit, die ein Vorstandsmitglied eines deutschen Automobilkonzerns nach einem Bericht des manager magazins benötigt, um zu wissen, in welchen Kasten er sein Gegenüber «stecken» muss (>Omnikompetenz). Zeitmanagement: Strategie zur möglichst effizienten Nutzung knapper Zeitfenster. Z. wird in vielen Ausprägungen gelehrt und soll Managern bei der Komplexitätsbewältigung und der Priorisierung von Aufgaben helfen. Organisation ist gut und wichtig, aber Fremdbestimmung im Dienste der Beschleunigung kontraproduktiv. Unsere Richtschnur sollten nicht die Zeiger sein, sondern die Beziehung zu den Inhalten hinter dem Ziffernblatt. Paradoxiekünstler sind diejenigen, die den Mut haben, im Beschleunigen innezuhalten und im Moment ganz bei den Menschen und Dingen zu sein.

Galerie

Essentielles am Rande
Knut Bleicher
Professor emeritus für Allgemeine
Betriebswirtschaftslehre,
Organisation und Personalwirtschaft,
Universität St. Gallen

**«Wenn die Wirkung die
Ursache überholt»**
Dietrich Dörner
Professor emeritus am Institut für
Theoretische Psychologie an der
Otto-Friedrich-Universität Bamberg

«Beyond Budgeting»
Niels Pfläging
Direktor des «Beyond Budgeting
Round Table» und
Präsident der MetaManagement Group

Jürgen Daum
Chief Solution Architect und CFO
Adviser bei der SAP AG, Walldorf
Leiter und Gründer des International
Institute of Enterprise, Heidelberg

«Symphonie ohne Taktstock»
Orpheus Chamber Orchestra
Dirigentenloses Orchester, New York

«Hoffnung in der Hoffnungslosigkeit»
Jaime Lerner
Ehemaliger Bürgermeister
von Curitiba, Brasilien

«Führungsverzicht»
Andreas Glemser
Vorsitzender des Vorstands
der COCOMIN AG,
Leinfelden-Echterdingen

«Vom Saulus zum Paulus»
Klaus Kobjoll
Managementtrainer und Geschäftsführer
der Schindlerhof Klaus Kobjoll GmbH,
Nürnberg

«Von den Affen nichts gelernt»
Dr. Robert Keller
*Zoologe und
Unternehmensberater,
Zürich*

«Brennen für Papier»
Florian Kohler
*Geschäftsführer der
Büttenpapierfabrik Gmund, Tegernsee*

«‹Formationstanz› im Konzern»
Beate Lembke
*Managerin in einer deutschen
Großbank, Frankfurt am Main*

«Gesellschaft als Auftraggeber»
Frank H. Wilhelmi
*Vorstand der Business Angel
Beteiligungs AG, Wetzlar
(ehem. Vorstandsvorsitzender der
Wilhelmi Werke AG, Lahnau)*

«Karriere ohne Laufbahnplanung»
Ulrich Loth
*Leader Legal Department W. L. Gore
& Associates GmbH, Putzbrunn
bei München*

«CEO ohne Macht»
Dr. Notker Wolf
*Abtprimas der Benediktiner,
Sant'Anselmo, Rom*

«Konsequent gegen den Trend»
Dr. Pierin Vincenz
*Vorsitzender der Geschäftsleitung
der Raiffeisen-Gruppe, St. Gallen*

«Individualität im Gehege»
Gerd G. Doege
*Technischer Geschäftsführer
der RWE Rhein-Ruhr
Netzservice GmbH, Siegen*

289

*«Gestrandet an den Grenzen
der Rationalität»*
Johann Tikart
*Ehemaliger Geschäftsführer der
Mettler-Toledo GmbH, Albstadt*

«Die Stärke der Verletzlichkeit»
Andreas Harbig
*Mitglied der Geschäftsleitung der
PA Consulting Group Deutschland,
Frankfurt am Main*

«Einsicht zwecklos»
Gerhard Roth
*Leiter der Abteilung für Verhaltens-
physiologie und Entwicklungsneuro-
biologie am Institut für Hirnforschung
der Universität Bremen, Gründer der
Roth GmbH – Applied Neuroscience*

«Ent-Rüstung zweiter Ordnung»
Raimund Schöll
*Selbstständiger Coach,
Konfliktmoderator und
Prozessberater, Gilching*

*«Weitsicht statt eines stumpfen
Opportunismus»*
Carl Elsener jun.
*Mitglied der Geschäftsleitung
Victorinox, Schwyz*
Carl Elsener sen.
*Seniorchef
Victorinox, Schwyz*

*«Mit Tempomat auf der
Überholspur»*
George Walliser
*ehem. CEO der Edelweiss FM AG,
Zürich*

«Zwangloses Reflexionsangebot»
Hans-Gerd Schütt
Sportbeauftragter der
Katholischen Kirche in Deutschland
und Geistlicher Beirat
des DJK Sportverbandes, Düsseldorf

«Energie aus Beziehung»
Susanne Korbmacher
Sonderschullehrerin und Gründerin
des Vereins «ghettokids
Soziale Projekte e.V.», München
Foto: © Heike Ulrich, München

«Sandkörner statt Börsenkurse»
Gabriele Fischer
Chefredakteurin des
Wirtschaftsmagazins brand eins,
Hamburg

«Beziehung zum eigenen Spiel»
Vera Kamaryt
Lehrerin für Schauspiel und
Gesang, Sprechtrainerin,
Gründerin und ehem. Leiterin der
«Berliner Schule für Bühnenkunst
und unternehmerische Fähigkeiten»

«Unhaltbare Gummibänder»
Oliver Schmidtlein
Physiotherapeut und
Fitness-Coach, Inhaber von
OS Training & Therapie – Functional
Training und Rehabilitation,
München

«Haltung ohne Pose»
Dr. Urs Rickenbacher
Mehrheitseigner und CEO der
Lantal Textile AG, Langenthal

«Fernsehen ohne Schminke»
Armin Maiwald
Miterfinder und Produzent der
«Sendung mit der Maus», Köln

«Eine mutige Wahl»
Dr. Rudolf Kreutzer
Risikoanalyst und Risikoberater,
Allianz Zentrum für Technik GmbH,
München

«Leidenschaft als USP»
Peter Walter
ehem. Geschäftsführer der
betapharm GmbH, Augsburg

«Mehr als eine Nummer»
Franz J. Stoffer
Geschäftsführer der Caritas
Betriebsführungs- und
Trägergesellschaft mbH, Köln

Literatur

1 Deckstein, D./Büschemann, K.-H.: Der Leitwolf schleicht davon, in: Süddeutsche Zeitung, Nr. 173, 29. Juli 2005, S. 3.

2 Untersuchung des «Management Zentrum St. Gallen»: Manager 2003: Selbstreflexionen – Herausforderungen – Radikaler Richtungswechsel im Managementdenken? Verfügbar über: http://www.mariapruckner.com/PDF/mzsg_seminare_online_030803.pdf [Stand 22.09.08].

3 Im IFAK Arbeitsklima Barometer 2008 wurden 2.000 zufällig ausgewählte Erwerbstätige im März und April 2008 telefonisch befragt.

4 IBM Global Human Capital Study 2008; weltweite Befragung von mehr als 400 HR-Verantwortlichen verschiedenster Unternehmensbranchen aus 40 Ländern zu den aktuellen Herausforderungen, etwa bei der Gewinnung von Mitarbeitern oder bei Transformationsinitiativen. Verfügbar über: http://www-935.ibm.com/services/de/bcs/html/hcstudy.html [Stand 22.09.08].

5 Towers Perrin Global Workforce Study 2007-2008; die weltweit umfassendste Arbeitnehmerbefragung spiegelt über 90.000 Meinungen aus 18 Ländern wider. Im Fokus der Untersuchung liegen die Treiber von Attraktivität, Bindung und Engagement aus der Perspektive der Arbeitnehmer. Verfügbar über: http://www.towersperrin.com/tp/showhtml.jsp?url=global/publications/gws/index.htm&country=global [Stand 22.09.08].

6 Führungskräftebefragung 2007; eine Untersuchung der Wertekommission in Zusammenarbeit mit dem Institut für angewandtes Wissen e. V. (IAW Köln), bei der rund 500 Fach- und Führungskräfte in Deutschland befragt wurden. Verfügbar über: http://www.wertekommission.de/ [Stand 22.09.08].

7 Eine Forschungsgruppe der Universität Bremen hält Arbeitssucht mittlerweile für ein gefährliches Massenproblem. Die Dunkelziffer ist hoch, denn hart arbeitende Menschen werden bewundert und kaum jemand nennt Erfolg eine Krankheit. Doch täglich stürzen sich zehntausende Bundesbürger maßlos und selbstzerstörerisch in den Beruf. Verfügbar über: www.lifeline.de [Stand 22.09.08].

8 Untersuchungsbericht der Europäischen Beobachtungsstelle für berufsbedingte Risiken. Verfügbar über: http://osha.europa.eu/de/publications [Stand 22.09.08].

9 Luhmann, N.: Soziale Systeme, Frankfurt am Main 1996, 6. Aufl., S. 47.

10 Bolz, N.: Komplexität und Trendmagie, in: Ahlmeyer, H. W./Königswieser, R. (Hrsg.): Komplexität managen: Strategien, Konzepte und Fallbeispiele, Frankfurt am Main 1997, S. 381 – 400.

11 Dörner, D.: Die Logik des Misslingens – Strategisches Denken in komplexen Situationen, Reinbek bei Hamburg 2003, S. 58.

12 Kelly, K.: Out of Control, The New Biology of Machines, Social Systems and the Economic World, Boston 1995. Verfügbar über: http://www.kk.org/outofcontrol/index.php [Stand 22.09.08].

13 Drucker, P.: Management Challenges for the 21st Century, New York 1999, S. 194.

14 Mintzberg, H./Gosling J.: Die fünf Welten des Managers, in: Harvard Businessmanager, April 2004, S. 24 – 35.

15 Modis, T.: Die Grenzen von Komplexität und Veränderung, in: GDI_IMPULS 3.03, S. 25 – 31.

16 Meyer, C./Davis, S.: Die Adaptive Ökonomie, in: GDI_IMPULS 3.03, S. 16 – 24.

17 Bolz, N.: Komplexität und Trendmagie, in: Ahlmeyer H. W./Königswieser, R. (Hrsg.): Komplexität managen: Strategien, Konzepte und Fallbeispiele, Frankfurt am Main 1997, S. 381 - 400.

18 Baecker, D.: Organisation als System, Frankfurt am Main 1999, S. 27 f.

19 Dörner, D./Buerschaper, C.: Denken und Handeln in komplexen Systemen, in: Ahlmeyer H. W./Königswieser, R. (Hrsg.): Komplexität managen: Strategien, Konzepte und Fallbeispiele, Frankfurt am Main 1997, S. 79 – 91.

20 Frankl, V. E., zitiert nach Lotter, W.: Atemnot in Entenhausen, in: brand eins, 07/03, S. 47.

21 Eibl-Eibesfeldt, I.: Gezähmte Dominanz, in: Harvard Businessmanager, August 2003, S. 93 f.

22 Prof. Dr. Dres. h. c. Knut Bleicher, Emeritus der Universität St. Gallen, hat das Buch begleitend kommentiert. Diese Kommentare werden im Folgenden immer wieder als «Knut Bleichers Randbemerkungen» zu finden sein.

23 Luhmann, N.: Vertrauen: ein Mechanismus der Reduktion sozialer Komplexität, Stuttgart 2000, 4. Aufl., S. 118.

24 Dieses Phänomen wurde vielfach in der Literatur beschrieben, z. B. bei Haken, H.: Erfolgsgeheimnisse der Natur. Synergetik: Die Lehre vom Zusammenwirken, Reinbek bei Hamburg 1995, S. 49 ff.

25 Beavin, J. H./Jackson, D. D./Watzlawick, P.: Menschliche Kommunikation, 1967, S. 171.

26 Prigogine, I.: Vorwort in Giarini, O./Stahel, W. R.: Die Performance Gesellschaft: Chancen und Risiken beim Übergang zur Service Economy, Marburg 2000, S. 5 - 8.

27 Briggs, J./Peat, F. D.: Die Entdeckung des Chaos – Eine Reise durch die Chaos-Theorie, München 1999, S. 200 f.

28 Masuch, M.: The Planning Paradox, in: Geyer, S./van der Louwen, J. (Hrsg.): Sociocybernetic Paradoxes, London 1986, S. 95.

29 Neuberger, O.: Dilemmata und Paradoxa im Managementprozess, in: Schreyögg, G. (Hrsg.): Funktionswandel im Management – Wege jenseits der Ordnung, Berlin 2000, S. 202.

30 Kieser, A.: Moden & Mythen des Organisierens, in: Die Betriebswirtschaft, 56. Jg., 1996, S. 21 – 39.

31 Bolz, N.: Im Blindflug über das globale Dorf. Wie praxisnah kann eine Medientheorie sein?, in: Essener Unikate, 17/2002, S. 43 – 49.

32 Willke, H.: Organisierte Wissensarbeit, in: Zeitschrift für Soziologie, 27. Jg., Heft 3, S. 172 ff.

33 Horváth, P.: Hat Budgetierung noch Zukunft, in: Beyond Budgeting – Impulse zur grundlegenden Neugestaltung der Unternehmensführung und -steuerung, München 2005, S. 21 – 30.

34 Pfläging, N.: Beyond Budgeting, Better Budgeting, Planegg/München 2003, S. 17.

35 Irle, M.: No Budget, in: brand eins, 08/04, S. 65.

36 Daum, J.: Ohne Budgets managen bei Svenska Handelsbanken, ein Interview mit Lennart Francke, CFO Svenska Handelsbanken, Stockholm, in: Beyond Budgeting – Impulse zur grundlegenden Neugestaltung der Unternehmensführung und -steuerung, München 2005, S. 127 – 138.

37 Irle, M.: No Budget; in: brand eins 08/04, S. 66.

38 Daum, J.: Interview: Ohne Budgets managen bei Svenska Handelsbanken; in: Zeitschrift für Controlling & Management / krp-Kostenrechnungspraxis, Sonderheft 1, Mai 2003, S. 77 – 93. Verfügbar über: http://www.juergendaum.de [22.09.08].

39 Im Rahmen des «Beyond Budgeting Round Table» (http://www.bbrt.org) bis Anfang 2003 dokumentierte Fallbeispiele für Beyond Budgeting.

40 Daum, J. H. (Hrsg.): Beyond Budgeting – Impulse zur grundlegenden Neugestaltung der Unternehmensführung und -steuerung, München 2005.

41 Nachzulesen in: Daum, J. H.: Vom Controlling zum Business Support – «Beyond Budgeting» bei Boots/BHI. Ein Interview mit Matthias Steinke, CFO bei BHI Deutschland; in: Daum, J. H. (Hrsg.): Beyond Budgeting – Impulse zur grundlegenden Neugestaltung der Unternehmensführung und -steuerung, München 2005, S. 195 – 201.

42 Stadelmann, A. im Gespräch mit Gaitanides, M.: Leadership statt Budgetierung, in: zfo, 4/2005, S. 218 - 221.

43 Judy, P.: Life and Work in Symphony Orchestras – an Interview with J. Richard Hackman, in: Harmony, April 1996, S. 4.

44 Zu hören in dem Film «Orpheus in the business world» von Ayelet Heller, 2002, in Co-Produktion von EuroArts Music International, SFB, WDR und Arte.

45 Seifert, H./Economy, P.: Das virtuose Unternehmen, Frankfurt am Main 2001, S. 34 ff.

46 Capra, F.: Die Capra-Synthese, Bern 1998, S. 46.

47 Harvard Business Review, Breakthrough Ideas for 2008, Februar 2008.

48 Charles Leadbeater im Interview mit Ralf Grötker: Anleitung zum Selbermachen, in: brand eins 5/2007, S. 65.

49 Baier, A.: Vertrauen und seine Grenzen, in: Hartmann, M./Offe, C. (Hrsg.): Vertrauen – Die Grundlage des sozialen Zusammenhalts, Frankfurt am Main 2001, S. 49 f.

293

50 Handy, C.: Trust and The Virtual Organization, in: Harvard Business Review, May/June 1995, S. 40 – 50.

51 Kramer, R. M.: Wann eine Portion Paranoia gesund ist, in: Harvard Businessmanager, Januar 2003.

52 Weick, K. E.: Sinn und Sicherheit, in: Harvard Businessmanager, Juli 2003.

53 Werle, K.: Sturmfreie Bude, in: manager magazin 09/2005, S. 120 – 124.

54 «37-Grad: Sicher, sauber, unerträglich», ein Film von Margarete Wohlan, gesendet im ZDF am 22.02.05.

55 Shared Space, Raum für alle – Neue Perspektiven zur Raumentwicklung, Project-publication 1, Leeuwarden 2005, S. 39.

56 Verfügbar über: http://www.shared-space.org

57 Willenbrock, H.: Der verrückte Verkehrsplaner, in: NZZ Folio 09/07.

58 Bspw. Baier, A.: Vertrauen und seine Grenzen, in: Hartmann, M./Offe, C. (Hrsg.): Vertrauen – Die Grundlage des sozialen Zusammenhalts, Frankfurt am Main/New York 2001, S. 37 – 84.

59 Luhmann, N.: Vertrauen, Stuttgart 2000, 4. Aufl., S. 53.

60 Sprenger, R. K.: Vertrauen führt – Worauf es im Unternehmen wirklich ankommt, Frankfurt am Main 2002.

61 Lotter, W.: Planen. Machen. Prüfen. Handeln, in: brand eins, 06/01. Verfügbar über: http://www.brandeins.de/ximages/11751_078planenm.pdf [Stand: 22.09.08].

62 Watzlawick, P.: Vom Schlechten des Guten, München 1998, 6. Aufl., S. 7.

63 Ashby, R.: Einführung in die Kybernetik, Frankfurt am Main 1974, S. 298 ff.

64 Elster, J.: Sour Grapes, Cambridge 1983, S. 5, zit. nach Ortmann, G.: Schmuddelkinder der Logik, Paradoxien des Organisierens, in: Berliner Debatte Initial, 15. Jg., Nr. 1/2004, S. 27.

65 Auch ähnlich nachzulesen in Gigerenzer, G.: Bauchentscheidung – Die Intelligenz des Unbewussten und die Macht der Intuition, München 2008, S. 12 ff.

66 Spinner, H. F.: Die Doppelvernunft, unveröffentlichtes Arbeitspapier, Herrsching 1985, zit. nach Kirsch, W.: Kommunikatives Handeln, Autopoiese, Rationalität – Kritische Aneignungen im Hinblick auf eine evolutionäre Organisationstheorie, München 1997, 2. Aufl., S. 438 f.

67 Einen sehr guten Überblick über die Vielfalt der Entscheidungstheorie findet man bei Staehle, W. H.: Management – eine verhaltenswissenschaftliche Perspektive, München 1999, 8. Aufl., S. 518 ff.

68 Weick, K. E.: Drop your Tools!, in: Bardmann T. M./Grothe, T. (Hrsg.): Zirkuläre Positionen, Wiesbaden 2001, S. 123 – 138.

69 Ortmann. G.: Schmuddelkinder der Logik, Paradoxien des Organisierens, in: Berliner Debatte Initial, 15. Jg., Nr. 1/2004, S. 21.

70 Spitzer, M.: Selbstbestimmen – Gehirnforschung und die Frage: Was sollen wir tun?, Heidelberg/Berlin 2004, S. 266 f.

71 Verfügbar über: http://www.die-akademie.de /download/ studien/AkademieStudie2005.pdf [Stand 22.09.08].

72 Foerster, H. v.: KybernEthik, Berlin 1993, S. 73 f.

73 Oppelt, S.: Management für die Zukunft – Spirit in Business, Anders denken und führen, München 2004, S. 89.

74 Majer, H.: Nachhaltigkeit – was bedeutet das?, in: unw-nachrichten, 12/2004, S. 24 ff.

75 Deckstein, D. et al.: Wir kündigen! Und definieren das Land neu, München/Wien 2005, S. 109.

76 Modis, T.: Die Grenzen von Komplexität und Veränderung, in: GDI_Impuls 3.03, S. 25 – 31.

77 Verfügbar über: http://www.bcg.de/bcg/klassiker/zeitwettbewerb/index.jsp [Stand 22.09.08].

78 Randstad Deutschland Arbeitsbarometer 2008. Verfügbar über: http://www.randstad.de/content/aboutrandstad/presse-aktuelles/aktuelles/unternehmer/2008/20080722-001.xml [Stand 22.09.08].

79 brand eins, 03/08, S. 130.

80 VDA, Auto Jahresbericht 2008, S. 166. Verfügbar über: http://www.vda.de/de/downloads/489/ [Stand 22.09.08].

81 changeX, Mensch und Büro - eine Liebesbeziehung, Living at Work-Serie, Folge 7, Arlie Russell Hochschild über die Abkehr vom Privaten. Verfügbar über: http://www.changex.de/ d_a01350.html [Stand 22.09.08].

82 Kuhn, L.: Extrem-Arbeiter: Reiz und Risiko der 70-Stunden-Woche, in: SPIEGEL ONLINE, 27.05.2007. Verfügbar über: http://www. spiegel.de/wirtschaft/0,1518,484262,00.html [Stand 22.09.08].

83 Davis, P.: So baut man eine Zeitmaschine, in: Göttermann, L. (Hrsg.): Denkanstöße 2005 – Ein Lesebuch aus Philosophie, Kultur und Wissenschaft, München/Zürich 2004, S. 56 – 63.

84 Largo, R. H.: Babyjahre – Die frühkindliche Entwicklung aus biologischer Sicht, München 2003, 5. Aufl., S. 81 f.

85 Rotthaus, W.: Wozu erziehen? Entwurf einer systemischen Erziehung, Heidelberg 1999, S. 52.

86 Formel zur Berechnung der Summe einer arithmetischen Reihe: S = (Anfangsglied + Endglied) x (Anzahl der Glieder / 2).

87 Willke, H.: Systemtheorie I: Grundlagen, Stuttgart 2000, 6. Aufl., S. 127.

88 Ortmann, G.: Regel und Ausnahme – Paradoxien sozialer Ordnung, Frankfurt am Main 2003, S. 88.

89 Oppelt, S.: Management für die Zukunft – Spirit in Business, Anders denken und führen, München 2004, S. 124.

90 Osawa, S.: Georg Büchners Philosophiekritik, Marburg 1999, S. 178.

91 Im Rahmen des Symposiums für neues Bewusstsein im Management am 31. Mai 2005 in Wien hat Pater Anselm Bilgri, bis 2004 Prior im Kloster Andechs, diese Führungstugenden erläutert.

92 Watzlawick, P./Kreuzer, F.: Die Unsicherheit unserer Wirklichkeit – Ein Gespräch über den Konstruktivismus, München 1988, S. 31.

93 Simon, F. B.: Die Kunst, nicht zu lernen, Heidelberg 2002, S. 158.

94 Foerster, H. v.: 2 x 2 = grün, CD, Köln 1999, 3. Aufl.

95 Verfügbar über: http://www.seitenwechsel.com [Stand 22.09.08].

96 Verfügbar über: http://www.pwc.com/Extweb /home.nsf/docid/6794FFA3BFCE38AA852572C D005A7F47 [Stand 22.09.08].

97 Verfügbar über: http://www.bartontraining.org [Stand 22.09.08].

98 Oppelt, S.: Management für die Zukunft – Spirit in Business, Anders denken und führen, München 2004, S. 209 f.

99 Wüthrich, H. A./Winter, W./Philipp, A. F.: Die Rückkehr des Hofnarren – Einladung zur Reflexion nicht nur für Manager, Herrsching am Ammersee 2001, S. 102 und 135.

100 Hansen, K.-P.: Die Mentalität des Managers, in: Schreyögg, G./Conrad, P. (Hrsg.): Managementforschung 4, Dramaturgie des Managements, Laterale Steuerung, Berlin/New York 1994, S. 71 – 103.

101 Weick, K. E./Sutcliffe, K. M.: Das Unerwartete managen – wie Unternehmen aus Extremsituationen lernen, Stuttgart 2003, S. 99.

102 Verfügbar über: http://www.manager-magazin.de /unternehmen/entrepreneur/ [Stand 22.09.08].

103 Neuberger, O.: Zur Ästhetisierung des Managements, in: Schreyögg, G./Conrad, P. (Hrsg.): Managementforschung 4, Dramaturgie des Managements, Laterale Steuerung, Berlin/New York 1994, S. 1 – 70.

104 Messner, R. im Interview mit Grosse Halbuer, A.: Die wissen nicht, was sie tun, in: Wirtschaftswoche, Nr. 53, 23.12.2004, S. 122 f.

105 Schlager, E.: Ökonomie und Ideologie, Augsburg 1990.

106 Frey, B. S.: Die Grenzen ökonomischer Anreize – was Menschen motiviert, in: Neue Zürcher Zeitung, 18.05.2001.

107 «Klinsmann will Team-Profil weiter schärfen», AFP-Bericht vom 17.11.2004. Verfügbar über: http://www.fussballportal.de/wm-2006/index.php ?kat=15_298&art=2824&elz=1011 [Stand 22.09.08].

108 Ebd.

109 Schulze, L./Wichmann, D.: «Man darf Fehler machen», in: Magazin der Süddeutschen Zeitung, 03.06.2005, S. 6.

110 DPA-Text vom 20.05.2005, veröffentlicht bei stern.de. Verfügbar über: http://www.wiwo.de/ lifestyle/hoeness-klinsmann-muss-nach-deutschland-ziehen-101868/ [Stand 22.09.08].

111 Schulze, L./Wichmann, D.: «Man darf Fehler machen», in: Magazin der Süddeutschen Zeitung, 03.06.2005, S. 6.

112 Kielbassa, M./Schulze, L.: «Der Kopf wird nicht trainiert» (Interview mit Jürgen Klinsmann), in: Süddeutsche Zeitung, 26./27.07.2008, S. 37.

113 Zur Auseinandersetzung mit der Thematik «Einheits- versus multiple Identität» siehe etwa Keupp et al., Identitätskonstruktionen – Das Patchwork der Identitäten in der Spätmoderne, Reinbek bei Hamburg 2002, 2. Aufl., S. 45 ff.

114 Sommer, C.: Manager en vogue, in: brand eins, 08/02, S. 85.

115 Kruse, P.: next practice – Erfolgreiches Management von Instabilität. Veränderung durch Vernetzung, Offenbach 2004, S. 32 ff.

116 Lotter, W.: Die Wir-Qualität, in: brand eins, 06/03, S. 72.

117 Buckingham, M./Coffman, C.: Erfolgreiche Führung gegen alle Regeln – Wie sie wertvolle Mitarbeiter gewinnen, halten und fördern; Frankfurt am Main 2001, S. 19 f.

118 Zimmerli, W. Ch.: Vom Unfug des Gleichgewichts – Nachdenken über «Work Life Balance», in: zfo, 4/2007, S. 205 - 207.

119 Bauer, J.: Wie Beziehungen das Gehirn verändern, in: GDI_IMPULS 3.03, S. 34.

120 Lawrence, P. R./Nohria, N.: Was Menschen und Organisationen antreibt, in: GDI_IMPULS 01.04, S. 34.

121 Kruse, P.: next practice – Erfolgreiches Management von Instabilität. Veränderung durch Vernetzung, Offenbach 2004, S. 90.

122 Krämer, W.: So lügt man mit Statistik, Frankfurt am Main/New York 1995, S. 13 ff.

123 Lotter, W.: Das falsche Gewicht, in: brand eins, 02/04, S. 56 – 65.

124 Seibt, CP: Wer sich nicht glaubt, glaubt an Zahlen, in: brand eins, 02/04, S. 104 – 105.

295

125 Hock, D.: Birth of the Chaordic Age,
San Francisco 2000, S. 69 f.

126 Goeudevert, D.: Mit Träumen beginnt die
Realität: Aus dem Leben eines Europäers,
Reinbek bei Hamburg 2000, S. 109 – 111.

127 Buchter, H.: Das Kaufhaus der Freiwilligen, in:
ZEIT online, 29.12.2007. Verfügbar über:
http://www.zeit.de/online/2007/52/best-buy
[Stand 22.09.08].

128 Ressler, C./Thompson, J.: Why work sucks and
how to fix it, New York 2008, S. 66.

129 Heuer, S.: Große Freiheit, in: brand eins, 05/07,
S. 106.

130 Albers, M.: Morgen komm ich später rein. Für
mehr Freiheit in der Festanstellung, Frankfurt am
Main/New York 2008, S. 151.